普通高等教育"十二五"规划教材
示范院校重点建设专业系列教材

建筑工程计量与计价

主 编 李学明 巫 山 陈燕萍
副主编 徐 丽 张含霞 王 巧

内 容 提 要

本书介绍了建筑工程工程量清单与计价的基本理论和计算方法。本书共分7个学习情境，即造价基础知识，建筑工程量计算，装饰工程量计算，措施项目工程量计算，工程量清单编制，工程量清单计价，工程造价软件的应用。

本书可作为高等职业技术学院、高等专科学校、成人高校和民办高校工程造价专业的教学用书。

图书在版编目（CIP）数据

建筑工程计量与计价 / 李学明，巫山，陈燕萍主编. -- 北京：中国水利水电出版社，2015.8(2024.7重印).
普通高等教育"十二五"规划教材 示范院校重点建设专业系列教材
ISBN 978-7-5170-3516-9

Ⅰ．①建… Ⅱ．①李… ②巫… ③陈… Ⅲ．①建筑工程—计量—高等职业教育—教材②建筑造价—高等职业教育—教材 Ⅳ．①TU723.3

中国版本图书馆CIP数据核字(2015)第189439号

书　　名	普通高等教育"十二五"规划教材 示范院校重点建设专业系列教材 **建筑工程计量与计价**
作　　者	主编 李学明 巫山 陈燕萍　副主编 徐丽 张含霞 王巧
出版发行	中国水利水电出版社 （北京市海淀区玉渊潭南路1号D座　100038） 网址：www.waterpub.com.cn E-mail：sales@mwr.gov.cn 电话：(010) 68545888（营销中心）
经　　售	北京科水图书销售有限公司 电话：(010) 68545874、63202643 全国各地新华书店和相关出版物销售网点
排　　版	中国水利水电出版社微机排版中心
印　　刷	天津嘉恒印务有限公司
规　　格	184mm×260mm　16开本　17.75印张　421千字
版　　次	2015年8月第1版　2024年7月第5次印刷
印　　数	7901—9900册
定　　价	58.00元

凡购买我社图书，如有缺页、倒页、脱页的，本社营销中心负责调换

版权所有·侵权必究

前言

教材事关国家和民族的前途命运，教材建设必须坚持正确的政治方向和价值导向。本书坚持党的二十大精神，全面贯彻党的教育方针，落实立德树人根本任务，为党育人，为国育才，弘扬劳动光荣、技能宝贵、创造伟大的时代风尚。

随着我国社会主义市场经济的不断发展，我国的基本建设造价管理体制已经发生了很大的变化。工程造价构成渐趋合理并逐步与国际接轨，全面推行招标投标制，将竞争引入工程造价管理，这对合理确定和有效控制工程造价、提高投资效益，起到了积极的作用。

本书主要是针对高职教育的特色，将理论和实践结合起来，注重学生实际能力的培养，具有先进性、系统性、实用性等特色。本书使学生在学习中有身临"实战"的感觉，打破传统的教学模式，将实际工程案例"搬入"教材之中，使学生在课堂就如在职场中一样，缩短了学校与企业间的距离，实现零缝对接模式。

本书以《建设工程工程量清单计价规范》（GB 50500—2013）和《房屋建筑与装饰工程工程量计算规范》（GB 50854—2013）为基础，结合相关案例，比较系统地介绍了房屋建筑与装饰工程的主要内容，具有很强的实用价值。全书共分 7 个学习情境，学习情境 1 介绍了造价基础知识，学习情境 2 介绍了建筑工程量计算，学习情景 3 介绍了装饰工程量计算，学习情境 4 介绍了措施项目工程量计算，学习情境 5 介绍了工程量清单编制，学习情境 6 介绍了工程量清单计价，学习情境 7 介绍了工程造价软件的应用。全书内容由浅入深，每个学习情境后面都有相应的能力训练，重点章节都有对应的例题讲解，并且实际案例贯通全书。通过对本书的学习，既可以让学生掌握基本的建筑与装饰工程的工程量计算，还可以通过案例做出实际工程的招标控制价。

本书由李学明、巫山、陈燕萍任主编，具体章节的分工为：学习情境 1 由巫山编写，学习情境 2 由陈燕萍、徐丽、张含霞、王巧编写，学习情境 3 由徐丽编写，学习情境 4 由王巧编写，学习情境 5 由巫山编写，学习情境 6 由李学明编写，学习情境 7 由巫山编写，全书由巫山统稿。

本书在编写中，参考和引用了一些相关专业书籍的论述，在此向有关人员致以衷心的感谢。

本书在编制的过程中由于时间的仓促和编者的水平所限，不妥之处在所难免，恳请读者和同行给予批评指正。

编者

2014 年 10 月

目 录

前言

课程简介 ·· 1

学习情境 1　造价基础知识 ··· 3
学习单元 1.1　工程造价 ·· 3
学习单元 1.2　基本建设 ·· 6
学习单元 1.3　造价文件的类型 ·· 8
学习单元 1.4　基本建设项目划分 ·· 10
学习单元 1.5　建设工程定额 ·· 11
学习单元 1.6　建设工程总费用构成 ··· 14
学习单元 1.7　建筑安装工程费用构成 ······································· 19
能力训练 ··· 33

学习情境 2　建筑工程量计算 ·· 34
学习单元 2.1　某学院综合楼实例图纸 ······································ 34
学习单元 2.2　建筑面积 ··· 61
学习单元 2.3　土石方工程 ·· 71
学习单元 2.4　地基处理与边坡支护工程 ··································· 87
学习单元 2.5　桩基工程 ··· 92
学习单元 2.6　砌筑工程 ··· 96
学习单元 2.7　混凝土工程 ·· 109
学习单元 2.8　钢筋工程 ··· 128
学习单元 2.9　门窗工程 ··· 149
学习单元 2.10　屋面及防水工程 ··· 153
学习单元 2.11　保温、隔热、防腐工程 ·································· 159
能力训练 ··· 164

学习情境 3　装饰工程量计算 ··· 167
学习单元 3.1　楼地面装饰工程 ·· 167
学习单元 3.2　墙、柱面装饰与隔断、幕墙工程 ························ 177
学习单元 3.3　天棚工程 ··· 183
学习单元 3.4　油漆、涂料、裱糊工程 ··································· 186
学习单元 3.5　其他装饰工程 ··· 188

能力训练 ··· 197

学习情境 4　措施项目工程量计算 ······································ 200
　　学习单元 4.1　措施项目 ··· 200
　　能力训练 ··· 207

学习情境 5　工程量清单编制 ·· 208
　　学习单元 5.1　工程量清单计价表格 ······························ 208
　　学习单元 5.2　分部分项工程量清单的编制 ···················· 221
　　学习单元 5.3　措施项目清单的编制 ······························ 224
　　学习单元 5.4　其他项目清单的编制 ······························ 226
　　学习单元 5.5　工程量清单编制实例 ······························ 227
　　能力训练 ··· 240

学习情境 6　工程量清单计价 ·· 241
　　学习单元 6.1　建设工程量清单计价概述 ······················· 241
　　学习单元 6.2　定额计价与清单计价关系 ······················· 243
　　学习单元 6.3　工程量清单综合单价编制方法 ················· 247
　　学习单元 6.4　招标控制价编制 ···································· 258
　　能力训练 ··· 273

学习情境 7　工程造价软件的应用 ······································ 274
　　学习单元 7.1　造价工作发展趋势 ································· 274
　　学习单元 7.2　造价软件的开发应用 ······························ 275
　　学习单元 7.3　造价软件的不足 ···································· 277
　　能力训练 ··· 277

参考文献 ·· 278

课　程　简　介

一、课程概述

（一）课程性质

建筑工程计量与计价是工程造价专业和建筑工程技术专业的一门专业课程，为适应在社会主义市场经济体制下进行房屋建筑工程建设的需要而设立，为专业工程造价技能的培养目标服务。该课程在前续课程的基础上进一步使学生掌握工程造价管理的理论知识，培养学生编制建筑工程量清单、装饰工程量清单、清单计价下的招投标以及利用计算机编制工程量清单的能力，为后续课程中建筑工程造价方面文件的编制以及如何开展工程招投标工作等专业活动提供必备的专业知识、计算方法和编制规则等方面打下基础。

（二）课程基本特点

本课程以能力培养为核心，以岗位要求为出发点，以工程项目为载体，根据当前房屋建筑工程建设和高职教育人才培养模式改革的需要，为充分体现高职教育新理念，实施基于工作过程的项目导向课程建设，开展教、学、做一体化教学，以学生为中心，进行了《建筑工程计量与计价》课程的改革。

（三）课程的设置与设计思路

本课程是依据"工程造价专业和建筑工程技术专业工作任务与职业能力分析表"中的工程造价工作项目设置的。其总体设计思路是，打破以知识传授为主要特征的传统学科课程模式，转变为以工作任务为中心组织课程内容，并让学生在完成具体项目的过程中学会完成相应的工作任务，并构建相关理论知识，发展职业能力。课程内容突出对学生职业能力的训练，并融合了相关职业资格证书对知识、技能和态度的要求。课程设计以工程量清单编制为线索来进行，教学过程中，要通过校、企合作，校内实训基地建设等多种途径充分开发学习资源，给学生提供更多的实践机会。

二、课程目标

通过本课程的学习，学生将掌握工程造价管理的基础知识，理解工程造价管理的主要工作，了解工程造价管理的国际惯例，具有单位工程造价编制的能力，能够利用《建设工程工程量清单计价规范》（GB 50500—2013）及相关清单计价定额编制招标清单和招标控制价。

三、课程内容

（一）学习目标

能够陈述工程量清单计价模式下的基本内容；掌握分部分项工程量清单的编制；掌握措施项目清单的编制；掌握其他项目清单的编制；能够编制工程量清单招标控制价与投标报价；了解工程造价软件的用途与区别。

（二）活动安排（技能训练）

学习情境1：掌握工程造价基本概念，掌握工程项目划分，掌握工程费用构成，了解定额，熟悉《建设工程工程量清单计价规范》（GB 50500—2013）和《房屋建筑与装饰工程工程量计算规范》（GB 50854—2013）。

学习情境2：给出一套两层以上的民用建筑图纸，熟悉工程图纸，学会看图纸、熟悉施工工艺流程。建筑工程量计算（包括建筑面积的计算、土石方工程、基础工程、砌筑工程、混凝土工程、钢筋工程、门窗洞口工程、屋面工程、保温隔热防腐工程）。

学习情境3：装饰工程量计算（包括楼地面工程、墙体柱面工程、天棚装饰工程、油漆工程、涂料工程）。

学习情境4：掌握措施项目清单中的组成，掌握专用措施项目计算（模板工程、脚手架工程）。

学习情境5：掌握工程量清单编制原则和方法，汇总编写课程实例图纸的工程量清单（包括分部分项工程量清单的编制、措施项目清单的编制、其他项目清单的编制等）。

学习情境6：根据现行GB 50500—2013要求，利用现有的定额对课程的招标清单进行计价，完成招标控制价的编制。

学习情境7：熟悉工程造价方面的软件应用。

（三）知识要点

（1）掌握工程量清单计量计价基础知识。

（2）掌握建筑工程量清单的编制。

（3）掌握建筑面积的计算，土石方工程、砌筑工程、混凝土工程、钢筋工程、屋面工程等的清单项目编制。

（4）掌握装饰工程中楼地面工程，墙、柱、天棚工程等各项工程的清单编制。

（5）掌握工程量清单计价下招标控制价的编制。

（6）熟悉工程造价软件的应用。

（四）技能要点

（1）能做出综合单价的计算方法。

（2）能够按照《建设工程工程量清单计价规范》（GB 50500—2013）编制建筑工程量清单。

（3）能够按照《建设工程工程量清单计价规范》（GB 50500—2013）编制装饰工程量清单。

（4）能够按照《建设工程工程量清单计价规范》（GB 50500—2013）编制工程量清单计价下的招标控制价。

学习情境1 造价基础知识

学习目标：工程造价的概念、特点、作用等；基本建设概念、阶段；造价文件的类型、种类；项目划分的方法；建设工程消耗量定额的概念、特性、编制原则、分类；建设工程总费用构成；建筑安装工程费用构成及计算方法。

学习任务：能够陈述工程造价的概念及作用；能够陈述基本建设内容；熟悉掌握工程造价文件种类及区别；能够陈述定额的性质、作用、分类；能够陈述工程造价的组成及其计算方法。

学习单元1.1 工 程 造 价

1.1.1 工程造价与工程造价管理的概念

1.1.1.1 工程造价的概念

工程造价的直意就是工程的建造价格，是给基本建设项目这种特殊的产品定价，具体来讲有两种含义。

（1）第一种含义（在业主立场）。工程造价是指建设项目的建设成本，指建设项目从筹建到竣工验收、交付使用全过程所需的全部费用，包括建筑工程费、安装工程费、设备（机电设备和金属结构设备）购置费，以及其他相关的必需费用。对上述几类费用可以分别称为建筑工程造价、安装工程造价、设备及工器具购置费用、其他相关必需的费用等。

（2）第二种含义（在承建单位立场）。工程造价是指建设项目的工程承发包价格（建筑安装工程费），换句话说，就是为建成一项工程，预计或实际在土地市场、设备市场、技术劳务市场以及承包市场等交易活动中所形成的建筑安装工程的价格和建设工程总价格。它是在社会主义市场经济条件下，以工程这种特定的商品形式作为交易对象，通过招投标、承发包或其他交易方式，由需求主体投资者和供给主体建筑商共同认可的价格。工程的范围和内涵既可以是涵盖范围很大的一个建设项目，也可以是一个单项工程，甚至也可以是整个建设工程中的某个阶段。鉴于建筑安装工程价格在项目固定资产中占有50%～60%的份额，又是工程建设中最活跃的部分，把工程的承发包价格界定为工程价格，有着现实意义。

1.1.1.2 工程造价管理的概念

工程造价管理是指在工程建设的全过程中，全方位、多层次地运用经济、技术、法律等手段，对投资行为、工程价格进行预测、分析、计算、监督、管理、控制，达到以尽可能少的人力、物力和财力投入获取最大效益的一系列行为。

工程造价管理可分为宏观造价管理和微观造价管理。

（1）宏观造价管理。指国家利用法律、经济、行政等手段对建设项目的建设成本和工程承发包价格进行的管理；国家从国民经济的整体利益和需要出发，通过利率、税收、汇率、价格等政策和强制性的标准、法规等左右着、影响着建设成本的高低走向，通过这些政策引导和监督，达到对建设项目建设成本的宏观造价管理。国家对承发包价格的宏观造价管理，主要是规范市场行为和对市场定价的管理；国家通过行政、法律等手段对市场经济进行引导和监控，以保证市场竞争有序，避免各种类型包括不合理涨价、压价在内的不正当竞争行为的发生、发展；加强对市场定价的管理，维护承发包各方的正当权益。

（2）微观造价管理。指业主对某一建设项目的建设成本的管理和承、发包双方对工程承发包价格的管理。谋求以较低的投入，获取较高的产出，降低建设成本，是业主追求的目标。建设成本的微观造价管理是指业主对建设成本实现从前期开始的全过程控制和管理，即工程造价预控、预测和工程实施阶段的工程造价控制、管理以及工程实际造价的计算。工程承发包价格是发包双方和承包方通过承发包合同确定的价格，它是承发包合同的重要组成部分，承、发包双方为了维护各自的利益，保证价格的兑现和风险的补偿，双方都要对工程承发包价格进行管理，如工程价款的支付、结算、变更、索赔、奖惩等，这就是工程承发包价格的微观管理。

1.1.2 工程造价的特点

由工程建设的特点所决定，工程造价有以下特点。

（1）工程造价的大额性。能够发挥投资效益的任一项工程，不仅实物形体庞大，而且造价高昂。动辄数百万元、数千万元、甚至上亿元，特大型工程项目的造价可达100亿元、1000亿元人民币。工程造价大额性使其关系到有关各方面的重大经济利益，同时也会对宏观经济产生重大影响。

（2）工程造价的单件性。建筑产品的个体差别性决定每个工程项目都必须单独计算造价。每个工程项目都有其特定的功能、用途，因而也就有不同的结构、造型和装饰，不同的体积和面积，建筑设计时要采用不同的工艺设备和建筑材料。同时工程项目的技术指标还要适应当地的风俗习惯，再加上不同地区构成投资费用的各种价值要素的差异，导致建设项目不能像对工业产品那样按品种、规格、质量成批地定价，只能是单件计价。也就是说一般不能由国家或企业规定统一的价格，只能就单个项目通过特殊的程序（编制估算、概算、预算、结算及最后确定竣工决算等）来计价。

（3）工程造价的动态性。任何一项工程从决策到竣工交付使用，都有一个较长的建设期，而且由于不可控因素的影响，在预计工期内，许多影响工程造价的动态因素，如工程变更、设备材料价格、工资标准以及费率、利率、汇率会发生变化。这种变化必然会影响到造价的变动。所以，工程造价在整个建设期中处于不确定状态，直至竣工决算后才能最终确定工程的实际造价。

（4）工程造价的层次性。造价的层次性取决于工程的层次性。一个建设项目往往含有多个能够独立发挥设计效能的单项工程。一个单项工程又是由能够各自发挥专业效能的多个单位工程组成。与此相适应，工程造价有三个层次：建设项目总造价、单项工程造价和单位工程造价。如果专业分工更细，单位工程（如土建工程）的组成部分——分部分项工程也可以成为交换对象，如大型土方工程、基础工程、装饰工程等，这样工程造价的层次就增加分部工程和分项工程而成为5个层次。即使从造价的计算和工程管理的角度看，工程造价的层次性也是非常突出的。

（5）工程造价的多次性。建设工程周期长、规模大、造价高，因此要按建设程序分阶段进行，相应地也要在不同阶段多次计价，以保证工程造价确定与控制的科学性。多次性计价是个逐步深化、逐步细化和逐步接近实际造价的过程。从投资估算、设计概算、施工图预算到招标承包合同价，再到各项工程的结算价和最后在结算价基础上编制的竣工决算，整个计价过程是一个由粗到细、由浅到深、多层次的计价过程。计价过程各环节之间相互衔接，前者控制后者，后者补充前者。

1.1.3 工程造价的作用

在社会主义市场经济体制下，在我国大规模工程建设中，通过对工程造价管理，可以达到合理地使用建设资金，提高投资效益的目的。在工程建设的全过程中，自工程立项决策到竣工投产，围绕工程造价进行优化、控制、管理，能使有限的资源得到最有效的利用，确保实现建设项目的效益，保障参与建设的各方获取其合法收益，其主要作用如下。

（1）工程造价是项目决策的依据。建设工程投资大、生产和使用周期长等特点决定了项目决策的重要性。工程造价决定着项目的一次投资费用。投资者是否有足够的财务能力支付这笔费用，是否认为值得支付这项费用，是项目决策中要考虑的主要问题。

（2）工程造价是制订计划和控制投资的依据。工程造价是通过多次预估，最终通过竣工决算确定下来的。每一次预估的过程就是对造价的控制过程；而每一次估算对下一次估算又都是对造价的严格控制。

（3）工程造价是筹集建设资金的依据。工程造价基本决定了建设资金的需求量，从而为筹集资金提供了比较准确的依据。

（4）工程造价是评价投资效果的重要指标。工程造价是一个包含着多层次工程造价的体系，就一个工程项目来说，它既是建设项目的总造价，又包含单项工程的造价和单位工程的造价，同时也包含单位生产能力的造价。所有这些，使工程造价自身形成了一个指标体系，它能够为评价投资效果提供多种评价指标，并能够形成新的价格信息，为今后类似项目的投资提供参考依据。

（5）工程造价为推行工程招标投标制提供必要条件。招标投标制是工程建设管理制度改革的重要内容，合理的工程标底和投标报价是推行招标投标制的关键环节。合理的标底为选择最优的承包商提供了重要依据，可以有效地避免盲目要价和竞相压价等不正当竞争，也为工程建设的顺利进行打下良好的基础。

1.1.4 工程造价的职能

建筑产品也属于商品，所以，建筑产品价格的职能也具有一般商品价格的职能，此外，由于建筑产品的特殊性，它还有一些特殊的职能。

（1）预测职能。工程造价大额性和多变性，无论投资者或是建筑商都要对拟建工程进行预先测算。投资者预先测算工程造价不仅作为项目决策依据，同时也是筹集资金、控制造价的依据。承包商对工程造价的测算，既为投标决策提供依据，也为投标报价和成本管理提供依据。

（2）控制职能。工程造价的控制职能表现在两方面：一方面是它对投资的控制，即在投资的各个阶段，根据工程造价的多次性预估，对工程造价进行全过程多层次的控制；另

一方面，是对承包商为代表的商品和劳务供应企业的成本控制。在价格一定的条件下，企业实际成本开支决定企业的盈利水平。成本越高赢利越低，成本高于价格就危及企业的生存。所以企业要以工程承包造价来控制成本，利用工程承包造价提供的信息资料作为控制成本的依据。

（3）评价职能。工程造价是评价总投资、分项投资合理性和投资效益的主要依据之一。评价土地价格、建筑安装产品和设备价格的合理性时，就必须利用工程造价资料；在评价建设项目偿贷能力、获利能力和宏观效益时，也可依据工程造价。工程造价也是评价建筑安装企业管理水平和经营成果的重要依据。

（4）调控职能。工程建设直接关系到经济增长，也直接关系到国家重要资源分配和资金流向，对国计民生都产生重大影响。所以国家对建设规模、结构进行宏观调控是在任何条件下都不可缺少的，对政府投资项目进行直接调控和管理也是非常必要的。这些都要用工程造价作为经济杠杆，对工程建设中的物质消耗水平、建设规模、投资方向等进行调控和管理。

学习单元1.2 基 本 建 设

1.2.1 基本建设的概念

基本建设是形成固定资产的活动，它是指国民经济各部门利用国家预算拨款、自筹资金、国内外基本建设贷款以及其他专项资金进行的以扩大生产能力（或增加工程效益）为主要目的的新建、扩建、改建、技术改造、恢复和更新等的工作。换言之，基本建设就是固定资产的建设，即建筑、安装和购置固定资产的活动及其与之相关的工作。

基本建设是发展社会生产、增强国民经济实力的物质技术基础，是改善和提高人民群众生活水平和文化水平的重要手段，是实现社会扩大再生产的必要条件。

基本建设既包括固定资产的扩大再生产，又包括固定资产的简单再生产，即基本建设投资就是通常所说的固定资产投资（工程造价的第一种含义）。

固定资产是指在社会再生产过程中，可供生产或生活较长时间使用，在使用过程中基本不改变其实物形态的劳动资料和其他物质资料，它是人们生产和生活的必要物质条件。固定资产应同时具备两个条件，即：①使用年限在一年以上；②单项价值在规定限额以上。固定资产的社会属性，即从它在生产和使用过程中所处的地位和作用来看，可分为生产性固定资产和非生产性固定资产两大类。前者是指在生产过程中发挥作用的劳动资料，例如工厂、矿山、油田、电站、铁路、水库、海港、码头、路桥工程等。后者是指在较长时间内直接为人民的物质文化生活服务的物质资料，如住宅、学校、医院、体育活动中心和其他生活福利设施等。

1.2.2 基本建设的工作内容

基本建设包括的工作内容有以下几个方面。

（1）建筑安装工程（简称建安工程）。包括各种土木建筑、矿井开凿、水利工程建筑和生产、动力、运输、实验等各种需要安装的机械设备的装配，以及与设备相连的工作台等装设工程。

(2) 设备购置。即购置设备、工具和器具等。

(3) 勘察、设计、监理、科学研究实验、征地、拆迁、试运转、生产职工培训和建设单位管理工作以及政府宏观管理等。

1.2.3 基本建设项目的种类

（1）按建设的性质可以分为新建项目、扩建项目、改建项目、迁建项目和恢复项目。新建项目是从无到有、平地起家的建设项目；扩建和改建项目是在原有企业、事业、行政单位的基础上，扩大产品的生产能力或增加新的产品生产能力，以及对原有设备和工程进行全面技术改造的项目；迁建项目是原有企业、事业单位，由于各种原因，经有关部门批准搬迁到另地建设的项目；恢复项目是指对由于自然、战争或其他人为灾害等原因而遭到毁坏的固定资产进行重建的项目。

（2）按建设的用途可以分为生产性基本建设项目和非生产性基本建设项目。生产性基本建设是用于物质生产和直接为物质生产服务的项目的建设，包括工业建设、建筑业和地质资源勘探事业建设和农林水利建设等；非生产性基本建设是用于人民物质和文化生活项目的建设，包括住宅、学校、医院、托儿所、影剧院以及国家行政机关和金融保险业的建设等。

（3）按建设规模和总投资的大小可以分为大型、中型、小型建设项目。

（4）按建设阶段可以分为预备项目、筹建项目、施工项目、建成投资项目、收尾项目。

（5）按隶属关系可以分为国务院各部门直属项目、地方投资国家补助项目、地方项目和企事业单位自筹建设项目。

1.2.4 基本建设程序

1.2.4.1 基本建设程序的概念

基本建设程序是指基本建设项目从决策、设计、施工到竣工验收整个工作过程中各个阶段所必须遵循的先后次序与步骤。

基本建设的特点是投资多，建设周期长，涉及的专业和部门多，工作环节错综复杂。为了保证工程建设的顺利进行，达到预期目的，在基本建设的实践中，必须遵循一定的工作顺序，这就是基本建设程序。

基本建设程序是客观存在的规律性反映，不按基本建设程序办事，就会受到客观规律的惩罚，给国民经济造成严重损失。严格遵守基本建设程序是进行基本建设工作的一项重要原则。1982年国务院关于控制投资规模的规定中指出："所有建设项目必须严格按照基本建设程序办事，事前没有进行可行性研究和技术经济论证，没有做好勘察设计等建设前期工作的，一律不得列入年度建设计划，更不准仓促开工。"

我国的基本建设程序，最初是1952年由政务院颁布实施的。60多年来，随着各项建设的不断发展，特别是近20年来建设管理所进行的一系列改革，基本建设程序也得到了进一步完善。

1.2.4.2 基本建设程序的内容

基本建设过程大致上可以分为3个时期，即前期工作时期、工程实施时期、竣工投产时期。从国内外的基本建设经验看，前期工作最重要，一般占整个过程的50%～60%的时间。前期工作搞好了，其后各阶段的工作就容易顺利完成。

 学习情境1 造价基础知识

现行的基本建设程序可分为八个主要阶段,即项目建议书阶段、可行性研究阶段、设计阶段、施工准备阶段、建设实施阶段、生产准备阶段、竣工验收阶段和后评价阶段。

同我国基本建设程序相比,国外通常也把工程建设的全过程分为3个时期,即投资前时期、投资时期、投资回收时期。内容主要包括:投资机会研究、初步可行性研究、可行性研究、项目评估、基础设计、原则设计、详细设计、招标发包、施工、竣工投产、生产阶段、工程后评估、项目终止等步骤。国外非常重视前期工作,建设程序与我国现行程序大同小异。

学习单元1.3 造价文件的类型

工程造价工作是根据不同建设阶段的具体内容和有关定额、指标分阶段进行的。根据基本建设程序的规定,工程在工程建设的不同阶段,由于工作深度不同、要求不同,各阶段要分别编制相应的造价文件,一般有以下几种。

1.3.1 投资估算

投资估算是指在项目建议书阶段、可行性研究阶段对建设工程造价的预测,应充分考虑各种可能的需要、风险、价格上涨等因素,要打足投资,不留缺口,适当留有余地。

投资估算是设计文件的重要组成部分,是编制基本建设计划,实行基本建设投资大包干、控制建设拨款、贷款的依据;也是考核设计方案和建设成本是否合理的依据。它是可行性研究报告的重要组成部分,是业主为选定近期开发项目作出科学决策和进行初步设计的重要依据。

投资估算是工程造价全过程管理的"龙头"。抓好这个"龙头"有十分重要的意义。

投资估算是建设单位向国家或主管部门申请基本建设投资时,为确定建设项目投资总额而编制的技术经济文件,它是国家或主管部门确定基本建设投资计划的重要文件。投资估算主要根据估算指标、概算指标或类似工程的预(决)算资料进行编制。投资估算控制初设概算,它是工程投资的最高限额。

1.3.2 设计概算

设计概算是指在初步设计阶段,设计单位为确定拟建基本建设项目所需的投资额或费用而编制的工程造价文件。它的内容包括一个建设项目从筹建到竣工验收过程中发生的全部费用,设计概算不得突破投资估算。设计概算是编制基本建设计划,实行基本建设投资大包干、控制建设拨款、贷款的依据;也是考核设计方案和建设成本是否合理的依据。设计单位在报批设计文件的同时,要报批设计概算。设计概算经过审批后,就成为国家控制该建设项目总投资的主要依据,不得任意突破。

工程开工时间与设计概算所采用的价格水平不在同一年份时,按规定由设计单位根据开工年的价格水平和有关政策重新编制设计概算,这时编制的概算一般称为调整概算。调整概算仅仅是在价格水平和有关政策方面的调整,工程规模及工程量与初步设计均保持不变。

1.3.3 修改概算

对于某些大型工程或特殊工程当采用三阶段设计时,在技术设计阶段随着设计内容的

8

深化，可能出现建设规模、结构造型、设备类型和数量等内容与初步设计相比有所变化的情况，设计单位应对投资额进行具体核算。对初步设计总概算进行修改，即编制修改设计概算，作为技术文件的组成部分。修改概算是在量（工程规模或设计标准）和价（价格水平）都有变化的情况下，对设计概算的修改。

1.3.4 施工图预算

施工图预算也称设计预算，是由设计单位在施工图设计阶段，根据施工图纸、施工组织设计、国家颁布的预算定额和工程量计算规则、地区材料预算价格、施工管理费标准、企业利润率、税率等，计算每项工程所需人力、物力和投资额的文件。它应在已批准的设计概算控制下进行编制。它是施工前组织物资、机具、劳动力，编制施工计划，统计完成工作量，办理工程价款结算，实行经济核算，考核工程成本，实行建筑工程包干和建设银行拨（贷）工程款的依据。它是施工图设计的组成部分，由设计单位负责编制的。它的主要作用是确定单位工程项目造价，是考核施工图设计经济合理性的依据。一般建筑工程以施工图预算作为编制施工招标标底的依据。

1.3.5 招标控制价与报价

招标控制价是指招标人根据国家或省级、行业建设主管部门颁发的有关计价依据和办法，按设计施工图纸计算的，对招标工程限定的最高工程造价。它是由业主委托具有相应资质的设计单位、社会咨询单位编制完成的，包括发包造价、与造价相适应的质量保证措施及主要施工方案、为了缩短工期所需的措施费等。招标控制价应在编制完成后报送招标投标管理部门审定。招标控制价的主要作用是招标单位在一定浮动范围内合理控制工程造价，明确自己在发包工程上应承担的财务义务，也是投资单位考核发包工程造价的主要尺度。

投标报价即报价，是施工企业（或厂家）对建筑工程施工产品（或机电、金属结构设备）的自主定价。它反映的是市场价格，体现了企业的经营管理、技术和装备水平。中标的报价为决标价是基本建设产品的成交价格。

1.3.6 施工预算

施工预算是指在施工阶段，施工单位为了加强企业内部经济核算，节约人工和材料，合理使用机械，在施工图预算的控制下，通过工料分析，计算拟建工程工、料和机具等需要量，并直接用于生产的技术经济文件。它是根据施工图的工程量、施工组织设计或施工方案和施工定额等资料进行编制的。

1.3.7 竣工结算

竣工结算是施工单位与建设单位对承建工程项目价款的最终清算（施工过程中的结算属于中间结算）。

1.3.8 竣工决算

竣工决算是竣工验收报告的重要组成部分，它是指建设项目全部完工后，在工程竣工验收阶段，由建设单位编制的从项目筹建到建成投产全部费用的技术经济文件。它是建设投资管理的重要环节，是工程竣工验收、交付使用的重要依据，是进行建设项目财务总结，也是银行对其实行监督的必要手段。

学习单元1.4 基本建设项目划分

一个基本建设项目,往往规模大、建设周期长、影响因素复杂。因此,为了便于编制基本建设计划、编制工程的概预算文件、组织材料供应、组织招投标、安排施工、控制投资、进行质量控制、拨付工程款项、进行经济核算等的需要,通常将其系统地逐级地划分为若干个各级项目,这项工作就称为基本建设工程项目划分。

实践中,通常按基本建设项目本身的内部组成,将其划分为建设项目、单项工程、单位工程、分部工程和分项工程。

1. 建设项目

建设项目又称基本建设项目,通常是指在一个场地或几个场地上按照一个总体设计进行施工、经济上独立核算、行政上实行统一管理的各个工程项目的总和。在工业建设中,如一座玩具厂、一座钢铁厂、一座汽车厂等。在民用建设中,如一所学校、一所医院。在农业建设中,如一个农场、一座拖拉机站等。

2. 单项工程

单项工程是建设项目的组成部分。单项工程具有独立的设计文件,建成后可以独立发挥生产能力或效益。例如一个水利枢纽的拦河坝、电站厂房、引水渠等都是单项工程。一个工厂的生产车间,一所学校的教学楼、办公楼、实验楼、学生公寓等也都是单项工程。一个建设项目可以是一个单项工程,也可以包括几个单项工程。

单项工程是具有独立存在意义的完整的工程项目,是一个复杂的综合体,它由多个单位工程组成。

3. 单位工程

单位工程是单项工程的组成部分,是指不能独立发挥生产能力,但能独立组织施工的工程。一般按照建筑物建筑及安装来划分,如生产车间是一个单项工程,它又可以划分为建筑工程和设备安装两大类单位工程。其中建筑工程包括一般土建工程、电气照明工程、暖气通风工程、水卫工程、工业管道工程、特殊构筑物工程等单位工程;设备及安装工程包括机械设备及安装工程、电气设备及安装工程等。

4. 分部工程

分部工程是单位工程的组成部分,一般按照建筑物的主要部位或工种来划分。例如房屋建筑工程可以划分为土(石)方工程、桩与地基基础工程、砌筑工程、混凝土及钢筋混凝土工程、厂库房大门、特种门及木结构工程、金属结构工程、屋面及防水工程、防腐隔热保温工程等多个分部工程。

分部工程是编制工程造价、组织施工、质量评定、包工结算及成本核算的基本单位。但在分部工程中,影响工料消耗的因素仍然很多,如钢筋混凝土工程中的构件类型(板、梁、柱)不同,则每一单位工程量的混凝土所消耗的人工、材料差别很大。因此,对分部工程,仍需按照不同的施工方法、不同的材料、不同的构筑物规格等作进一步的划分。一个分部工程由多个分项工程组成。

5. 分项工程

分项工程是分部工程的组成部分，是可以用适当的计量单位计算工料消耗的最基本的组成单元，反映最简单的施工过程。一般将人力、物力消耗定额标准基本相近的结构部位划归为同一分项工程。例如混凝土及钢筋混凝土分部工程，根据施工方法、材料种类及规格等因素的不同，可进一步划分为带形基础、独立基础、满堂基础、设备基础、矩形柱、异形柱等分项工程。

建设项目分解示意图如图 1.1 所示。

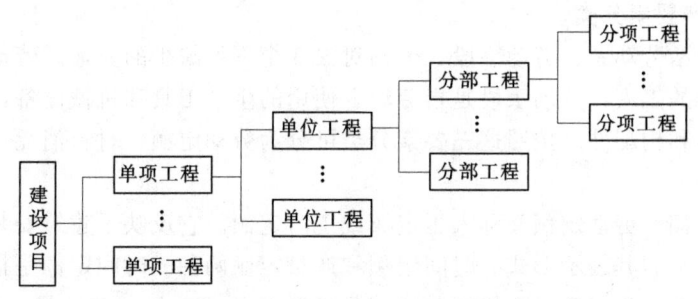

图 1.1　建设项目分解示意图

学习单元 1.5　建 设 工 程 定 额

1.5.1　定额概述

1.5.1.1　概念

建设工程定额，是指在正常的施工条件下，为了完成质量合格的单位建筑工程产品，所必须消耗的人工、材料（或构配件）、机械台班的数量标准。

1.5.1.2　作用

建设工程定额，在我国工程建设中具有十分重要的地位和作用，主要表现在以下几个方面。

（1）总结先进生产方法的手段。建设工程定额比较科学地反映出生产技术和劳动组织的合理程度。我们可以以建设工程消耗量定额的标定方法为手段，对同一工程产品在同一施工操作条件下的不同生产方式进行观察、分析和总结，从而得出一套比较完整的先进生产方法。

（2）确定工程造价的依据和评价设计方案经济合理性的尺度。根据设计文件的工程规模、工程数量，结合施工方法，采用相应消耗量定额规定的人工、材料、施工机械台班消耗标准，以及人工、材料、机械单价和各种费用标准可以确定分项工程的综合单价。同时，建设项目投资的大小又反映出各种不同设计方案技术经济水平的高低。

（3）施工企业编制工程计划，组织和管理施工的重要依据。为了更好地组织和管理建设工程施工生产，必须编制施工进度计划。在编制计划和组织管理施工生产中，要以各种定额作为计算人工、材料和机械需用量的依据。

（4）施工企业和项目部实行经济责任制的重要依据。工程建设改革的突破口是承包责任制。施工企业根据定额编制投标报价，对外投标承揽工程任务；工程施工项目部进行进度计划的编制和进度控制，进行成本计划的编制和成本控制，均以建设工程消耗量定额为依据。

此外，建设工程定额还有利于建筑市场公平竞争，有利于完善市场的信息系统，既是投资决策依据又是价格决策依据，具有节约社会劳动和提高生产效率的作用。

1.5.2 建设工程定额分类

建设工程定额按照不同标准可以进行不同的分类。

1.5.2.1 按生产要素分类

生产活动包括劳动者、劳动手段、劳动对象3个不可缺少的要素。劳动者是指生产活动中各专业工种的工人，劳动手段是指劳动者使用的生产工具和机械设备，劳动对象是指原材料、半成品和构配件。按照这三要素分类可分为劳动定额、材料消耗定额、机械使用定额。

（1）劳动定额。劳动定额又称人工定额或工时定额。它反映了建筑安装工人劳动生产率的平均先进水平。其表示形式有时间定额和产量定额两种。时间定额是指在合理的劳动组织和施工条件下，生产质量合格的单位产品所需要的劳动量。劳动量的单位以"工日"或"工时"表示。产量定额是指同样条件下，在单位时间内所生产的质量合格的产品数量。时间定额与产量定额互为倒数。

（2）材料消耗定额。材料消耗定额是指在一定的施工条件和合理使用材料的情况下，生产单位质量合格的产品所需一定规格材料的数量标准。

（3）机械使用定额。机械使用定额也称机械台班或台时定额。它反映了在先进合理的劳动组织和施工条件下，由技术熟练工人操作的机械生产率水平。其表示方法有时间定额和产量定额两种，二者互为倒数。机械时间定额是指施工机械在正常的施工组织条件下，完成单位合格产品所需的机械工作时间；机械产量定额是指施工机械在单位时间内完成合格产品的数量。

1.5.2.2 按专业分类

（1）建设工程消耗量定额。建设工程消耗量定额是指建筑工程人工、材料及机械的消耗量标准。

（2）装饰工程消耗量定额。装饰工程是指房屋建筑的装饰装修工程。装饰工程消耗量定额是指建筑装饰装修工程人工、材料及机械的消耗量标准。

（3）安装工程消耗量定额。安装工程是指各种管线、设备等的安装工程。安装工程消耗量定额是指安装工程人工、材料及机械的消耗量标准。

（4）市政工程消耗量定额。市政工程是指城市的道路、桥梁等公共设施及公用设施的建设工程。市政工程消耗量定额是指市政工程人工、材料及机械的消耗量标准。

（5）园林绿化工程消耗量定额。园林绿化工程消耗量定额是指园林绿化工程消耗量定额人工、材料及机械的消耗量标准。

1.5.2.3 按编制单位及使用范围分类

建设工程消耗量定额按编制单位及使用范围分类有：全国统一定额、地区统一定额及企业定额。

（1）全国统一定额。全国统一定额是指由国家主管部门编制，作为各地区编制地区消耗量定额依据的消耗量定额，如《全国统一建筑工程基础定额》《全国统一建筑装饰装修工程消耗量定额》。

（2）地区统一定额。地区统一定额是指由本地区建设行政主管部门根据合理的施工组织设计，按照正常施工条件下制定的，生产分项工程合格单位产品所需人工、材料、机械台班的社会平均消耗量定额。它是编制投标控制价或标底的依据，在施工企业没有本企业定额的情况下也可作为投标的参考依据。

（3）企业定额。企业定额是指施工企业根据本企业的施工技术和管理水平，以及有关工程造价资料制定的，供本企业使用的人工、材料和机械消耗量定额。

1.5.3 建设工程定额的编制原则

1.5.3.1 定额体现水平

企业量定额应体现本企业平均先进水平的原则；地区统一定额应体现本地区平均水平的原则。

所谓平均先进水平，就是在正常施工条件下，多数施工班组和多数工人经过努力才能够达到和超过的水平。它高于一般水平，而低于先进水平。

1.5.3.2 定额形式简明适用

消耗量定额编制必须便于使用。既要满足施工组织生产的需要，又要简明适用。要能反映现行的施工技术、材料的现状，项目齐全、步距适当、方便使用。

1.5.3.3 定额编制坚持"以专为主、专群结合"

定额的编制具有很强技术性、实践性和法规性。不但要有专门的机构和专业人员组织把握方针政策，经常性地积累定额资料，还要专群结合，及时了解定额在执行过程中的情况和存在的问题，以便及时将新工艺、新技术、新材料反映在定额中。

1.5.4 建设工程定额的编制依据

（1）现行的劳动定额、材料消耗定额和机械使用台班定额。

（2）现行的设计规范、建筑产品标准、技术操作规程、施工及验收规范、工程质量检查评定标准和安全操作规程。

（3）通用的标准设计和定型设计图集，以及有代表性的设计资料。

（4）有关科学实验、技术测定、统计资料。

（5）有关的建筑工程历史资料及定额测定资料。

（6）新技术、新结构、新材料、新工艺和先进施工经验的资料。

1.5.5 建设工程定额的计量单位

1.5.5.1 计量单位的确定

（1）凡物体的长、宽、高（或厚）三个数值都会发生变化时，采用体积（m^3）为计量单位。如土石方、砌筑、混凝土及钢筋混凝土工程等。

（2）当物体厚度固定，而长度和宽度不固定时，采用面积（m^2）为计量单位。如楼地面、屋面工程等。

（3）当物体截面形状固定，而长度不固定时，采用延长米（m）为计量单位。如栏杆、装饰线、管道等。

(4) 当物体体积和面积相同,而重量和价格差异很大时,采用重量单位 kg 或 t 计算。

(5) 有的分项工程实物结构复杂,可按个、组、座、套、件、台等自然计量单位计算。

1.5.5.2 小数位数的取定

定额项目表中数量单位的小数位数取定(取位的数值按四舍五入规则处理)如下。

(1) 人工:以"工日"为单位,取两位小数。

(2) 主要材料及半成品:木材以"m^3"为单位,取三位小数;钢材、钢筋以"t"为单位,取三位小数;水泥以"kg"为单位,取整数;砂浆、混凝土以"m^3"为单位,取两位小数;其余材料一般取两位小数。

(3) 单价:以"元"为单位,取两位小数。

(4) 其他材料费:以"元"为单位,取两位小数。

(5) 施工机械:以"台班"为单位,取两位小数。

学习单元 1.6　建设工程总费用构成

1.6.1　建设项目总投资构成

建设项目总投资构成见表 1.1。

表 1.1　　　　　　　　建设项目总投资构成

建设项目总投资	建设投资	固定资产费用	建筑工程费	第一部分:工程费用
			安装工程费(含设备费)	
		固定资产其他费用	建设管理费	第二部分:工程建设其他费用
			可行性研究费	
			研究试验费	
			勘察设计费	
			环境影响评价费	
			劳动安全卫生评价费	
			场地准备及临时设施费	
			引进技术和引进设备其他费	
			工程保险费	
			联合试运转费	
			特殊设备安全监督检验费	
			市政公用设施建设及绿化费	
		无形资产费用	建设用地费	
			专利及专有技术使用费	
		其他资产费用(递延资产)	生产准备及开办费	

学习单元 1.6 建设工程总费用构成

续表

建设项目总投资	建设投资	预备费	基本预备费	第三部分：预备费
			价差预备费	
		建设期利息		第四部分：专项费用
		流动资金（项目报批总投资和概算总投资中只列铺底流动资金）		
		固定资产投资方向调节税（暂停征收）		

1.6.2 工程费用

1.6.2.1 建筑工程费

建筑工程费是指包括房屋建筑物、构筑物以及附属工程等在内的各种工程费用。建筑工程有广义和狭义之分，这里的建筑工程系指广义建筑工程。狭义的建筑工程一般是指房屋建筑工程，广义的建筑工程包括以下内容：

(1) 房屋建筑工程，是指一般工业与民用建筑工程。具体包括土建工程和装饰工程。
(2) 构筑物工程，如水塔、水池、烟囱、炉窑等构筑物。
(3) 附属工程，如区域道路、围墙、大门、绿化等。
(4) 公路、铁路、桥梁、隧道、矿山、码头、水坝、机场工程等。
(5) "七通一平"工程，包括施工用水、施工用电、通讯、排污、热力管、燃气管的接入工程，施工道路修建工程（七通），以及场地平整工程（一平）。

1.6.2.2 安装工程费

按最新（建标〔2013〕44号）文件规定，材料费中应包括设备费，因此安装工程费是指各种设备及管道等安装工程的费用（包含设备费）。安装工程包括：

(1) 设备安装工程（包括机械设备、电气设备、热力设备等安装工程）。
(2) 静置设备（容器、塔器、换热器等）与工艺金属结构制作安装工程。
(3) 工业管道安装工程。
(4) 消防工程。
(5) 给排水、采暖、燃气工程。
(6) 通风空调工程。
(7) 自动化控制仪表安装工程。
(8) 通信设备及线路工程。
(9) 建筑智能化系统设备安装工程。
(10) 长距离输送管道工程。
(11) 高压输变电工程（含超高压）。
(12) 其他专业设备安装工程（如化工、纺织、制药设备等）。

1.6.3 工程建设其他费用

工程建设其他费用是指应在建设项目的建设投资中开支的固定资产其他费用、无形资产费用和其他资产费用（递延资产）。

工程建设其他费用项目，是项目的建设投资中较常发生的费用项目，但并非每个项目都会发生这些费用项目，项目不发生的其他费用项目不计取。

为方便投资估算和概算的编制,对其他费用项目进行了适当简化和同类费用归并,但这种简化和归并有一个前提条件,即不影响项目的建设投资估算结果。

工程建设其他费用项目包括:固定资产其他费用、无形资产费用、其他资产费用。

1.6.3.1 固定资产其他费用

1. 建设管理费

建设管理费是指建设单位从项目筹建开始直至办理竣工决算为止发生的项目建设管理费用。包括:

(1) 建设单位管理费:是指建设单位发生的管理性质的开支。包括工作人员工资、工资性补贴、施工现场津贴、职工福利费、住房基金、基本养老保险费、基本医疗保险费、失业保险费、工伤保险费、办公费、差旅交通费、劳动保护费、工具用具使用费、固定资产使用费、必要的办公及生活用品购置费、必要的通讯设备及交通工具购置费、零星固定资产购置费、招募生产工人费、技术图书资料费、业务招待费、设计审查费、工程招标费、合同契约公证费、法律顾问费、咨询费、工程质量监督检测费、审计费、完工清理费、竣工验收费、印花税和其他管理性质开支。

(2) 工程监理费:是指建设单位委托工程监理单位实施工程监理的费用。

2. 可行性研究费

可行性研究费是指在建设项目前期工作中,编制和评估项目建议书(或预可行性研究报告)、可行性研究报告所需的费用。

3. 研究试验费

研究试验费是指为本建设项目提供或验证设计数据、资料等进行必要的研究试验及按照设计规定在建设过程中必须进行试验、验证所需的费用。但不包括:

(1) 应由科技3项费用(即新产品试制费、中间试验费和重要科学研究补助费)开支的项目。

(2) 应在建筑安装费用中列支的施工企业对建筑材料、构件和建筑物进行一般鉴定、检查所发生的费用及技术革新的研究试验费。

(3) 应由勘察设计费或工程费用中开支的项目。

4. 勘察设计费

勘察设计费是指委托勘察设计单位进行工程水文地质勘察、工程设计所发生的各项费用。包括:

(1) 工程勘察费、初步设计费(基础设计费)、施工图设计费(详细设计费)。

(2) 设计模型制作费。

5. 环境影响评价费

环境影响评价费是指按照《中华人民共和国环境保护法》《中华人民共和国环境影响评价法》等规定,为全面、详细评价本建设项目对环境可能产生的污染或造成的重大影响所需的费用,包括编制环境影响报告书(含大纲)、环境影响报告表和评估环境影响报告书(含大纲)、评估环境影响报告表等所需的费用。

6. 劳动安全卫生评价费

劳动安全卫生评价费是指按照劳动部《建设项目(工程)劳动安全卫生监察规定》和

《建设项目(工程)劳动安全卫生预评价管理办法》的规定,为预测和分析建设项目存在的职业危险、危害因素的种类和危险危害程度,并提出先进、科学、合理可行的劳动安全卫生技术和管理对策所需的费用。包括编制建设项目劳动安全卫生预评价大纲和劳动安全卫生预评价报告书以及为编制上述文件所进行的工程分析和环境现状调查等所需费用。

7. 场地准备及临时设施费

场地准备及临时设施费包括场地准备费和临时设施费。

(1) 场地准备费是指建设项目为达到工程开工条件所发生的场地平整和建设场地余留的有碍于施工建设的设施进行拆除清理的费用。

(2) 临时设施费是指为满足施工建设需要而供到场地界区的临时水、电、路、讯、气等工程费用和建设单位的现场临时建(构)筑物的搭设、维修、拆除、摊销或建设期间租赁费用,以及施工期间专用公路养护费、维修费。此费用不包括已列入建筑安装工程费用中的施工单位临时设施费用。

(3) 场地准备及临时设施应尽量与永久性工程统一考虑。建设场地的大型土石方工程应进入工程费用中的运输费用中。

8. 引进技术和引进设备其他费

(1) 引进项目图纸资料翻译复制费、备品备件测绘费。

(2) 出国人员费用:包括买方人员出国设计联络、出国考察、联合设计、监造、培训等所发生的旅费、生活费、制装费等。

(3) 来华人员费用:包括卖方来华工程技术人员的现场办公费用、往返现场交通费用、工资、食宿费用、接待费用等。

(4) 银行担保及承诺费:指引进项目由国内外金融机构出面承担风险和责任担保所发生的费用,以及支付贷款机构的承诺费用。

9. 工程保险费

工程保险费是指建设项目在建设期间根据需要对建筑工程、安装工程及机器设备进行投保而发生的保险费用。包括建筑工程一切险和人身意外伤害险、引进设备国内安装保险等。

10. 联合试运转费

联合试运转费是指新建项目或新增加生产能力的工程,在交付生产前按照批准的设计文件所规定的工程质量标准和技术要求,进行整个生产线或装置的负荷联合试运转或局部联动试运转所发生的费用净支出(试运转支出大于收入的差额部分费用,以及必要的工业炉烘炉费)。试运转支出包括试运转所需原材料、燃料及动力消耗、低值易耗品、其他物料消耗、工具用具使用费、机械使用费、保险金、施工单位参加试运转人员工资以及专家指导费等。试运转收入包括试运转期间的产品销售收入和其他收入。

联合试运转费不包括应由设备安装工程费用开支的调试及试车费用以及在试运转中暴露出来的因施工原因或设备缺陷等发生的处理费用。

11. 特殊设备安全监督检验费

特殊设备安全监督检验费是指在施工现场组装的锅炉及压力容器、消防设备、燃气设备、电梯等特殊设备和设施，由安全监察部门按照有关安全监察条例和实施细则以及设计技术要求进行安全检验，应由建设项目支付的、向安全监察部门缴纳的费用。

12．市政公用设施建设及绿化费

市政公用设施建设及绿化费是指项目建设单位按照项目所在地人民政府有关规定缴纳的市政公用设施建设费，以及绿化补偿费等。

1.6.3.2 无形资产费用

1．建设用地费

建设用地费是指按照《中华人民共和国土地管理法》等规定，建设项目征用土地或租用土地应支付的费用。

（1）土地征用及迁移补偿费。经营性建设项目通过出让方式购置土地使用权（或建设项目通过划拨方式取得无限期土地使用权）而支付的土地补偿费、安置补助费、地上附着物和青苗补偿费、余物迁建补偿费、土地登记管理费等；行政事业单位的建设项目通过出让方式取得土地使用权而支付的出让金；建设单位在建设过程中发生的土地复垦和土地损失补偿费用；建设期间临时占地补偿费。

（2）征用土地按规定一次性缴纳的耕地占用税；征用城镇土地在建设期间按规定每年缴纳城镇土地使用税；征用城市郊区菜地按规定缴纳的新菜地开发建设基金。

（3）建设单位租用建设项目土地使用权而支付的租地费用。

2．专利及专有技术使用费

（1）国外设计及技术资料费、引进有效专利、专有技术使用费和技术保密费。

（2）国内有效专利、专有技术使用费用。

（3）商标使用费、特许经营权费等。

1.6.3.3 其他资产费用（递延资产）

生产准备及开办费是指建设项目为保证正常生产（或营业、使用）而发生的人员培训费、提前进厂费以及投产使用初期必备的生产生活用具、工器具等购置费用。包括：

（1）人员培训费及提前进厂费：自行组织培训或委托其他单位培训的人员工资、工资性补贴、职工福利费、差旅交通费、劳动保护费、学习资料费等。

（2）为保证初期正常生产、生活（或营业、使用）所必需的生产办公、生活家具用具购置费。

（3）为保证初期正常生产（或营业、使用）必需的第一套不够固定资产标准的生产工具、器具、用具购置费（不包括备品备件费）。

一般建设项目很少发生或一些具有较明显行业特征的工程建设其他费用项目，如移民安置费、水资源费、水土保持评价费、地震安全性评价费、地质灾害危险性评价费、河道占用补偿费、超限设备运输特殊措施费、航道维护费、植被恢复费、种质检测费、引种测试费等，各省（市、自治区）、各部门可在实施办法中补充或具体项目发生时依据有关政策规定计取。

1.6.4 预备费

预备费包括基本预备费和涨价预备费。

1.6.4.1 基本预备费

基本预备费是指在初步设计及概算内难以预料的工程费用。内容包括：

(1) 在批准的初步设计范围内，技术设计、施工图设计及施工过程中所增加的工程费用；设计变更、局部地基处理等增加的费用。

(2) 一般自然灾害造成的损失和预防自然灾害所采取的措施费用。

(3) 竣工验收时为鉴定工程质量对隐蔽工程进行必要的挖掘和修复费用。

1.6.4.2 涨价预备费

涨价预备费是指建设项目在建设期间内由于价格等变化引起工程造价变化的预测预留费用。涨价预备费是对建设工期较长的投资项目，在建设期内可能发生的材料、人工、设备、施工机械等价格上涨，以及费率、利率、汇率等变化，而引起项目投资的增加，需要事先预留的费用，亦称价差预备费或价格变动不可预见费。

1.6.5 专项费用

1.6.5.1 建设期利息

建设期利息是指工程项目在建设期间内发生并计入固定资产的利息，主要是建设期发生的支付银行贷款、出口信贷、债券等的借款利息和融资费用。

1.6.5.2 流动资金

流动资金是指项目投产后，为进行正常生产运营，用于购买原材料、燃料，支付工资及其他经营费用等所必不可少的周转资金。

铺底流动资金是项目投产初期所需，为保证项目建成后进行试运转所必需的流动资金，一般按投产后第一年产品销售收入的30%计算。

1.6.5.3 固定资产投资方向调节税

固定资产投资方向调节税是指国家对在我国境内进行固定资产投资的单位和个人，就其固定资产投资的各种资金征收的一种税。从1991年起施行，自2000年1月1日起新发生的投资额，暂停征收固定资产投资方向调节税。

学习单元1.7 建筑安装工程费用构成

1.7.1 建筑安装工程费的发展

建筑安装工程费是建设工程总投资中的一部分，构成了总投资当中的第一部分工程费用。它所占总投资比例最大，也是现今社会当中表现最活跃的一笔费用，目前建设工程所采用的清单计价模式，也主要是为了计算建筑安装工程费。

由于我国建筑安装工程费的计价方式长期以来以工料单价法（定额计价）为主，所以自1993—2003年，建筑安装工程费的构成一直沿用建标〔1993〕894号文件所规定的费用框架（图1.2）。

然而为了适应计价方式改革工作的需要，并满足工程量清单计价的要求，建设部按照国家有关法律、法规、对建标〔1993〕894号文件做出了较大的修改，于2003年在此基础上颁发了建标〔2003〕206号文，见表1.2。

学习情境 1 造 价 基 础 知 识

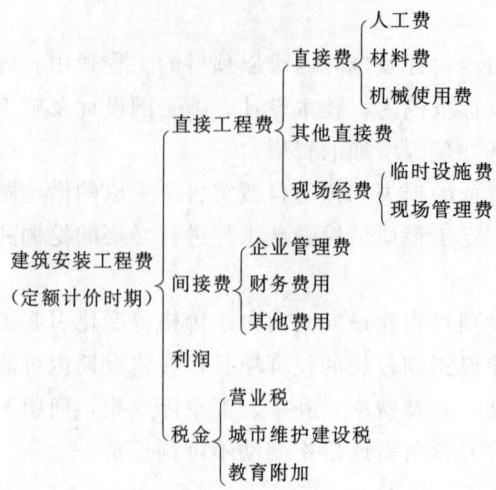

图 1.2　建筑安装工程费的构成

表 1.2　　　　　　　　建筑安装工程费组成表（清单计价时期）

建筑安装工程费	直接费	直接工程费	人工费
			材料费
			施工机械使用费
		措施费	环境保护费
			文明施工费
			安全施工费
			临时设施费
			夜间施工费
			二次搬运费
			大型机械设备进出场及安拆费
			混凝土、钢筋混凝土模板及支架费
			脚手架费
			已完工程及设备保护费
			施工排水、降水费
	间接费	规费	工程排污费
			工程定额测定费
			社会保障费： （1）养老保险费； （2）失业保险费； （3）医疗保险费
			住房公积金
			危险作业意外伤害保险

20

续表

			管理人员工资
建筑安装工程费	间接费	企业管理费	办公费
			差旅交通费
			固定资产使用费
			工具用具使用费
			劳动保险费
			工会经费
			职工教育经费
			财产保险费
			财务费
			税金
			其他
	利润		
	税金	营业税	
		城市维护建设税	
		教育附加	

建标〔2003〕206号文通过几年的应用和实践，为了更好地适应清单计价模式，中华人民共和国住房和城乡建设部和中华人民共和国财政部于2013年颁布了建标〔2013〕44号文。为适应深化工程计价改革的需要，根据国家有关法律、法规及相关政策，在总结原建设部、财政部《关于印发〈建筑安装工程费用项目组成〉的通知》（建标〔2003〕206号）（以下简称《通知》）执行情况的基础上，修订完成了《建筑安装工程费用项目组成》（建标〔2013〕44号文）（以下简称《费用组成》）。

1.7.2 现行建筑安装工程费调整内容

建标〔2013〕44号文最新调整如下。

(1)《费用组成》调整的主要内容。

1) 建筑安装工程费用项目按费用构成要素组成划分为人工费、材料费、施工机具使用费、企业管理费、利润、规费和税金。

2) 为指导工程造价专业人员计算建筑安装工程造价，将建筑安装工程费用按工程造价形成顺序划分为分部分项工程费、措施项目费、其他项目费、规费和税金。

3) 按照国家统计局《关于工资总额组成的规定》，合理调整了人工费构成及内容。

4) 依据国家发展改革委、财政部等9部委发布的《标准施工招标文件》的有关规定，将工程设备费列入材料费；原材料费中的检验试验费列入企业管理费。

5) 将仪器仪表使用费列入施工机具使用费；大型机械进出场及安拆费列入措施项目费。

6) 按照《社会保险法》的规定，将原企业管理费中劳动保险费中的职工死亡丧葬补助费、抚恤费列入规费中的养老保险费；在企业管理费中的财务费和其他中增加担保费用、投标费、保险费。

7）按照《社会保险法》《建筑法》的规定，取消原规费中危险作业意外伤害保险费，增加工伤保险费、生育保险费。

8）按照财政部的有关规定，在税金中增加地方教育附加。

（2）为指导各部门、各地区按照《费用组成》开展费用标准测算等工作，对原《通知》中建筑安装工程费用参考计算方法、公式和计价程序等进行了相应的修改完善，统一制订了《建筑安装工程费用参考计算方法》和《建筑安装工程计价程序》。

（3）《费用组成》自2013年7月1日起施行，原建设部、财政部《关于印发〈建筑安装工程费用项目组成〉的通知》（建标〔2003〕206号）同时废止。

1.7.3 现行建筑安装工程费组成内容（按费用构成要素划分）

建筑安装工程费按照费用构成要素划分为人工费、材料（包含工程设备，下同）费、施工机具使用费、企业管理费、利润、规费和税金。其中人工费、材料费、施工机具使用费、企业管理费和利润包含在分部分项工程费、措施项目费、其他项目费中（图1.3）。

（1）人工费：是指按工资总额构成规定，支付给从事建筑安装工程施工的生产工人和附属生产单位工人的各项费用，内容包括：

1）计时工资或计件工资：是指按计时工资标准和工作时间或对已做工作按计件单价支付给个人的劳动报酬。

2）奖金：是指对超额劳动和增收节支支付给个人的劳动报酬。如节约奖、劳动竞赛奖等。

3）津贴、补贴：是指为了补偿职工特殊或额外的劳动消耗和因其他特殊原因支付给个人的津贴，以及为了保证职工工资水平不受物价影响支付给个人的物价补贴。如流动施工津贴、特殊地区施工津贴、高温（寒）作业临时津贴、高空津贴等。

4）加班加点工资：是指按规定支付的在法定节假日工作的加班工资和在法定日工作时间外延时工作的加点工资。

5）特殊情况下支付的工资：是指根据国家法律、法规和政策规定，因病、工伤、产假、计划生育假、婚丧假、事假、探亲假、定期休假、停工学习、执行国家或社会义务等原因按计时工资标准或计时工资标准的一定比例支付的工资。

（2）材料费：是指施工过程中耗费的原材料、辅助材料、构配件、零件、半成品或成品、工程设备的费用，内容包括：

1）材料原价：是指材料、工程设备的出厂价格或商家供应价格。

2）运杂费：是指材料、工程设备自来源地运至工地仓库或指定堆放地点所发生的全部费用。

3）运输损耗费：是指材料在运输装卸过程中不可避免的损耗。

4）采购及保管费：是指为组织采购、供应和保管材料、工程设备的过程中所需要的各项费用。包括采购费、仓储费、工地保管费、仓储损耗。

工程设备是指构成或计划构成永久工程一部分的机电设备、金属结构设备、仪器装置及其他类似的设备和装置。

（3）施工机具使用费：是指施工作业所发生的施工机械、仪器仪表使用费或其租赁费。

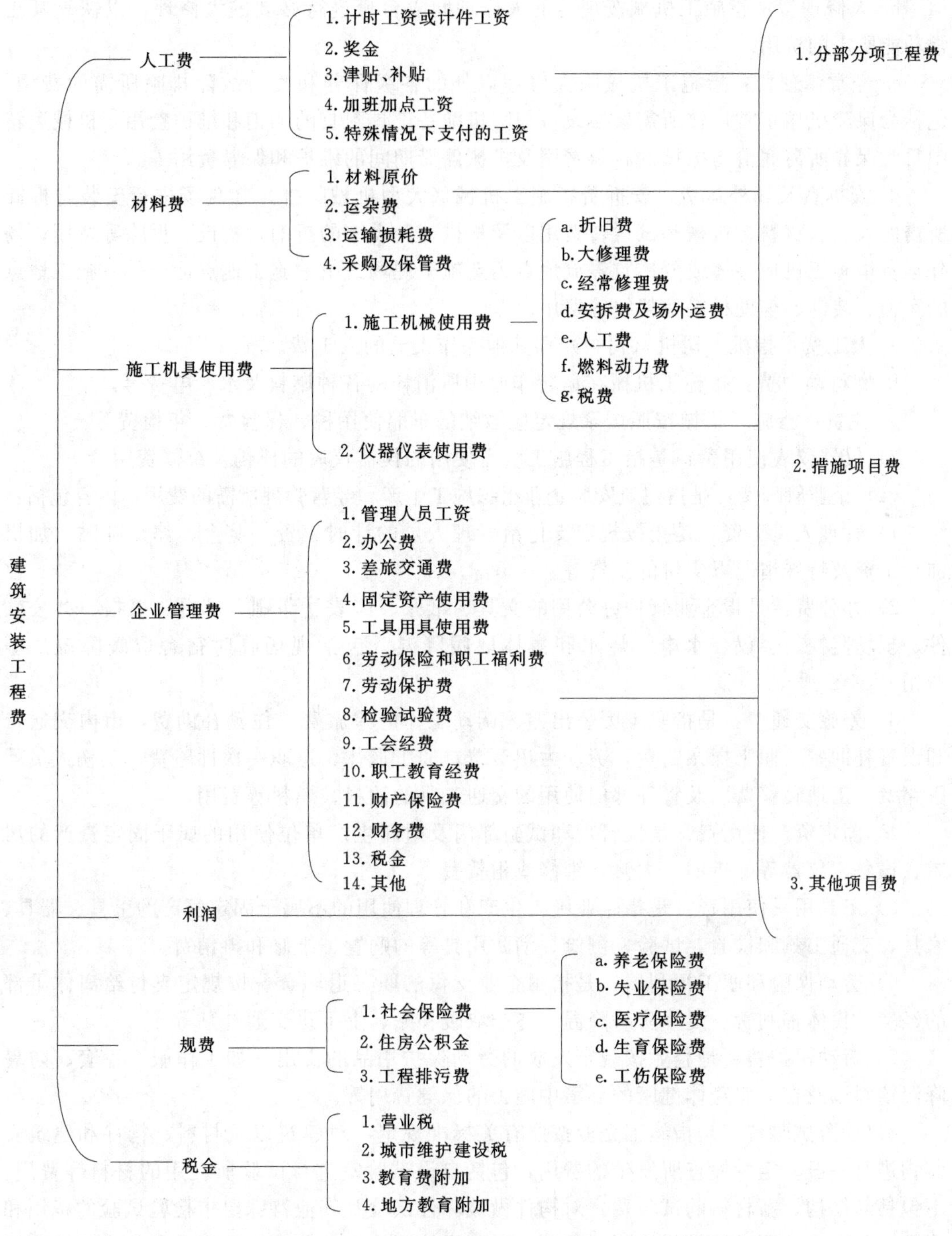

学习单元 1.7　建筑安装工程费用构成

```
                              ┌ 1. 计时工资或计件工资
                              │ 2. 奖金                              ┌ 1. 分部分项工程费
                 ┌ 人工费 ────┤ 3. 津贴、补贴
                 │            │ 4. 加班加点工资
                 │            └ 5. 特殊情况下支付的工资
                 │            ┌ 1. 材料原价
                 │ 材料费 ────┤ 2. 运杂费
                 │            │ 3. 运输损耗费        ┌ a. 折旧费
                 │            └ 4. 采购及保管费      │ b. 大修理费
                 │                                   │ c. 经常修理费
                 │            ┌ 1. 施工机械使用费 ───┤ d. 安拆费及场外运费
                 │ 施工机具   │                      │ e. 人工费
                 │ 使用费 ────┤                      │ f. 燃料动力费
                 │            │                      └ g. 税费
                 │            └ 2. 仪器仪表使用费
  建               │                                                  2. 措施项目费
  筑               │            ┌ 1. 管理人员工资
  安               │            │ 2. 办公费
  装               │            │ 3. 差旅交通费
  工 ──────────┤            │ 4. 固定资产使用费
  程               │            │ 5. 工具用具使用费
  费               │            │ 6. 劳动保险和职工福利费
                 │ 企业管理费 ┤ 7. 劳动保护费
                 │            │ 8. 检验试验费
                 │            │ 9. 工会经费
                 │            │ 10. 职工教育经费
                 │            │ 11. 财产保险费
                 │            │ 12. 财务费
                 │            │ 13. 税金
                 │            └ 14. 其他                             3. 其他项目费
                 │ 利润
                 │                                   ┌ a. 养老保险费
                 │                                   │ b. 失业保险费
                 │            ┌ 1. 社会保险费 ───────┤ c. 医疗保险费
                 │ 规费 ──────┤ 2. 住房公积金         │ d. 生育保险费
                 │            └ 3. 工程排污费         └ e. 工伤保险费
                 │            ┌ 1. 营业税
                 │            │ 2. 城市维护建设税
                 └ 税金 ──────┤ 3. 教育费附加
                              └ 4. 地方教育附加
```

图 1.3　建筑安装工程费用项目组成（按费用构成要素划分）

1) 施工机械使用费：以施工机械台班耗用量乘以施工机械台班单价表示，施工机械台班单价应由下列 7 项费用组成。

a. 折旧费：指施工机械在规定的使用年限内，陆续收回其原值的费用。

23

　　b. 大修理费：指施工机械按规定的大修理间隔台班进行必要的大修理，以恢复其正常功能所需的费用。

　　c. 经常修理费：指施工机械除大修理以外的各级保养和临时故障排除所需的费用。包括为保障机械正常运转所需替换设备与随机配备工具附具的摊销和维护费用，机械运转中日常保养所需润滑与擦拭的材料费用及机械停滞期间的维护和保养费用等。

　　d. 安拆费及场外运费：安拆费指施工机械（大型机械除外）在现场进行安装与拆卸所需的人工、材料、机械和试运转费用以及机械辅助设施的折旧、搭设、拆除等费用；场外运费指施工机械整体或分体自停放地点运至施工现场或由一施工地点运至另一施工地点的运输、装卸、辅助材料及架线等费用。

　　e. 人工费：指机上司机（司炉）和其他操作人员的人工费。

　　f. 燃料动力费：指施工机械在运转作业中所消耗的各种燃料及水、电费等。

　　g. 税费：指施工机械按照国家规定应缴纳的车船使用税、保险费及年检费等。

　　2）仪器仪表使用费：是指工程施工所需使用的仪器仪表的摊销及维修费用。

　　(4) 企业管理费：是指建筑安装企业组织施工生产和经营管理所需的费用，内容包括：

　　1）管理人员工资：是指按规定支付给管理人员的计时工资、奖金、津贴补贴、加班加点工资及特殊情况下支付的工资等。

　　2）办公费：是指企业管理办公用的文具、纸张、账表、印刷、邮电、书报、办公软件、现场监控、会议、水电、烧水和集体取暖降温（包括现场临时宿舍取暖降温）等费用。

　　3）差旅交通费：是指职工因公出差、调动工作的差旅费、住勤补助费，市内交通费和误餐补助费，职工探亲路费，劳动力招募费，职工退休、退职一次性路费，工伤人员就医路费，工地转移费以及管理部门使用的交通工具的油料、燃料等费用。

　　4）固定资产使用费：是指管理和试验部门及附属生产单位使用的属于固定资产的房屋、设备、仪器等的折旧、大修、维修或租赁费。

　　5）工具用具使用费：是指企业施工生产和管理使用的不属于固定资产的工具、器具、家具、交通工具和检验、试验、测绘、消防用具等的购置、维修和摊销费。

　　6）劳动保险和职工福利费：是指由企业支付的职工退职金、按规定支付给离休干部的经费，集体福利费、夏季防暑降温、冬季取暖补贴、上下班交通补贴等。

　　7）劳动保护费：是企业按规定发放的劳动保护用品的支出。如工作服、手套、防暑降温饮料以及在有碍身体健康的环境中施工的保健费用等。

　　8）检验试验费：是指施工企业按照有关标准规定，对建筑以及材料、构件和建筑安装物进行一般鉴定、检查所发生的费用，包括自设试验室进行试验所耗用的材料等费用。不包括新结构、新材料的试验费，对构件做破坏性试验及其他特殊要求检验试验的费用和建设单位委托检测机构进行检测的费用，对此类检测发生的费用，由建设单位在工程建设其他费用中列支。但对施工企业提供的具有合格证明的材料进行检测不合格的，该检测费用由施工企业支付。

　　9）工会经费：是指企业按《工会法》规定的全部职工工资总额比例计提的工会经费。

　　10）职工教育经费：是指按职工工资总额的规定比例计提，企业为职工进行专业技和职业技能培训,专业技术人员继续教育、职工职业技能鉴定、职业资格认定以及根据需要对职工进行各类文化教育所发生的费用。

11) 财产保险费:是指施工管理用财产、车辆等的保险费用。

12) 财务费:是指企业为施工生产筹集资金或提供预付款担保、履约担保、职工工资支付担保等所发生的各种费用。

13) 税金:是指企业按规定缴纳的房产税、车船使用税、土地使用税、印花税等。

14) 其他:包括技术转让费、技术开发费、投标费、业务招待费、绿化费、广告费、公证费、法律顾问费、审计费、咨询费、保险费等。

(5) 利润:是指施工企业完成所承包工程获得的盈利。

(6) 规费:是指按国家法律、法规规定,由省级政府和省级有关权力部门规定必须缴纳或计取的费用,包括:

1) 社会保险费。

a. 养老保险费:是指企业按照规定标准为职工缴纳的基本养老保险费。

b. 失业保险费:是指企业按照规定标准为职工缴纳的失业保险费。

c. 医疗保险费:是指企业按照规定标准为职工缴纳的基本医疗保险费。

d. 生育保险费:是指企业按照规定标准为职工缴纳的生育保险费。

e. 工伤保险费:是指企业按照规定标准为职工缴纳的工伤保险费。

2) 住房公积金:是指企业按规定标准为职工缴纳的住房公积金。

3) 工程排污费:是指企业按规定缴纳的施工现场工程排污费。

其他应列而未列入的规费,按实际发生计取。

(7) 税金:是指国家税法规定的应计入建筑安装工程造价内的营业税、城市维护建设税、教育费附加以及地方教育附加。

1.7.4 现行建筑安装工程费组成内容(按造价形成划分)

建筑安装工程费按照工程造价形成由分部分项工程费、措施项目费、其他项目费、规费、税金组成,分部分项工程费、措施项目费、其他项目费包含人工费、材料费、施工机具使用费、企业管理费和利润(图1.4)。

(1) 分部分项工程费:是指各专业工程的分部分项工程应予列支的各项费用。

1) 专业工程:是指按现行国家计量规范划分的房屋建筑与装饰工程、仿古建筑工程、通用安装工程、市政工程、园林绿化工程、矿山工程、构筑物工程、城市轨道交通工程、爆破工程等各类工程。

2) 分部分项工程:指现行国家计量规范对各专业工程划分的项目。如房屋建筑与装饰工程划分的土石方工程、地基处理与桩基工程、砌筑工程、钢筋及钢筋混凝土工程等。

各类专业工程的分部分项工程划分见现行国家或行业计量规范。

(2) 措施项目费:是指为完成建设工程施工,发生于该工程施工前和施工过程中的技术、生活、安全、环境保护等方面的费用,内容包括:

1) 安全文明施工费。

a. 环境保护费:是指施工现场为达到环保部门要求所需要的各项费用。

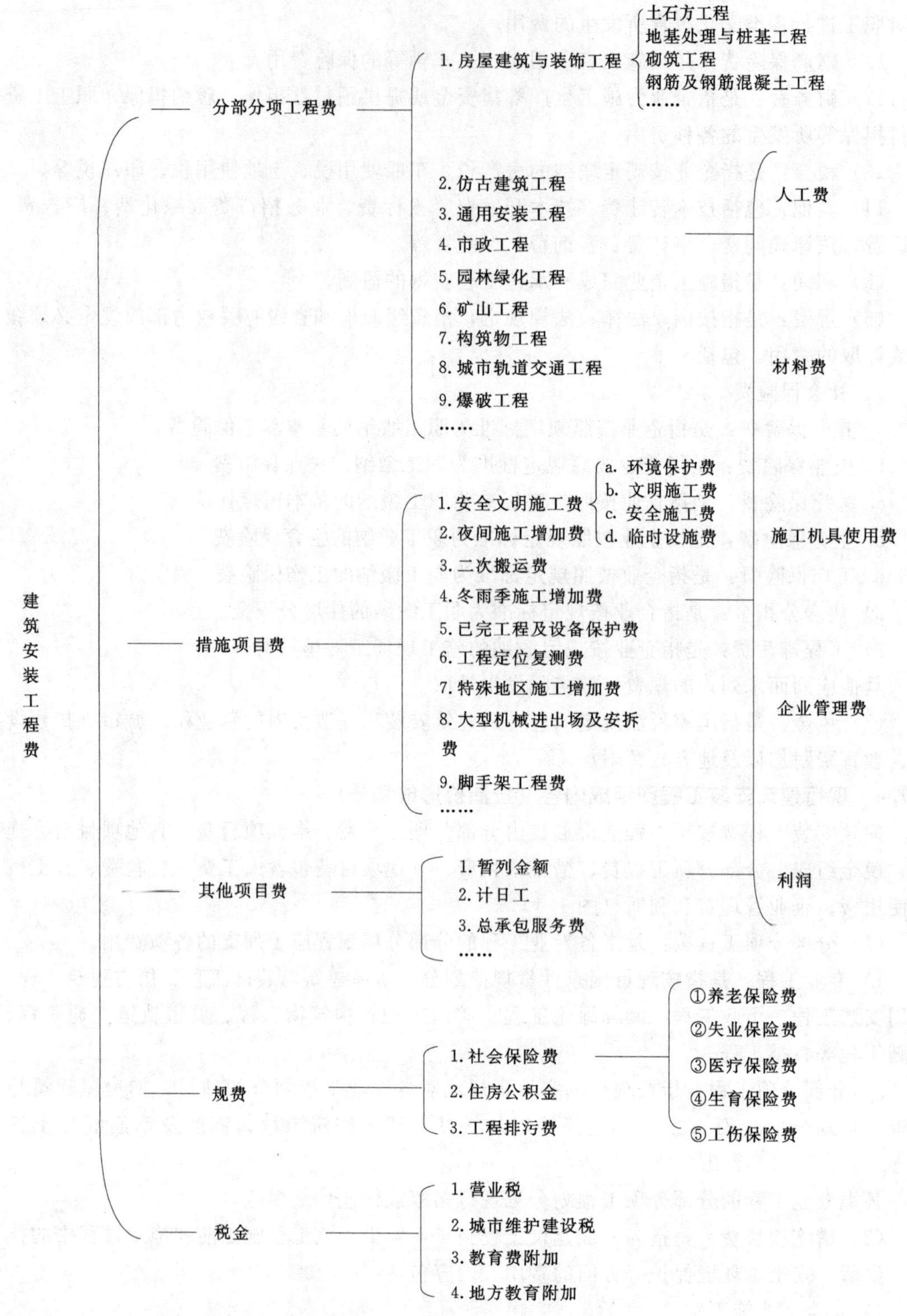

```
                                                                        ┌ 土石方工程
                                                                        │ 地基处理与桩基工程
                                                    ┌ 1.房屋建筑与装饰工程 ┤ 砌筑工程
                                                    │                   │ 钢筋及钢筋混凝土工程
                                                    │                   └ ……
                      ┌ 分部分项工程费 ──────────────┤
                      │                             │ 2.仿古建筑工程        ┐
                      │                             │ 3.通用安装工程        │ 人工费
                      │                             │ 4.市政工程            │
                      │                             │ 5.园林绿化工程        │
                      │                             │ 6.矿山工程            │
                      │                             │ 7.构筑物工程          │ 材料费
                      │                             │ 8.城市轨道交通工程    │
                      │                             │ 9.爆破工程            │
                      │                             └ ……                   │
                      │                                                    │
                      │                             ┌                    a. 环境保护费
                      │                             │ 1.安全文明施工费 ┤ b. 文明施工费
                      │                             │                    c. 安全施工费        施工机具使用费
                      │                             │ 2.夜间施工增加费    d. 临时设施费
                      │                             │ 3.二次搬运费
                      │                             │ 4.冬雨季施工增加费
  建                  │                             │ 5.已完工程及设备保护费
  筑                  │                             │ 6.工程定位复测费
  安 ─── 措施项目费 ──┤ 7.特殊地区施工增加费
  装                  │                             │ 8.大型机械进出场及安拆
  工                  │                             │   费                                    企业管理费
  程                  │                             │ 9.脚手架工程费
  费                  │                             └ ……
                      │
                      │                             ┌ 1.暂列金额                              利润
                      ├ 其他项目费 ────────────────┤ 2.计日工
                      │                             │ 3.总承包服务费
                      │                             └ ……
                      │
                      │                                                    ┌ ①养老保险费
                      │                                                    │ ②失业保险费
                      │                             ┌ 1.社会保险费 ────── ┤ ③医疗保险费
                      ├ 规费 ──────────────────────┤ 2.住房公积金          │ ④生育保险费
                      │                             │ 3.工程排污费          └ ⑤工伤保险费
                      │
                      │                             ┌ 1.营业税
                      └ 税金 ──────────────────────┤ 2.城市维护建设税
                                                    │ 3.教育费附加
                                                    └ 4.地方教育附加
```

图 1.4 建筑安装工程费用项目组成（按造价形成划分）

b. 文明施工费：是指施工现场文明施工所需要的各项费用。

c. 安全施工费：是指施工现场安全施工所需要的各项费用。

d. 临时设施费：是指施工企业为进行建设工程施工所必须搭设的生活和生产用的临时建筑物、构筑物和其他临时设施费用。包括临时设施的搭设、维修、拆除、清理费或摊销费等。

2) 夜间施工增加费：是指因夜间施工所发生的夜班补助费、夜间施工降效、夜间施工照明设备摊销及照明用电等费用。

3) 二次搬运费：是指因施工场地条件限制而发生的材料、构配件、半成品等一次运输不能到达堆放地点，必须进行二次或多次搬运所发生的费用。

4) 冬雨季施工增加费：是指在冬季或雨季施工需增加的临时设施、防滑、排除雨雪，人工及施工机械效率降低等费用。

5) 已完工程及设备保护费：是指竣工验收前，对已完工程及设备采取的必要保护措施所发生的费用。

6) 工程定位复测费：是指工程施工过程中进行全部施工测量放线和复测工作的费用。

7) 特殊地区施工增加费：是指工程在沙漠或其边缘地区、高海拔、高寒、原始森林等特殊地区施工增加的费用。

8) 大型机械设备进出场及安拆费：是指机械整体或分体自停放场地运至施工现场，或由一个施工地点运至另一个施工地点，所发生的机械进出场运输及转移费用及机械在施工现场进行安装、拆卸所需的人工费、材料费、机械费、试运转费和安装所需的辅助设施的费用。

9) 脚手架工程费：是指施工需要的各种脚手架搭、拆、运输费用以及脚手架购置费的摊销（或租赁）费用。

措施项目及其包含的内容详见各类专业工程的现行国家或行业计量规范。

(3) 其他项目费。

1) 暂列金额：是指建设单位在工程量清单中暂定并包括在工程合同价款中的一笔款项。用于施工合同签订时尚未确定或者不可预见的所需材料、工程设备、服务的采购，施工中可能发生的工程变更、合同约定调整因素出现时的工程价款调整以及发生的索赔、现场签证确认等的费用。

2) 计日工：是指在施工过程中，施工企业完成建设单位提出的施工图纸以外的零星项目或工作所需的费用。

3) 总承包服务费：是指总承包人为配合、协调建设单位进行的专业工程发包，对建设单位自行采购的材料、工程设备等进行保管以及施工现场管理、竣工资料汇总整理等服务所需的费用。

(4) 规费：同按费用构成要素划分时的规费。

(5) 税金：同按费用构成要素划分时的税金。

1.7.5 各费用构成要素参考计算方法

1.7.5.1 人工费

公式1　　　　人工费 = $\sum$（工日消耗量 × 日工资单价）

$$日工资单价 = \frac{生产工人平均月工资(计时、计件) + 平均月(资金 + 津贴补贴 + 特殊情况下支付的工资)}{年平均每月法定工作日}$$

注：公式1主要适用于施工企业投标报价时自主确定人工费，也是工程造价管理机构编制计价定额确定定额人工单价或发布人工成本信息的参考依据。

公式2 $\quad\quad\quad 人工费 = \sum(工程工日消耗量 \times 日工资单价)$

日工资单价是指施工企业平均技术熟练程度的生产工人在每工作日（国家法定工作时间内）按规定从事施工作业应得的日工资总额。

工程造价管理机构确定日工资单价应通过市场调查、根据工程项目的技术要求，参考实物工程量人工单价综合分析确定，最低日工资单价不得低于工程所在地人力资源和社会保障部门所发布的最低工资标准的1.3倍（普工），一般技工2倍、高级技工3倍。

工程计价定额不可只列一个综合工日单价，应根据工程项目技术要求和工种差别适当划分多种日人工单价，确保各分部工程人工费的合理构成。

注：公式2适用于工程造价管理机构编制计价定额时确定定额人工费，是施工企业投标报价的参考依据。

1.7.5.2 材料费

$$材料费 = \sum(材料消耗量 \times 材料单价)$$

$$材料单价 = [(材料原价 + 运杂费) \times (1 + 运输损耗率)] \times (1 + 采购保管费率)$$

工程设备费

$$工程设备费 = \sum(工程设备量 \times 工程设备单价)$$

$$工程设备单价 = (设备原价 + 运杂费) \times (1 + 采购保管费率)$$

1.7.5.3 施工机具使用费

（1）施工机械使用费。

$$施工机械使用费 = \sum(施工机械台班消耗量 \times 机械台班单价)$$

$$机械台班单价 = 台班折旧费 + 台班大修费 + 台班经常修理费 + 台班安拆费及场外运费 + 台班人工费 + 台班燃料动力费 + 台班车船税费$$

注：工程造价管理机构在确定计价定额中的施工机械使用费时，应根据《建筑施工机械台班费用计算规则》结合市场调查编制施工机械台班单价。施工企业可以参考工程造价管理机构发布的台班单价，自主确定施工机械使用费的报价，如租赁施工机械，公式为

$$施工机械使用费 = \sum(施工机械台班消耗量 \times 机械台班租赁单价)$$

（2）仪器仪表使用费。

$$仪器仪表使用费 = 工程使用的仪器仪表摊销费 + 维修费$$

1.7.5.4 企业管理费费率

（1）以分部分项工程费为计算基础。

$$企业管理费费率(\%) = \frac{生产工人平均管理费}{年有效施工天数 \times 人工单价} \times 人工费占分部分项工程费比例(\%)$$

（2）以人工费和机械费合计为计算基础。

$$企业管理费费率(\%) = \frac{生产工人年平均管理费}{年有效施工天数 \times (人工单价 + 每一工日机械使用费)} \times 100\%$$

（3）以人工费为计算基础。

$$\text{企业管理费费率}(\%) = \frac{\text{生产工人年平均管理费}}{\text{年有效施工天数} \times \text{人工单价}} \times 100\%$$

注：上述公式适用于投标报价时自主确定管理费的施工企业，是工程造价管理机构编制计价定额确定企业管理费的参考依据。

工程造价管理机构在确定计价定额中企业管理费时，应以定额人工费或定额人工费加定额机械费作为计算基数，其费率根据历年工程造价积累的资料，辅以调查数据确定，列入分部分项工程和措施项目中。

1.7.5.5 利润

（1）施工企业根据企业自身需求并结合建筑市场实际自主确定，列入报价中。

（2）工程造价管理机构在确定计价定额中利润时，应以定额人工费或定额人工费加额机械费作为计算基数，其费率根据历年工程造价积累的资料，并结合建筑市场实际确定，以单位（单项）工程测算，利润在税前建筑安装工程费的比重可按不低于5%且不高于7%的费率计算。利润应列入分部分项工程和措施项目中。

1.7.5.6 规费

（1）社会保险费和住房公积金。

社会保险费和住房公积金应以定额人工费为计算基础，根据工程所在地省、自治区、直辖市或行业建设主管部门规定费率计算。

社会保险费和住房公积金 = Σ（工程定额人工费 × 社会保险费和住房公积金费率）

式中，社会保险费和住房公积金费率可以每万元发承包价的生产工人人工费和管理人员工资含量与工程所在地规定的缴纳标准综合分析取定。

（2）工程排污费。

工程排污费等其他应列而未列入的规费应按工程所在地环境保护等部门规定的标准缴纳，按实计取列入。

1.7.5.7 税金

（1）税金计算公式：

$$\text{税金} = \text{税前造价} \times \text{综合税率}(\%)$$

（2）综合税率：

1）纳税地点在市区的企业。

$$\text{综合税率} = \frac{1}{1 - 3\% - (3\% \times 7\%) - (3\% \times 3\%) - (3\% \times 2\%)} - 1 = 3.48\%$$

2）纳税地点在县城、镇的企业。

$$\text{综合税率} = \frac{1}{1 - 3\% - (3\% \times 5\%) - (3\% \times 3\%) - (3\% \times 2\%)} - 1 = 3.41\%$$

3）纳税地点不在市区、县城、镇的企业。

$$\text{综合税率} = \frac{1}{1 - 3\% - (3\% \times 1\%) - (3\% \times 3\%) - (3\% \times 2\%)} - 1 = 3.28\%$$

4）实行营业税改增值税的，按纳税地点现行税率计算。

1.7.6 建筑安装工程计价参考公式
1.7.6.1 分部分项工程费
$$分部分项工程费 = \Sigma(分部分项工程量 \times 综合单价)$$

式中，综合单价包括人工费、材料费、施工机具使用费、企业管理费和利润以及一定范围的风险费用（下同）。

1.7.6.2 措施项目费
（1）国家计量规范规定应予计量的措施项目，其计算公式为
$$措施项目费 = \Sigma(措施项目工程量 \times 综合单价)$$

（2）国家计量规范规定不宜计量的措施项目计算方法如下。

1）安全文明施工费。
$$安全文明施工费 = 计算基数 \times 安全文明施工费费率(\%)$$

计算基数应为定额基价（定额分部分项工程费＋定额中可以计量的措施项目费）、定额人工费或定额人工费＋定额机械费，其费率由工程造价管理机构根据各专业工程的特点综合确定。

2）夜间施工增加费。
$$夜间施工增加费 = 计算基数 \times 夜间施工增加费费率(\%)$$

3）二次搬运费。
$$二次搬运费 = 计算基数 \times 二次搬运费费率(\%)$$

4）冬雨季施工增加费。
$$冬雨季施工增加费 = 计算基数 \times 冬雨季施工增加费费率(\%)$$

5）已完工程及设备保护费。
$$已完工程及设备保护费 = 计算基数 \times 已完工程及设备保护费费率(\%)$$

上述1）～5）项措施项目的计费基数应为定额人工费或定额人工费＋定额机械费，其费率由工程造价管理机构根据各专业工程特点和调查资料综合分析后确定。

1.7.6.3 其他项目费
（1）暂列金额由建设单位根据工程特点，按有关计价规定估算，施工过程中由建设单位掌握使用、扣除合同价款调整后如有余额，归建设单位。

（2）计日工由建设单位和施工企业按施工过程中的签证计价。

（3）总承包服务费由建设单位在招标控制价中根据总包服务范围和有关计价规定编制，施工企业投标时自主报价，施工过程中按签约合同价执行。

1.7.6.4 规费和税金
建设单位和施工企业均应按照省、自治区、直辖市或行业建设主管部门发布标准计算规费和税金，不得作为竞争性费用。

相关问题的说明：

（1）各专业工程计价定额的编制及其计价程序，均按《建筑安装工程费用项目组成》（建标〔2013〕44号）的通知实施。

（2）各专业工程计价定额的使用周期原则上为5年。

（3）工程造价管理机构在定额使用周期内，应及时发布人工、材料、机械台班价格信

息，实行工程造价动态管理，如遇国家法律、法规、规章或相关政策变化以及建筑市场物价波动较大时，应适时调整定额人工费、定额机械费以及定额基价或规费费率，使建筑安装工程费能反映建筑市场实际。

（4）建设单位在编制招标控制价时，应按照各专业工程的计量规范和计价定额以及工程造价信息编制。

（5）施工企业在使用计价定额时除不可竞争费用外，其余仅作参考，由施工企业投标时自主报价。

1.7.7 建筑安装工程计价程序

建筑安装工程计价程序所使用的表格参见表 1.3～表 1.5。

表 1.3　　　　　　　　建设单位工程招标控制价计价程序

工程名称：　　　　　　　　标段：

序号	内　容	计　算　方　法	金额/元
1	分部分项工程费	按计价规定计算	
1.1			
1.2			
1.3			
1.4			
1.5			
2	措施项目费	按计价规定计算	
2.1	其中：安全文明施工费	按规定标准计算	
3	其他项目费		
3.1	其中：暂列金额	按计价规定估算	
3.2	其中：专业工程暂估价	按计价规定估算	
3.3	其中：计日工	按计价规定估算	
3.4	其中：总承包服务费	按计价规定估算	
4	规费	按规定标准计算	
5	税金（扣除不列入计税范围的工程设备金额）	(1+2+3+4)×规定税率	

招标控制价合计＝1+2+3+4+5

表 1.4 施工企业工程投标报价计价程序

工程名称：　　　　　　　　　　　标段：

序号	内容	计算方法	金额/元
1	分部分项工程费	自主报价	
1.1			
1.2			
1.3			
1.4			
1.5			
2	措施项目费	自主报价	
2.1	其中：安全文明施工费	按规定标准计算	
3	其他项目费		
3.1	其中：暂列金额	按招标文件提供金额计	
3.2	其中：专业工程暂估价	按招标文件提供金额计	
3.3	其中：计日工	自主报价	
3.4	其中：总承包服务费	自主报价	
4	规费	按规定标准计算	
5	税金（扣除不列入计税范围的工程设备金额）	（1＋2＋3＋4）×规定税率	

投标报价合计＝1＋2＋3＋4＋5

表 1.5 竣工结算计价程序

工程名称：　　　　　　　　　　　标段：

序号	汇总内容	计算方法	金额/元
1	分部分项工程费	按合同约定计算	
1.1			
1.2			
1.3			
1.4			
1.5			

续表

序号	汇总内容	计算方法	金额/元
2	措施项目	按合同约定计算	
2.1	其中：安全文明施工费	按规定标准计算	
3	其他项目		
3.1	其中：专业工程结算价	按合同约定计算	
3.2	其中：计日工	按计日工签证计算	
3.3	其中：总承包服务费	按合同约定计算	
3.4	索赔与现场签证	按发承包双方确认数额计算	
4	规费	按规定标准计算	
5	税金（扣除不列入计税范围的工程设备金额）	（1+2+3+4）×规定税率	
竣工结算总价合计＝1+2+3+4+5			

能 力 训 练

1. 简述工程造价的两种含义。
2. 简述工程造价文件的类型。
3. 简述建设工程总费用的构成。
4. 简述建筑安装工程费用的构成。
5. 简述项目划分的作用、方法。
6. 对本学校建筑物进行项目划分。

学习情境 2　建筑工程量计算

学习目标：《房屋建筑与装饰工程量计算规范》（GB 50854—2013）的规定中，建筑面积、土石方工程、地基处理与边坡支护工程、桩基工程、砌筑工程、混凝土工程、钢筋工程、门窗工程、屋面及防水工程、保温工程、隔热工程、防腐工程的工程量计算规则和计算方法。

学习任务：能够掌握按图计算建筑工程各个分部分项工程量。

学习单元 2.1　某学院综合楼实例图纸

一套建筑工程施工图一般包括建筑施工图、结构施工图、设备施工图等部分。各专业施工图一般都包括基本图（全面性内容的图纸）和详图（某构件或详细构造和尺寸等）。

建筑施工图（简称建施）是表达建筑的平面形状、内部布置、外部造型、构造做法及装修做法的图样，一般包括首页、总平面图、建筑平面图、建筑立面图、建筑剖面图及详图等。

结构施工图（简称结施）是表达建筑的结构类型，结构构件的布置、形状、大小、连接及详细做法的图样，一般包括结构设计说明、结构平面布置图和构件详图等。

设备施工图（简称设施）又分为给排水施工图、电气施工图和采暖通风施工图等专业图。各专业图一般包括设计说明、平面布置图、系统图和详图。

各专业施工图的编排顺序一般是按照施工的先后顺序、图纸的主次关系或全面与局部关系而定的，即总体图在前、局部图在后，布置图在前、构件图在后，先施工的在前、后施工的在后。

当我们拿到一套施工图时，一般应按照"由先到后，由粗到细，由大到小，建筑结构相互对照"的方法识读。

识读施工图没有捷径可走，必须按部就班，系统阅读、相互对照、反复熟悉，才不致疏漏。具体可参照下列步骤：

（1）看图纸目录，了解图纸的组成。

（2）看建施图，读完说明后，先识读总平面图和平面图，然后结合立面图和剖面图识读，最后识读详图；了解建筑外形、平面布置、内部构造、构造做法及装修做法等。

（3）看结施图，读完结构设计说明后，应先识读结构平面布置图，然后识读构件图，最后识读构件详图或断面图；了解建筑物的基础、柱（墙）、梁、板等承重结构的布置及详细做法。

（4）看水施、电施等设备施工图，了解建筑给排水、电气等设备方面的情况。

（5）每一张图纸，先看图标、文字，后看图样。

本节提供了一套建筑工程土建部分的施工图纸，包括建筑施工图和结构施工图。如图2.1～图2.26所示，本书后面的案例、能力训练均围绕该套图纸展开。

建筑设计说明

1. 本工程为××学院综合楼工程，建筑面积为1434m²。

2. 本工程的设计是依据甲方提供的设计任务书、规划部门的意见、本工程的岩土工程勘察报告及国家现行设计规范进行的。

3. 本单体建筑消防等级为2级。

4. 高程系统采用当地规划部门规定的绝对标高系统，±0.000相当于当地规划部门规定的绝对标高+26.600m。

5. 图中尺寸以毫米为单位，标高以米为单位，除顶层屋面为结构标高外，其他均为建筑标高。

6. 本工程外填充墙采用300厚石渣空心砖墙，内填充墙采用180厚石渣空心砖墙，M5混合砂浆砌筑，120和60厚的内隔墙采用红砖，M10水泥砂浆砌筑。地下室填充墙采用红砖，M5混合砂浆砌。

7. ±0.000以下墙体采用红砖，M5水泥砂浆砌筑；低于室内地坪0.100处墙身增铺20厚1：2防水砂浆防潮层。

8. 建筑构造用料及作法。

(1) 室内装饰。

地1：a. 8～10厚防滑地砖铺实拍平，水泥浆擦缝。
b. 25厚1：4干硬性水泥砂浆，面上撒素水泥。
c. 素水泥浆结合层一遍。
d. 80厚C10混凝土。
e. 素土夯实。

楼1：a. 8～10厚防滑地砖铺实拍平，水泥浆擦缝。
b. 25厚1：4干硬性水泥砂浆，面上撒素水泥。
c. 素水泥浆结合层一遍。
d. 钢筋混凝土楼板。

楼2：a. 8～10厚防滑地砖铺实拍平，水泥浆擦缝。
b. 25厚1：4干硬性水泥砂浆，面上撒素水泥。
c. 1.5厚聚氨酯防水涂料，面上撒黄砂，四周沿墙上翻150高。
d. 刷基层处理剂一遍。
e. 15厚1：2水泥砂浆找平。
f. 50厚C20细石混凝土找0.5%～1%坡，最薄处不小于20。
g. 钢筋混凝土楼板。

踢1（150高）：a. 17厚1：3水泥砂浆。
b. 3～4厚1：1水泥砂浆加水重20%107胶镶贴。
c. 8～10厚黑色面砖，水泥浆擦缝。

裙1：a. 17厚1：3水泥砂浆。
b. 3～4厚1：1水泥砂浆加水重20%107胶镶贴。
c. 4～5厚面砖，水泥浆擦缝。

墙1：a. 15厚1：3水泥砂浆。
b. 5厚1：2水泥砂浆。
c. 满刮腻子。
d. 刷或滚乳胶漆两遍。

顶1：a. 钢筋混凝土板底面清理干净。
b. 7厚1：3水泥砂浆。
c. 5厚1：2水泥砂浆。
d. 满刮腻子。
e. 刷或滚乳胶漆两遍。

顶2：a. 轻钢龙骨标准骨架：主龙骨中距900～1000，次龙骨中距500或605，横龙骨中距605。
b. 500×500或600×600厚10～13石膏装饰板，自攻螺钉拧牢，孔眼用腻子填平。

注：卫生间一层吊顶高度为3000，二、三吊顶高度为2500

一层餐厅、走道、厨房吊顶高度为3400，二、三层走道吊顶高度为2500。

(2) 外墙面。

贴墙面砖：a. 20厚1：2水泥砂浆贴5厚墙面砖。
b. 20厚1：2水泥砂浆掺107胶。

刷涂料：a. 刷外墙无光乳胶漆2遍。
b. 5厚1：1：3水泥石灰砂浆面层。
c. 13厚1：1：5水泥石灰砂浆打底找平。

其他室外装饰详见立面图。

(3) 台阶做法参见98ZJ901 (1/9)，面层同相邻地面做法。散水参见98ZJ901 (2/4)。

(4) 屋面做法。

屋1（上人、有保温层）：
1) 30mm厚250×250，C20预制混凝土板，缝宽3～5，1：1水泥砂浆填缝。
2) 刷基层处理剂一遍。
3) 20厚1：2.5水泥砂浆找平层。
4) 干铺150mm厚加气混凝土砌块。
5) 钢筋混凝土屋面板，板面清扫干净。

屋2（不上人屋面）：
1) 4mm厚APP改性沥青防水i卷材，表面带页岩保护层。
2) 刷基层处理剂一遍。
3) 20mm厚1：2.5水泥砂浆找平层。
4) 钢筋混凝土屋面板，板面清扫干净。

9. 楼梯做法。
(1) 梯面：同走廊楼面。
(2) 楼梯底板：同顶棚。
(3) 楼梯扶手：选用图集98ZJ401 (W/6)，详见建筑图。
(4) 栏杆地脚采用螺栓后化学固定。

10. 门窗。
(1) 预埋在墙或柱中的木（铁）件均应作防腐（防锈）处理。
(2) 除特别标注外，所有门窗均按墙中线定位。
(3) 室内门详见图集98ZJ，木门刷底漆2遍，乳白色调和漆2遍。
(4) 窗采用成品塑钢窗，选用70、90框料。
(5) 门窗按设计要求由厂家加工，构造节点做法及安装均由厂家负责提供图纸，经甲方看样认可后方可施工。

11. 防潮层：在－0.100处作20厚1：2水泥砂浆加5%防水粉。

12. 其他。
(1) 墙体每500高设2ϕ6拉筋与相邻钢筋混凝土柱（墙）拉筋接通，如墙体上有门窗时钢筋混凝土带设在门窗洞上。
(2) 凡要求排水找坡的地方，找坡厚度大于30时，均用C20细石混凝土找坡，厚度小于30时，用1：2水泥砂浆找坡。
(3) 所有外露铁件均应先刷防锈漆一道，再刷调合漆两道。
(4) 凡人墙木构件均应涂防腐油。
(5) 厕所间，淋浴间，厨房内墙面及隔墙面均贴瓷砖到顶。
(6) 餐厅内卖饭窗口采用铝合金制作，镶白色玻璃，形式要求由厂家加工，经甲方认可后方可使用。
(7) 一切管道穿过墙体时，在施工中预留孔洞，预埋套管并用砂浆堵严。
(8) 本设计按七度抗震烈度设计，未尽事宜均严格遵守国家各项技术规程和验收规范。

13. 凡图中未注明和本说明未提及者，均按国家现行规范执行。

部位＼名称	地面	楼面	踢脚	墙裙	墙面	天棚
楼梯间	地1（红色300×300楼梯砖）	楼1（红色300×300楼梯砖）	踢1（150×300）	—	墙1	顶1
教室、办公室活动室、会议室	—	楼1（米色500×500地砖）	踢1（150×500）	—	墙1	顶1
餐厅、走道	地1（红色500×500地砖）	楼1（红色500×500地砖）	踢1（150×500）	裙1（白色暗花200×300面砖）1500高	墙1	顶2
厨房	地1（红色300×300地砖）	—	—	—	裙1（白色暗花150×200面砖）	顶2
卫生间	地1（红色300×300地砖）	地2（红色300×300地砖）	—	—	裙1（白色暗花150×200面砖）	顶2
地下室	地1（米色500×500地砖）	—	踢1（150×500）	—	墙1	顶1

办公楼	建筑设计说明	建施1

图2.1　办公楼的建筑设计说明

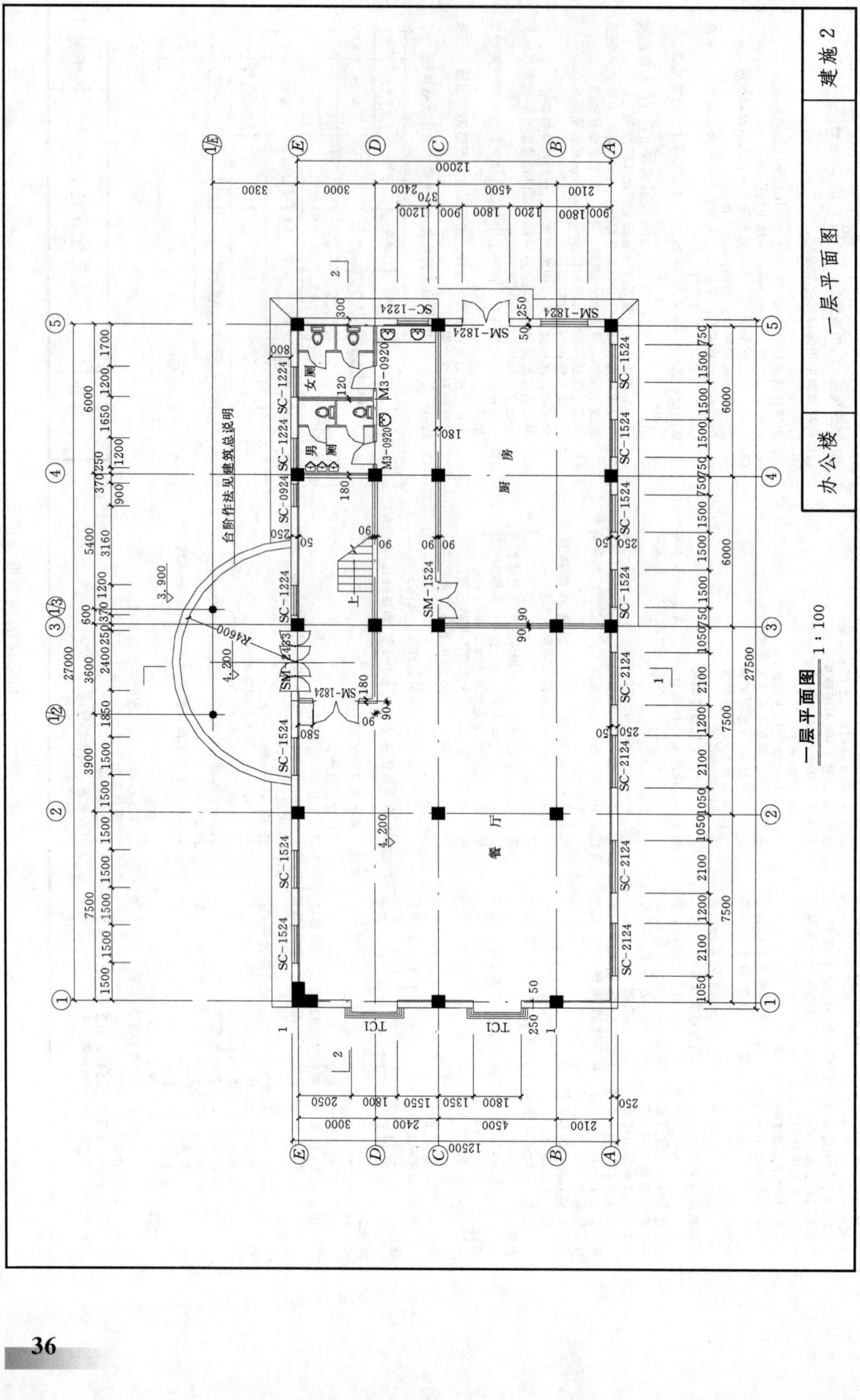

图 2.2 办公楼一层平面图

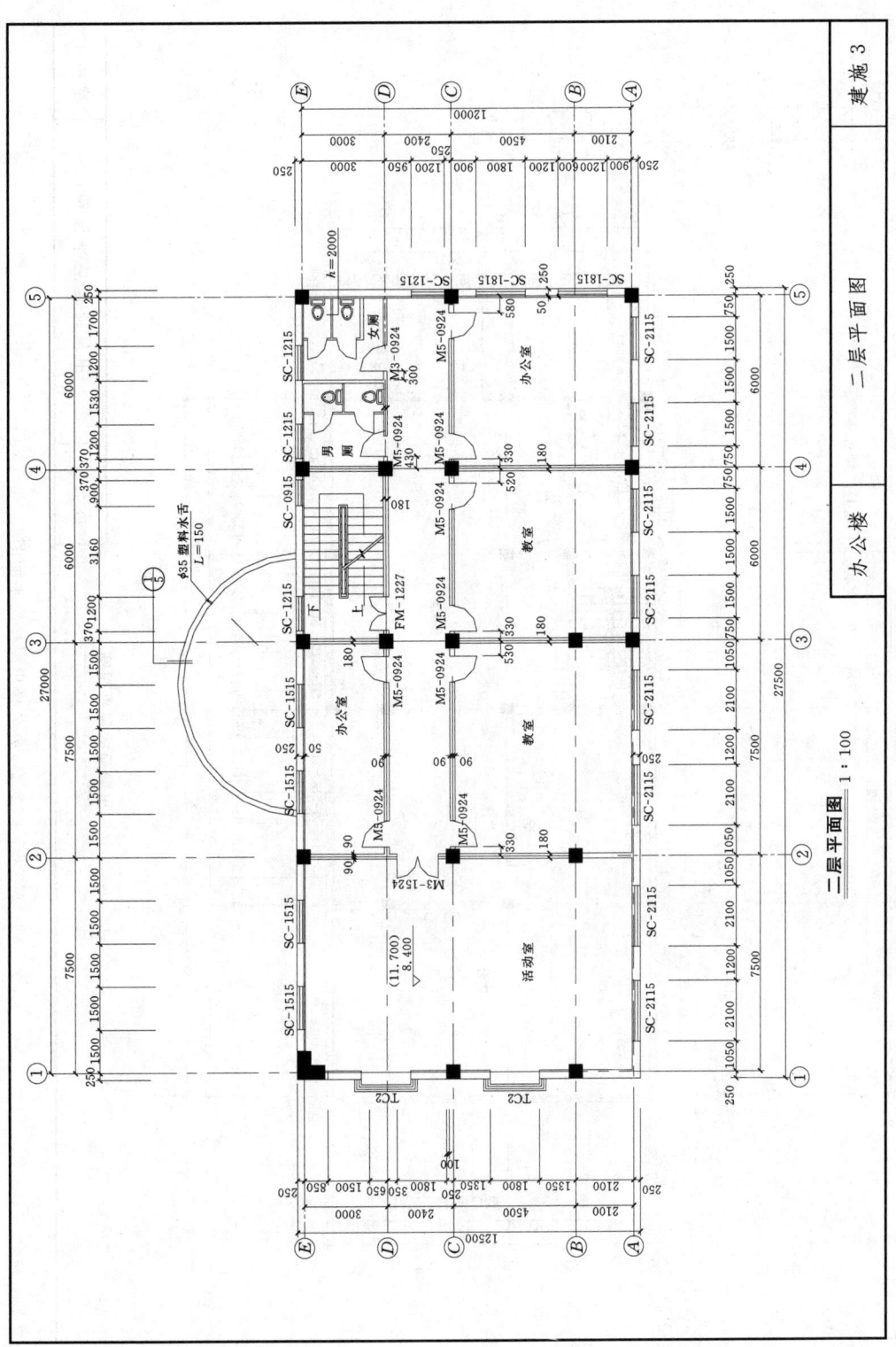

图 2.3 办公楼二层平面图

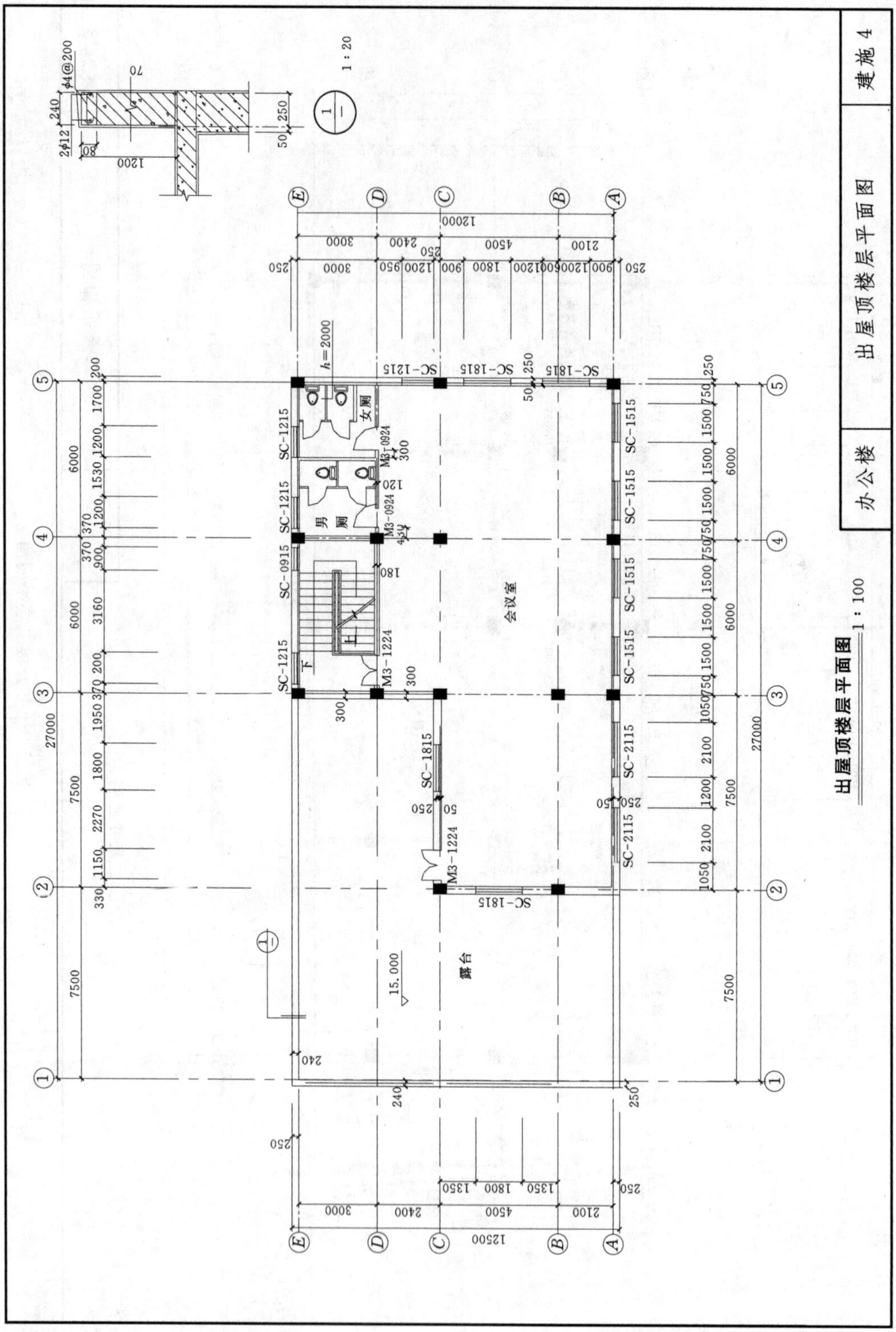

图 2.4 办公楼出屋楼层平面图

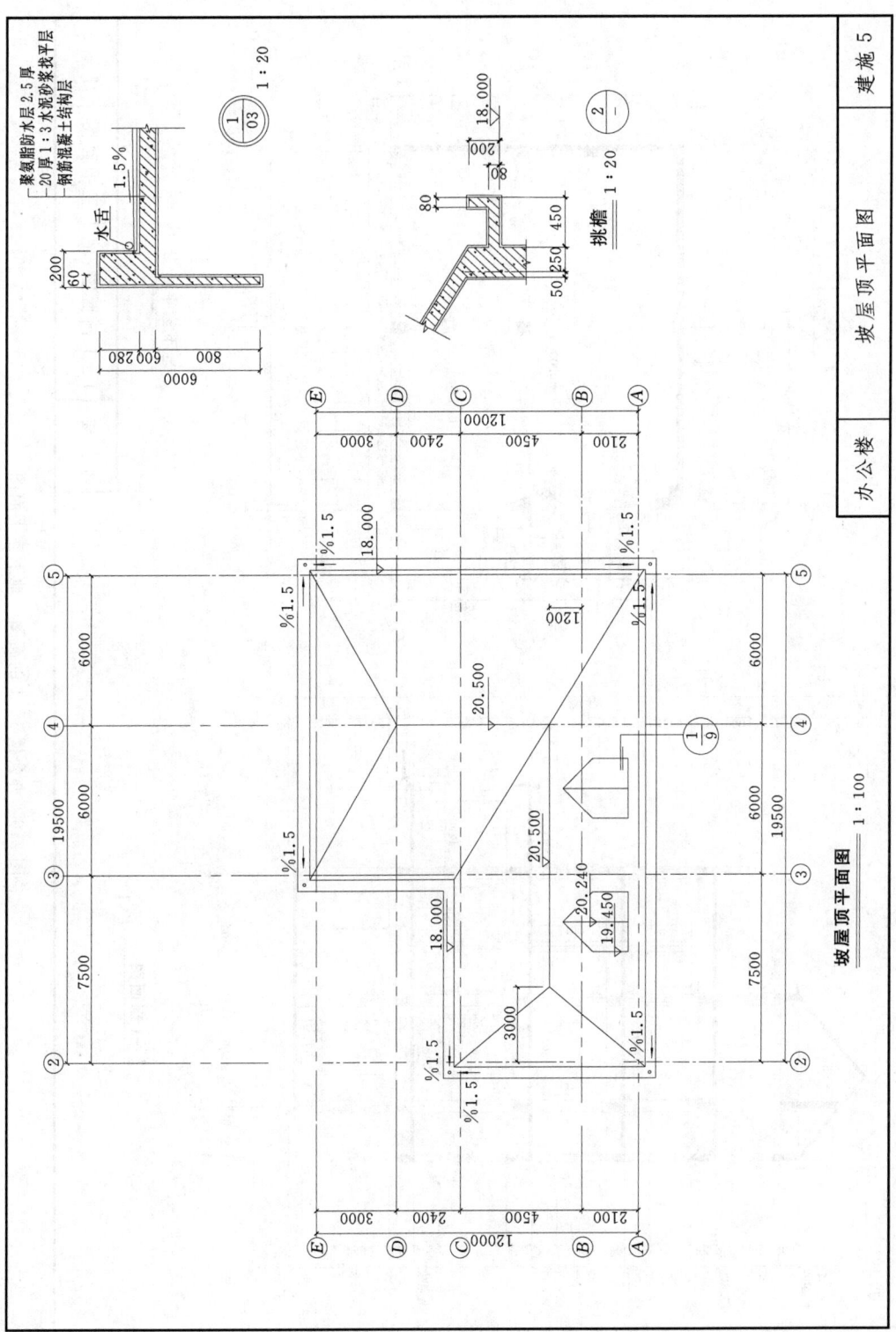

图 2.5 办公楼坡屋顶平面图

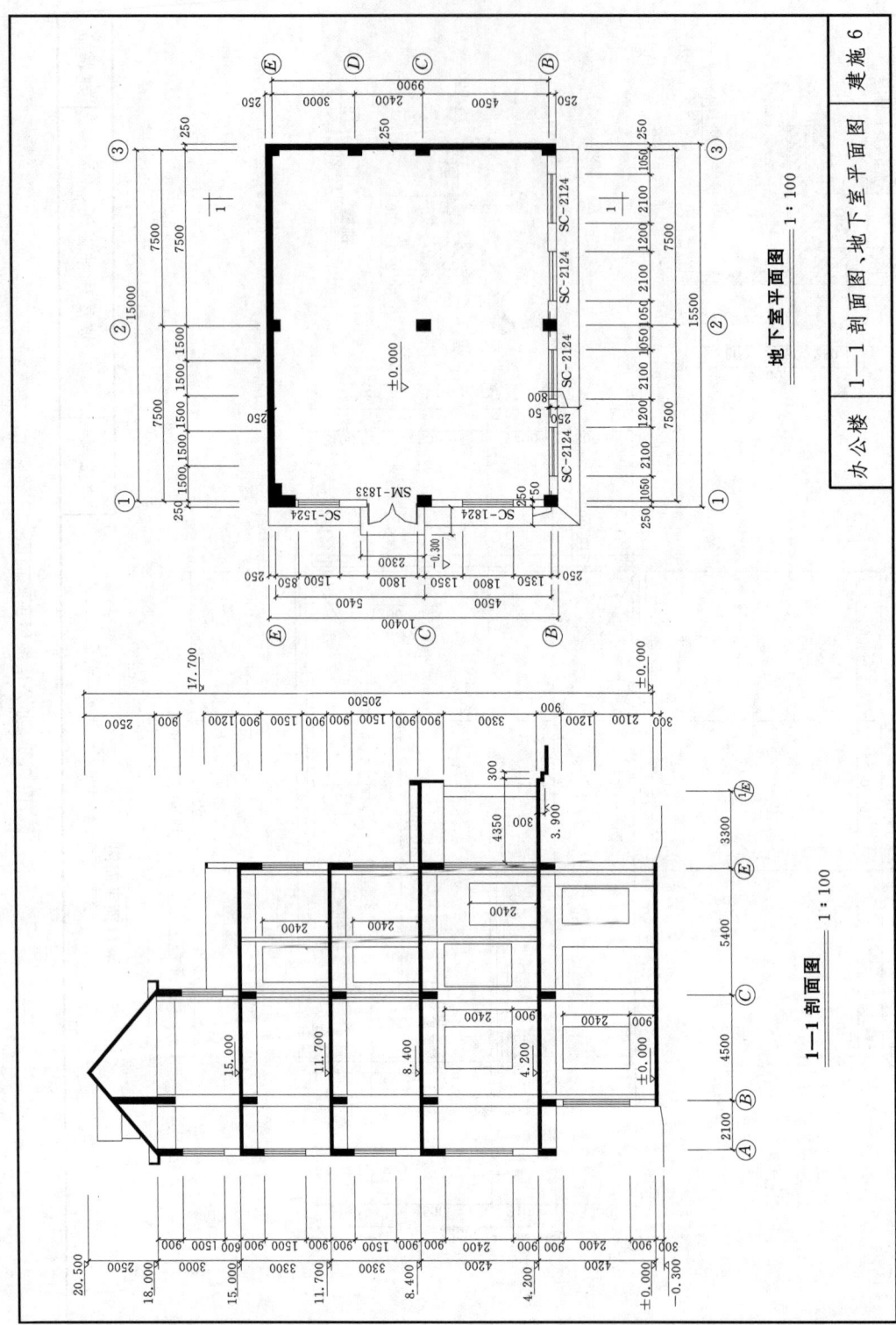

图 2.6 办公楼 1—1 剖面图、地下室平面图

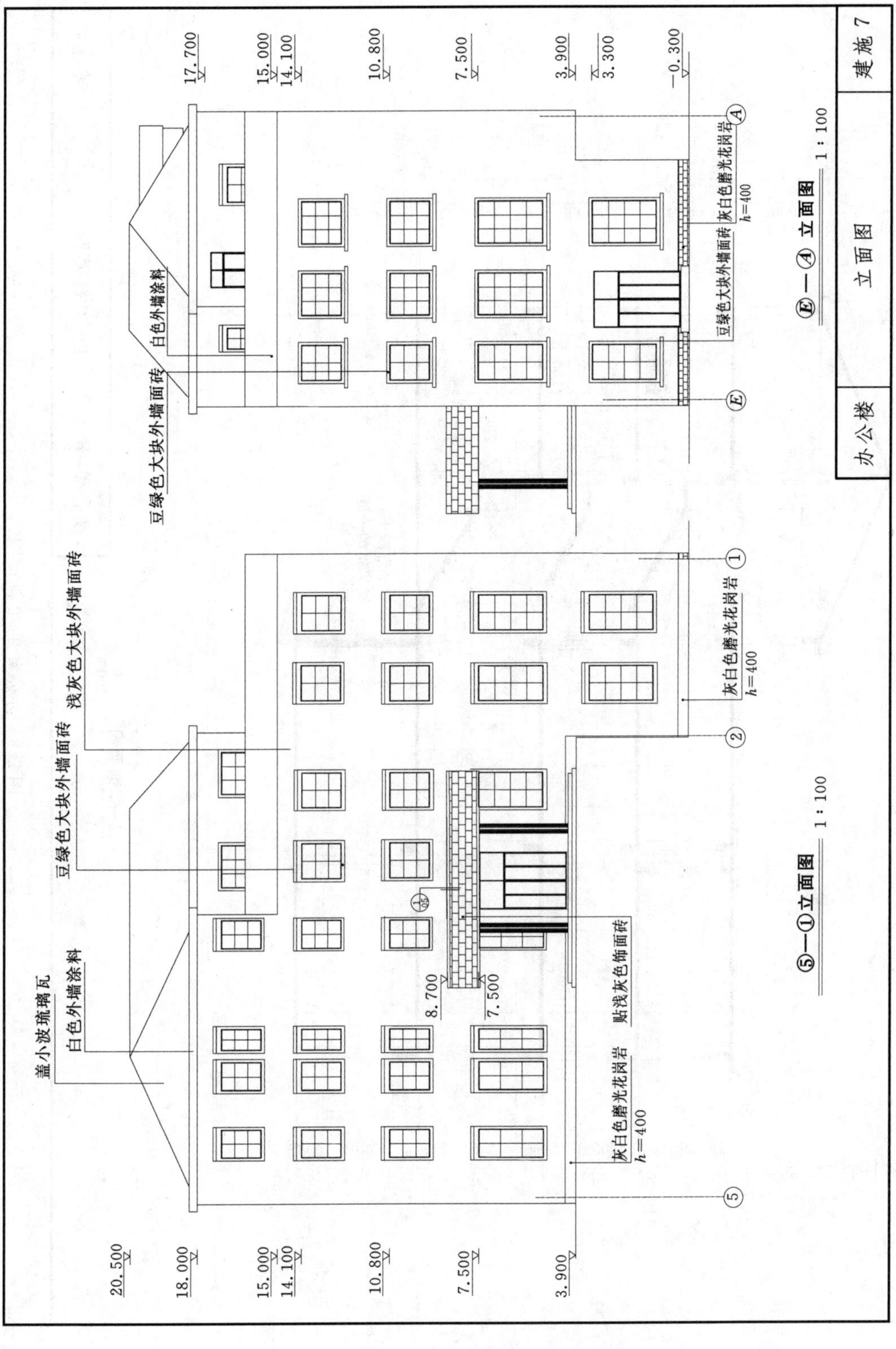

17.700
15.000
14.100
10.800
7.500
3.900
3.300
−0.300
白色外墙涂料
豆绿色大块外墙面砖
豆绿色大块外墙面砖
灰白色磨光花岗岩
h=400
Ⓔ—Ⓐ 立面图 1∶100
20.500
18.000
盖小波琉璃瓦
白色外墙涂料
豆绿色大块外墙面砖
浅灰色大块外墙面砖
灰白色磨光花岗岩
h=400
8.700
7.500
贴浅灰色饰面砖
⑤—① 立面图 1∶100
办公楼
立面图
建施 7

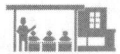

图 2.7 办公楼立面图

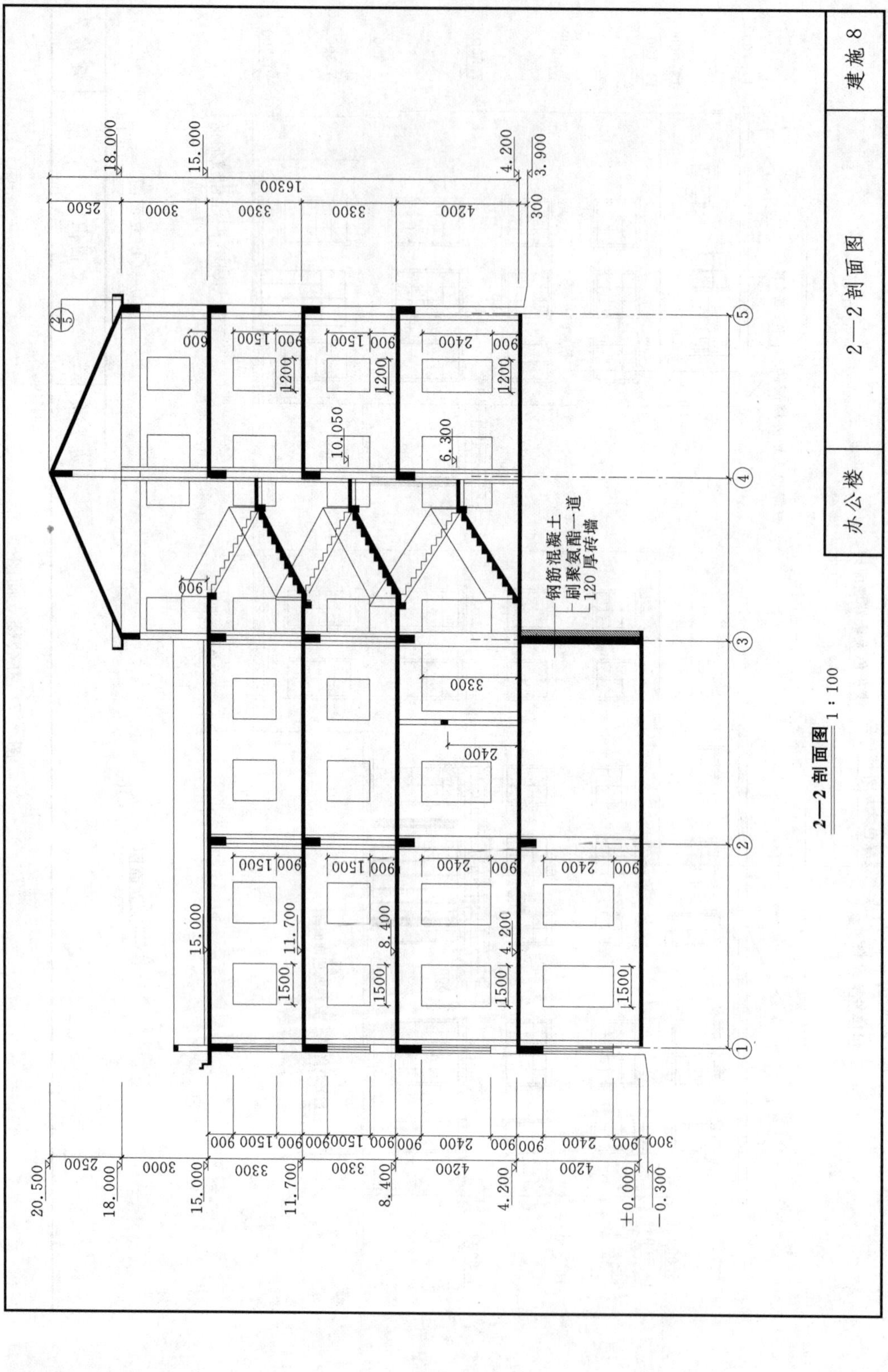

图 2.8 办公室 2—2 剖面图

学习单元 2.1 某学院综合楼实例图纸

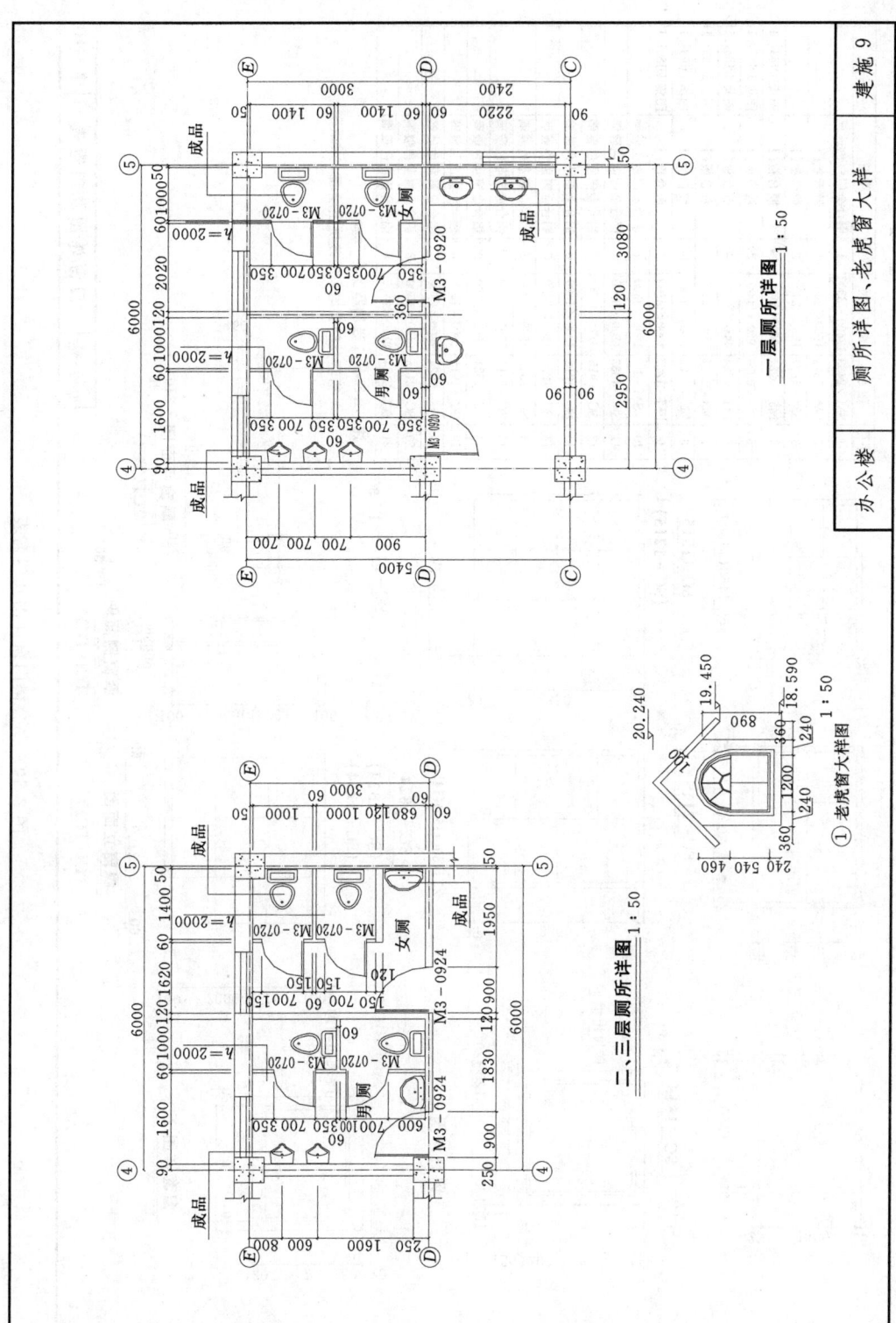

图 2.9 办公楼厕所详图、老虎窗大样

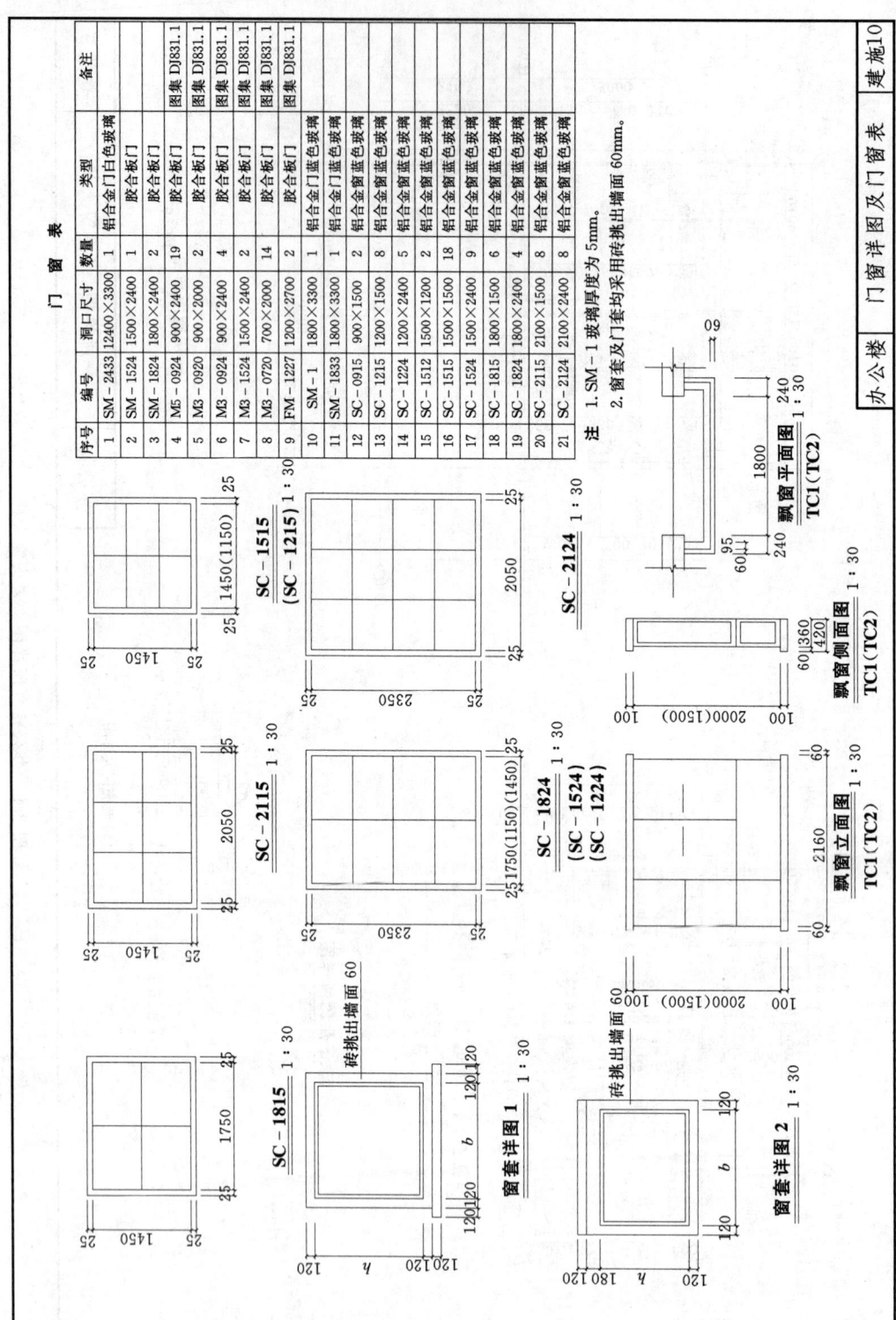

图 2.10 办公楼门窗详图及门窗表

学习单元2.1 某学院综合楼实例图纸

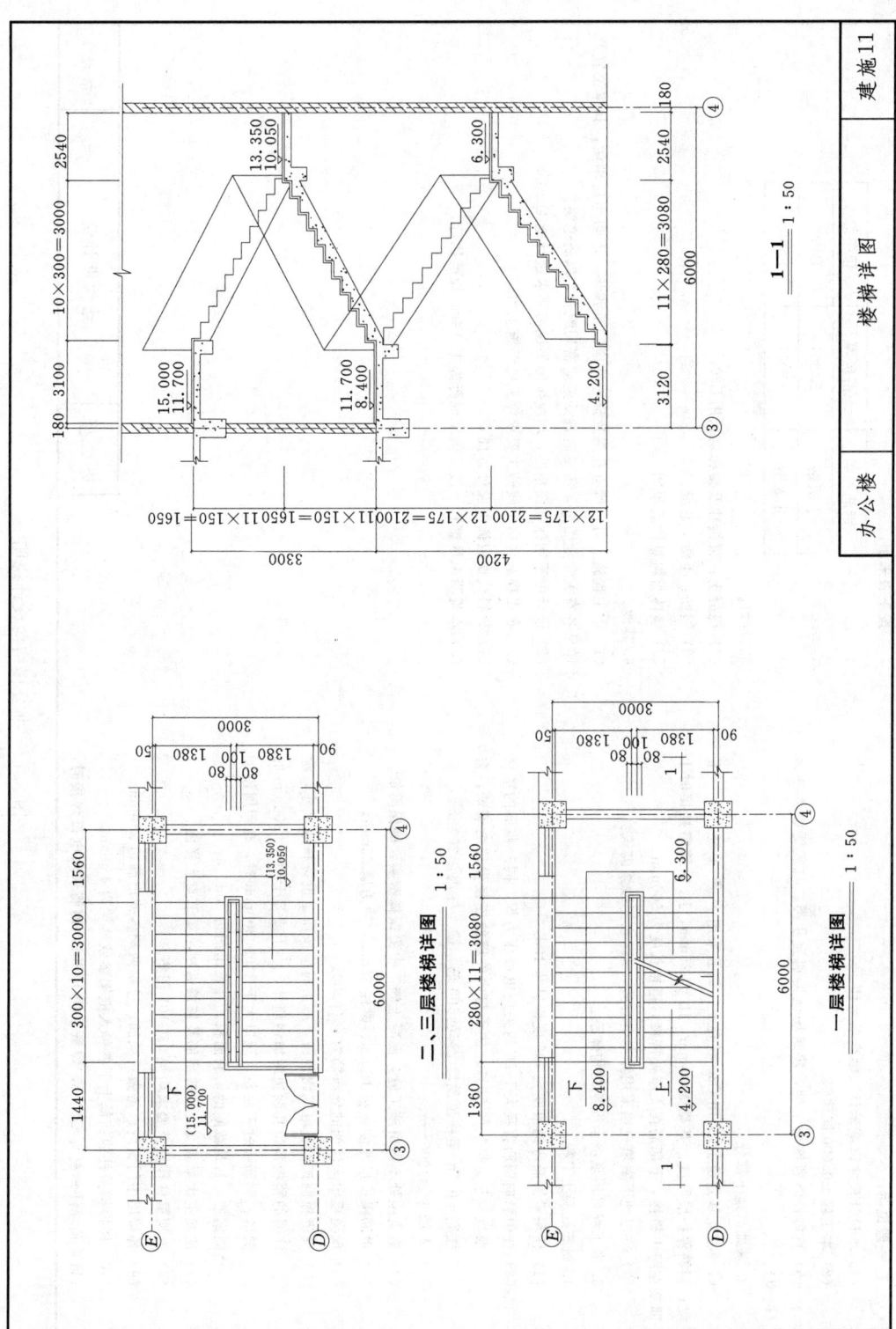

图2.11 办公楼楼梯详图

结 构 设 计 说 明

1. 一般说明。

(1) 本设计尺寸以毫米计,标高以米计。

(2) 本工程±0.000 同建筑。

(3) 抗震设防烈度为7度,建筑场地类别为Ⅱ类,抗震等级为四级(框架)。

2. 基础与地下部分。

(1) 独立基础及JL采用C20混凝土,钢筋采用 Ⅰ 级、ϕ — Ⅰ 级;钢筋保护层厚度:基础为35mm,JL为25mm,JL纵筋需搭接时上部在跨中搭接,下部筋在支座处搭接,搭接长度为500mm。

(2) 一层地下室墙充墙采用黏土空心砖,M5水泥砂浆砌筑。

3. 本工程采用现浇全框架结构体系。

4. 钢筋混凝土工程。

(1) 柱和梁钢筋弯钩角度为135度尺寸为10d。

(2) 柱中纵向钢筋直径大于20均采用电渣压力焊,同一截面的连接设接头的钢筋,自根数少于总根数的50%,柱子与内外墙的搭接:2φ6@500筋,锚入柱内≥200mm,深柱底+0.5m至柱顶预埋2φ6@500筋,锚入柱内≥200mm,深入墙中≥1000mm。

(3) 梁支座处不得留施工缝,混凝土施工中要求捣密实,确保质量。

(4) 钢筋保护层厚度:板15mm,梁柱25mm,剪力墙25mm。

(5) 现浇板中未注明的分布筋为φ6@200。

(6) 现浇板底洞按设备电气图预留,施工时应按所定设备核准尺寸,注明的楼板预留孔洞边附加钢筋外,小于或等于300×300mm的洞口,钢筋绕过不剪断,洞口大于300×300mm时,在四周设加固钢筋,衬上主梁或板交处抗剪吊筋做法施见架节点大样图,并长出洞边20d。

(7) 楼梯面筋柱作法及要求均见03G101图集。

(8) 框架梁柱作法及要求均见03G101图集。

(9) 各楼层柱中门窗洞口需做过梁的,过梁两端各伸出洞边250mm。

(10) 楼地面板交处柱上下各钢筋做抗震锚固梁或吊梁内450mm。

(11) 预埋件材料为Q235b,焊条采用E4301,钢筋采用电弧焊接时,

5. 材料。

(1) 混凝土:梁板柱及楼梯均采用C30。

(2) 钢筋:Ⅰ级、Ⅱ级。

(3) 墙体材料见建筑说明。

按下表采用。

钢筋种类	搭接焊	帮条焊
Ⅰ 级钢	E4301	E4303
Ⅱ 级钢	E5001	E5003

6. 其他。

(1) 本工程施工时,所有孔洞及预埋件应预留预埋,不得事后剔凿,以防遗漏。

(2) 设计中采用标准图集,施工时各专业应密切配合,均应按图集说明要求进行施工。

(3) 本工程遇套引下线施工要详见电气说明。

(4) 材料代换应征得设计方同意。

(5) 本说明未尽事宜均应按照国家现行施工及验收规范执行。

办公楼	结构设计说明	结施 1

图 2.12 办公楼结构设计说明

学习单元2.1 某学院综合楼实例图纸

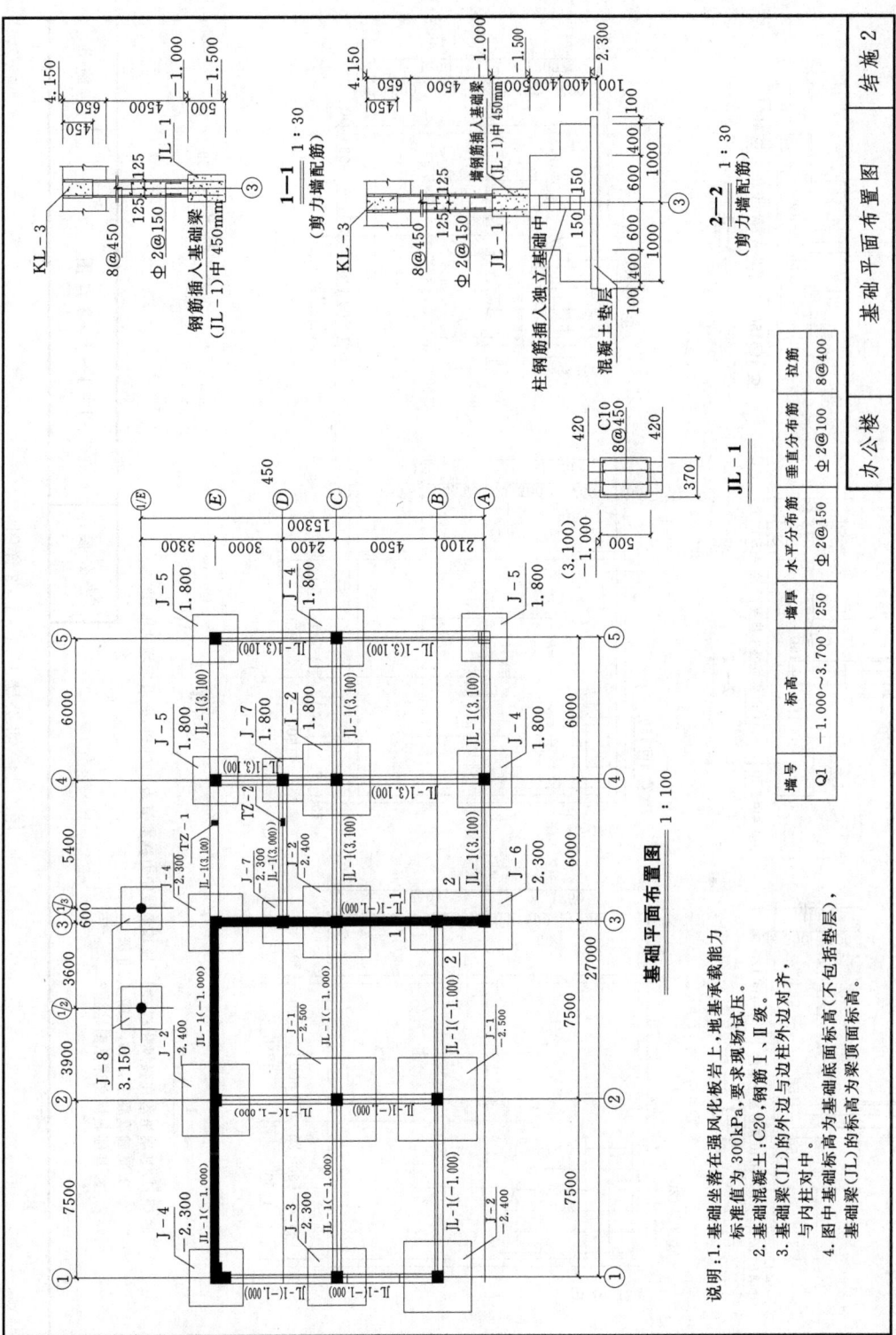

图2.13 办公楼基础平面布置图

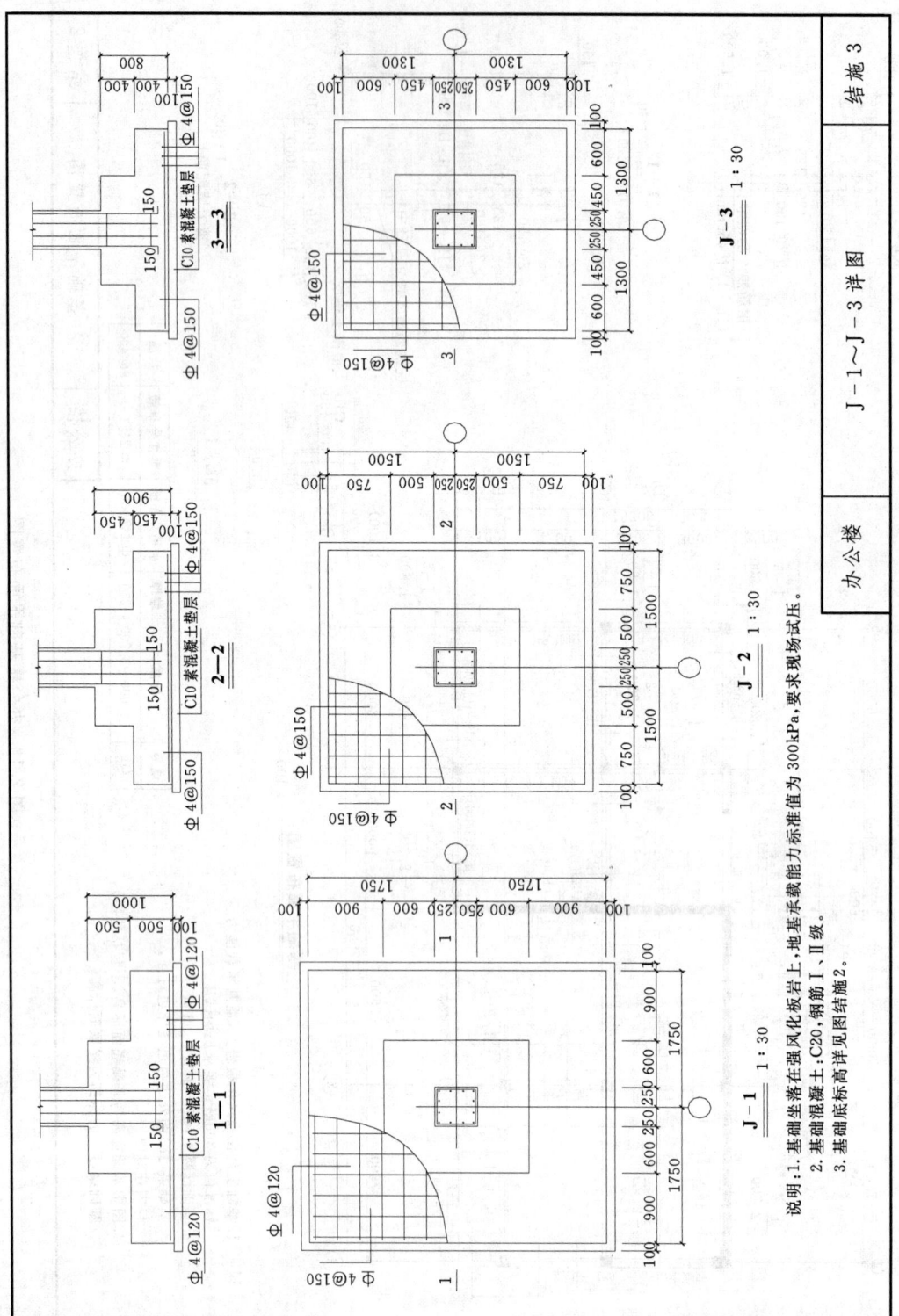

图 2.14 办公楼 J-1～J-3 详图

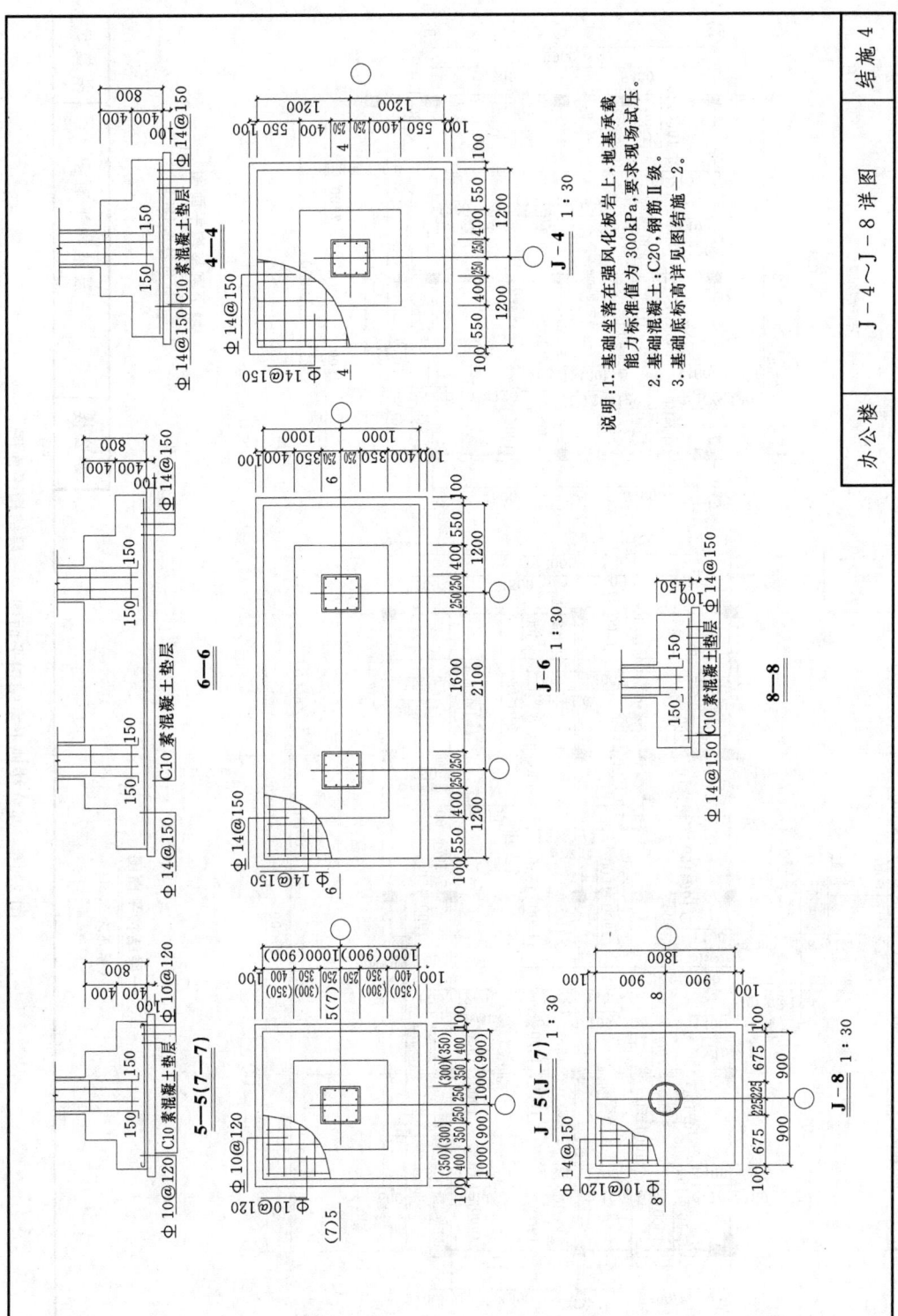

图 2.15 办公楼 J-4～J-8 详图

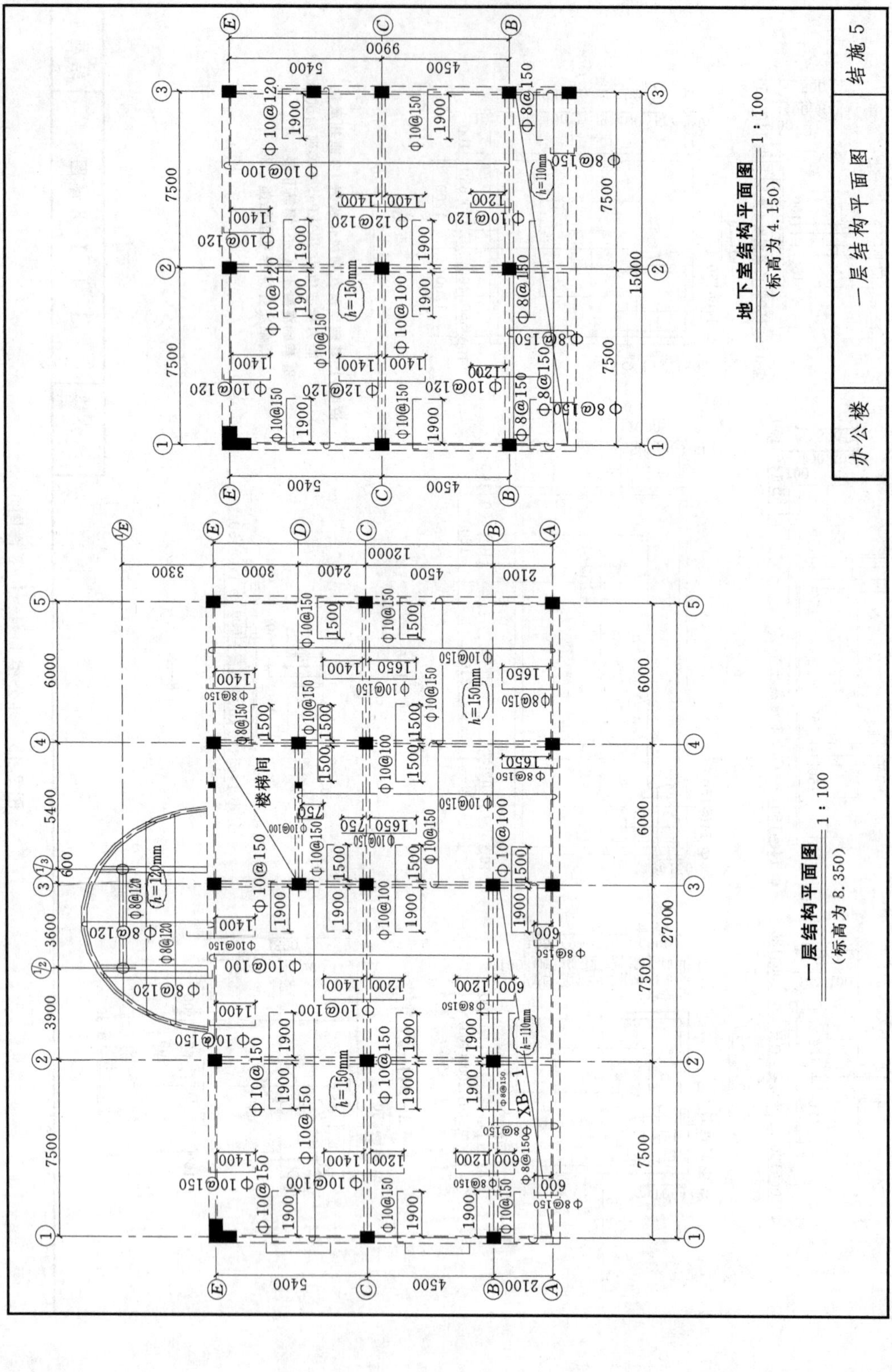

图 2.16 办公楼地下室结构平面图、一层结构平面图

学习单元 2.1 某学院综合楼实例图纸

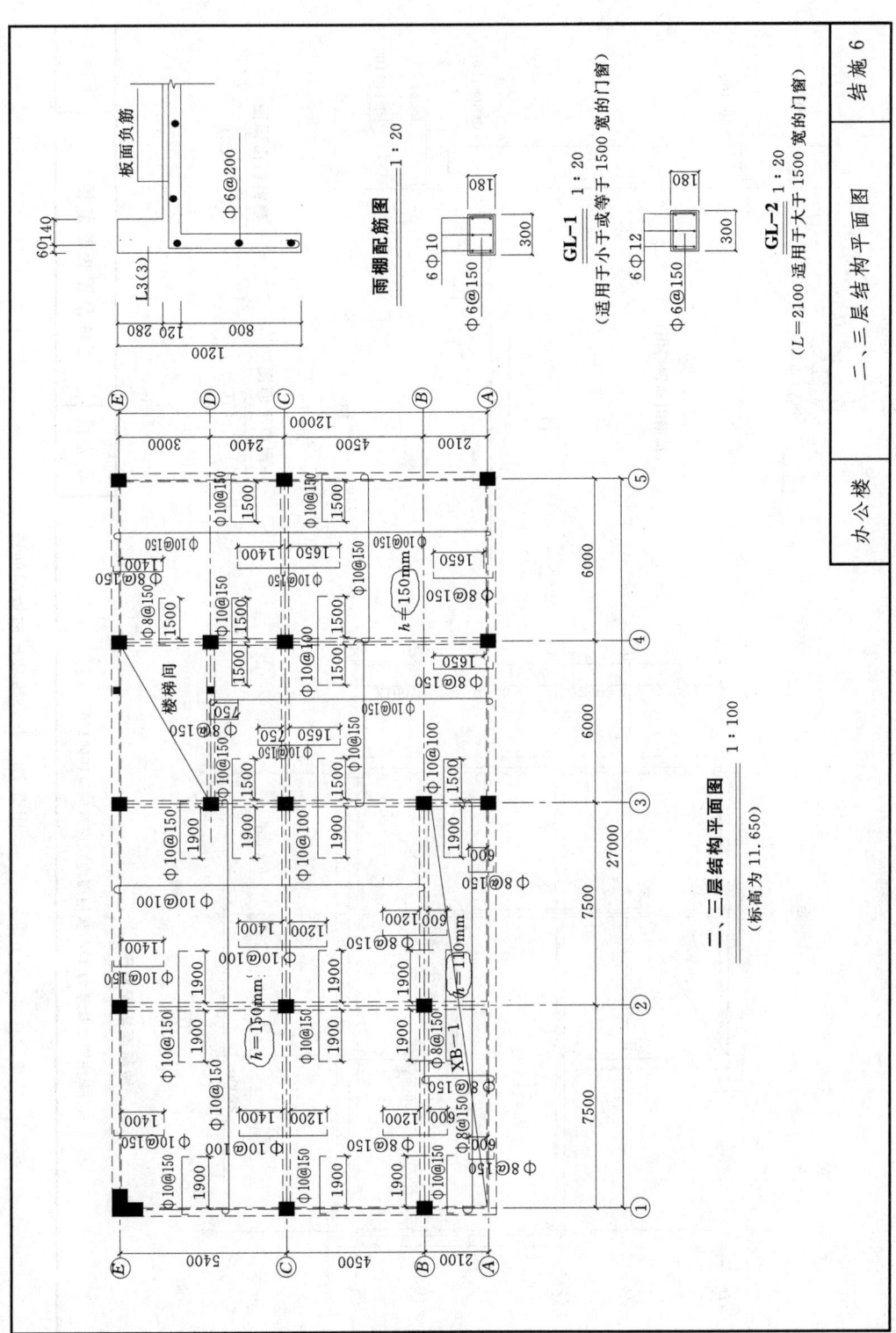

图 2.17 办公楼二、三层结构平面图

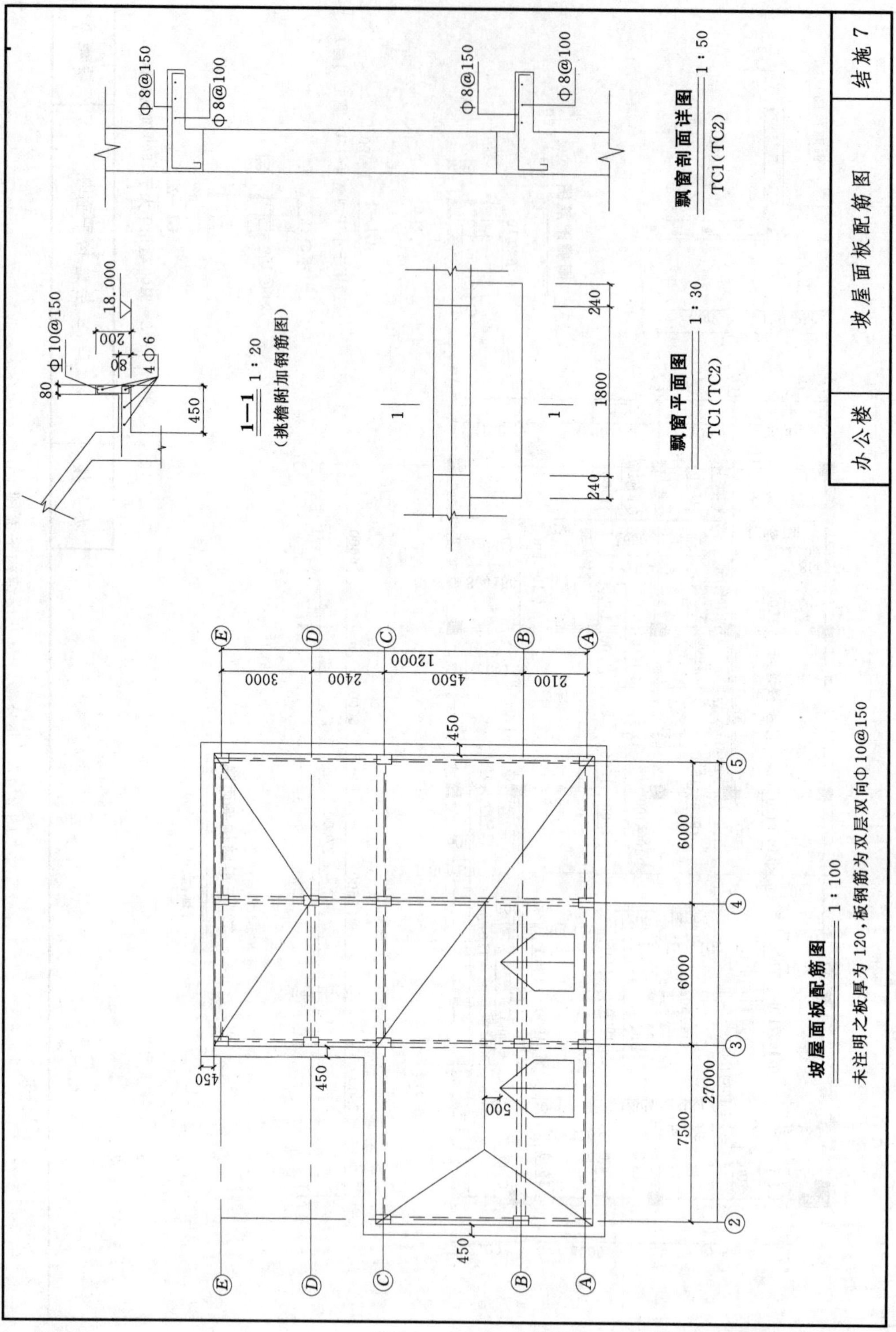

图 2.18 办公楼坡屋面板配筋图

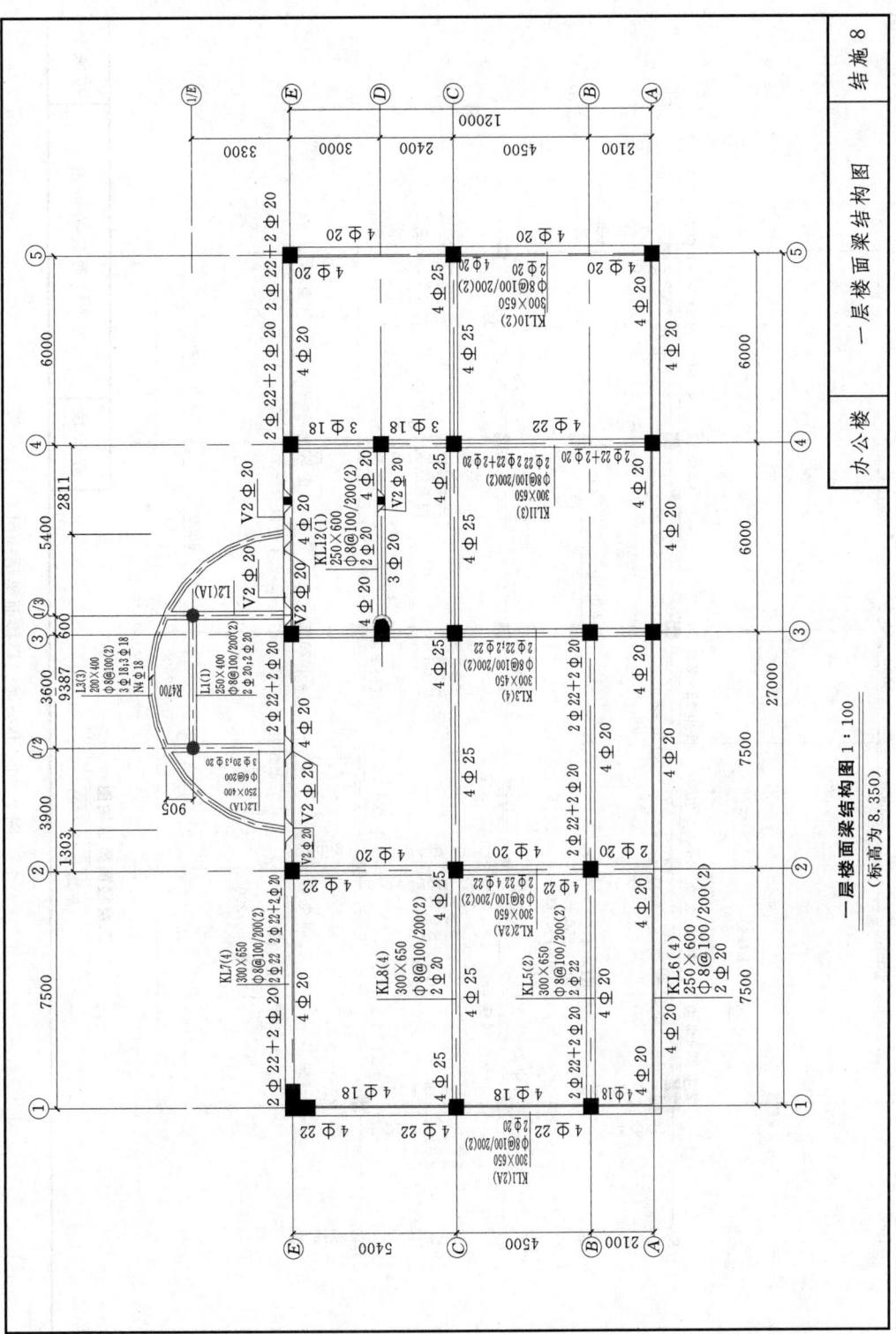

图 2.19 办公楼一层楼面梁结构图

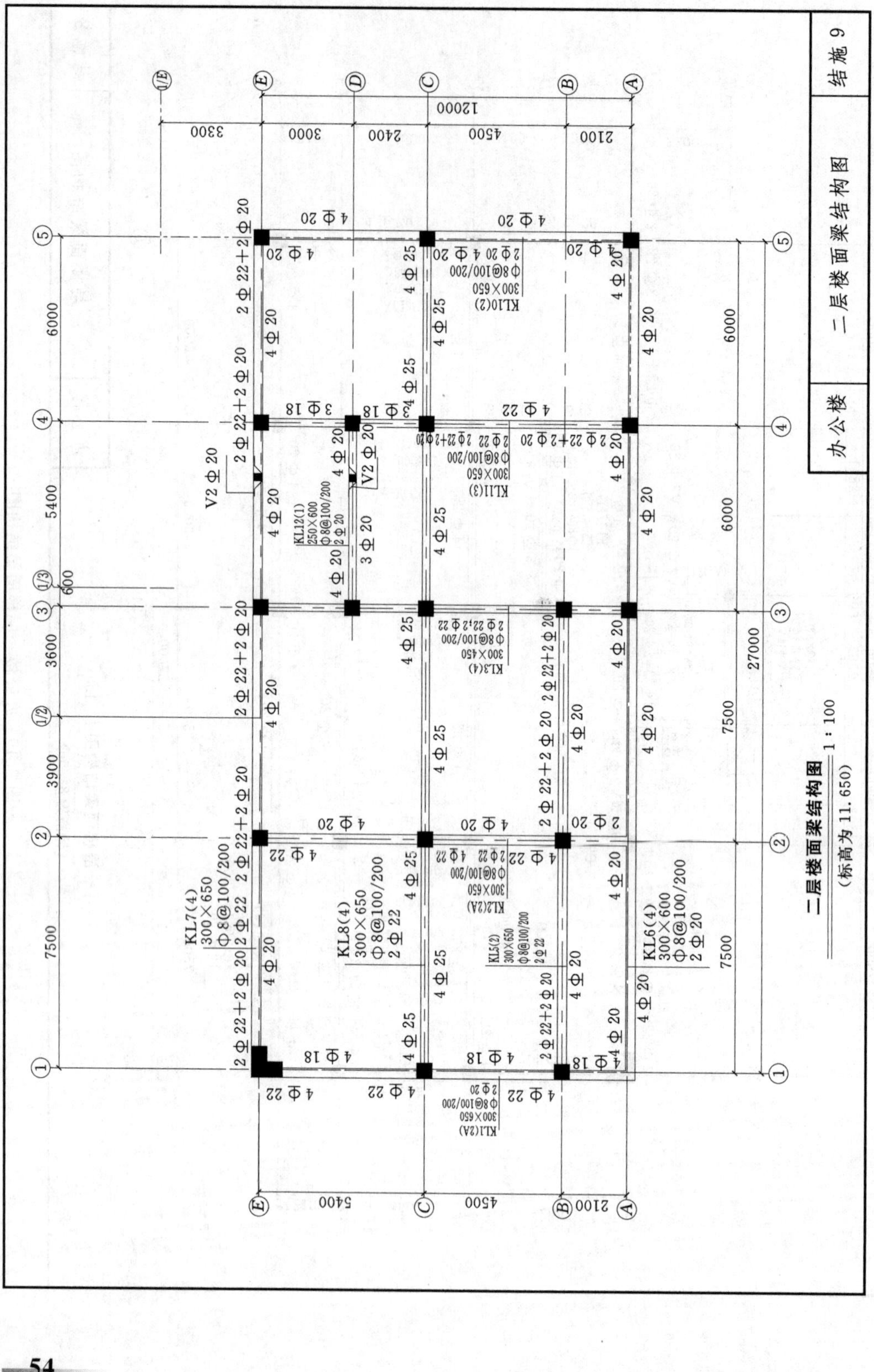

图 2.20 办公楼二层楼面梁结构图

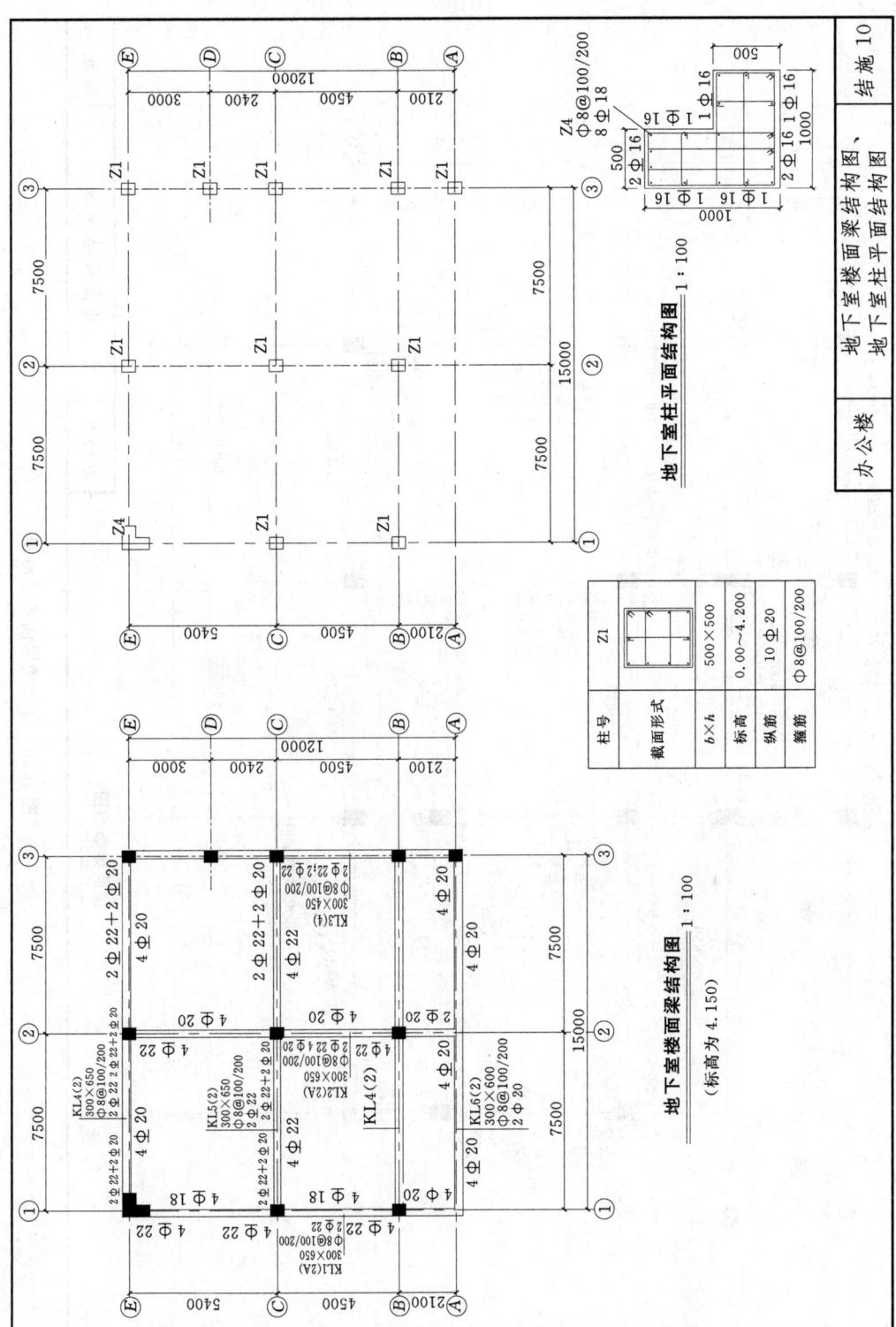

图 2.2.21 办公楼地下室楼面梁结构图、地下室柱平面结构图

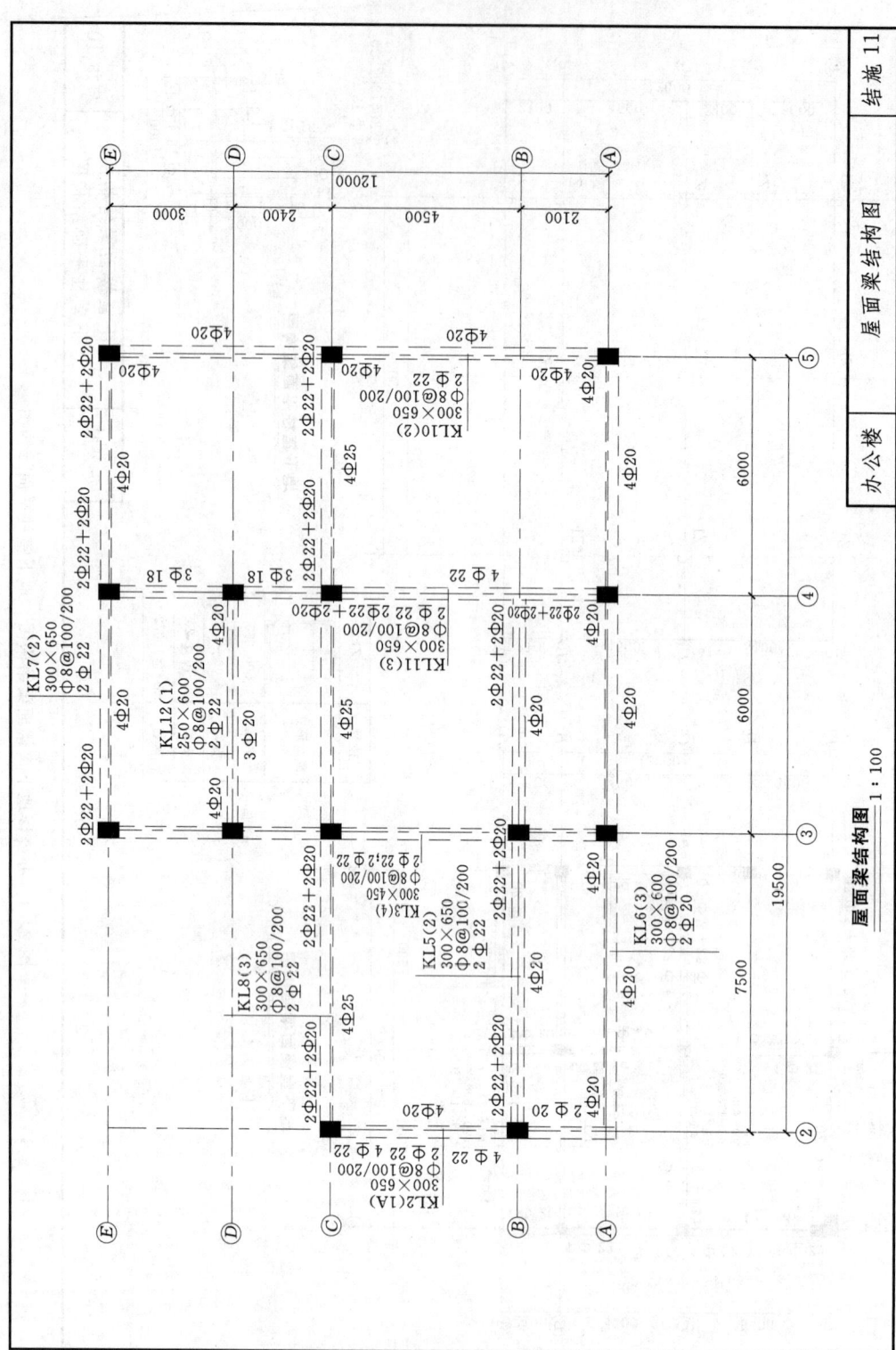

图 2.22 办公楼屋面梁结构图

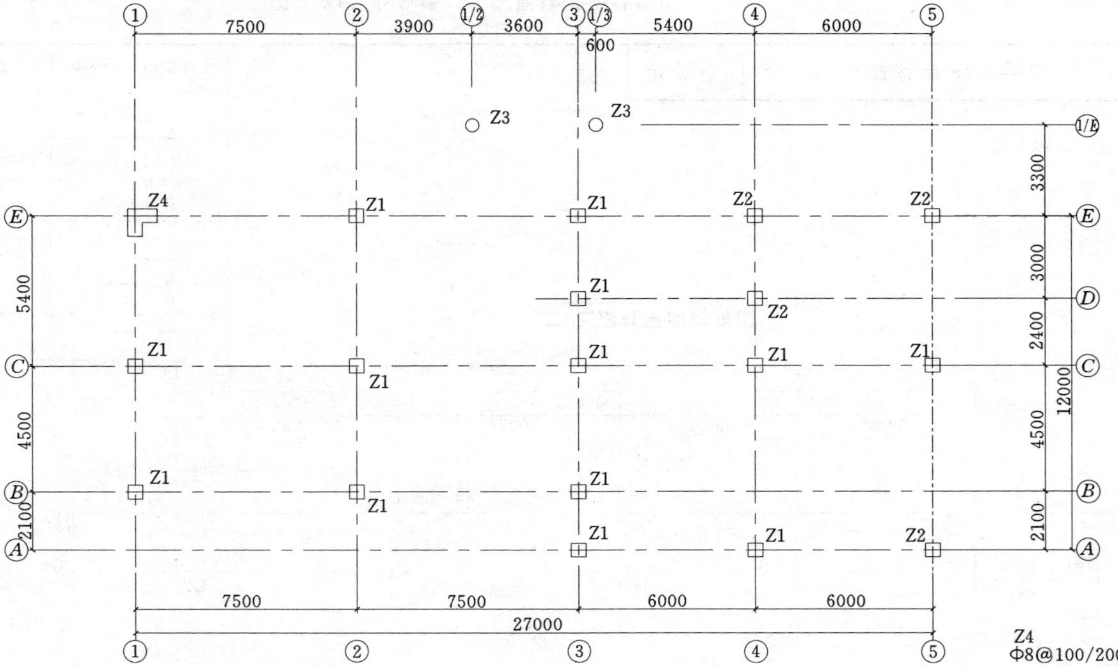

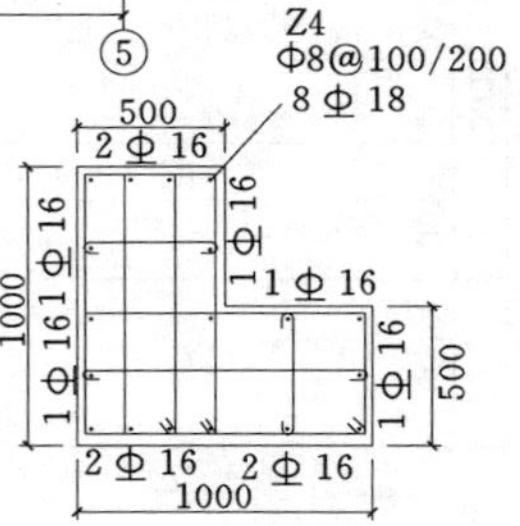

学习单元 2.1 某学院综合楼实例图纸

一层柱平面结构图 1:100

柱号	Z1	Z2	Z3
截面形式	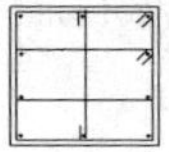		
$b \times h$	500×500	500×500	$D=450$
标高	-4.200~8.400	-4.200~8.400	-4.200~8.400
纵筋	10Φ20	8Φ18	6Φ20
箍筋	Φ8@100/200	Φ8@100/200	Φ8@150

办公楼　一层柱平面结构图　结施 12

图 2.2.23 办公楼一层柱平面结构图

57

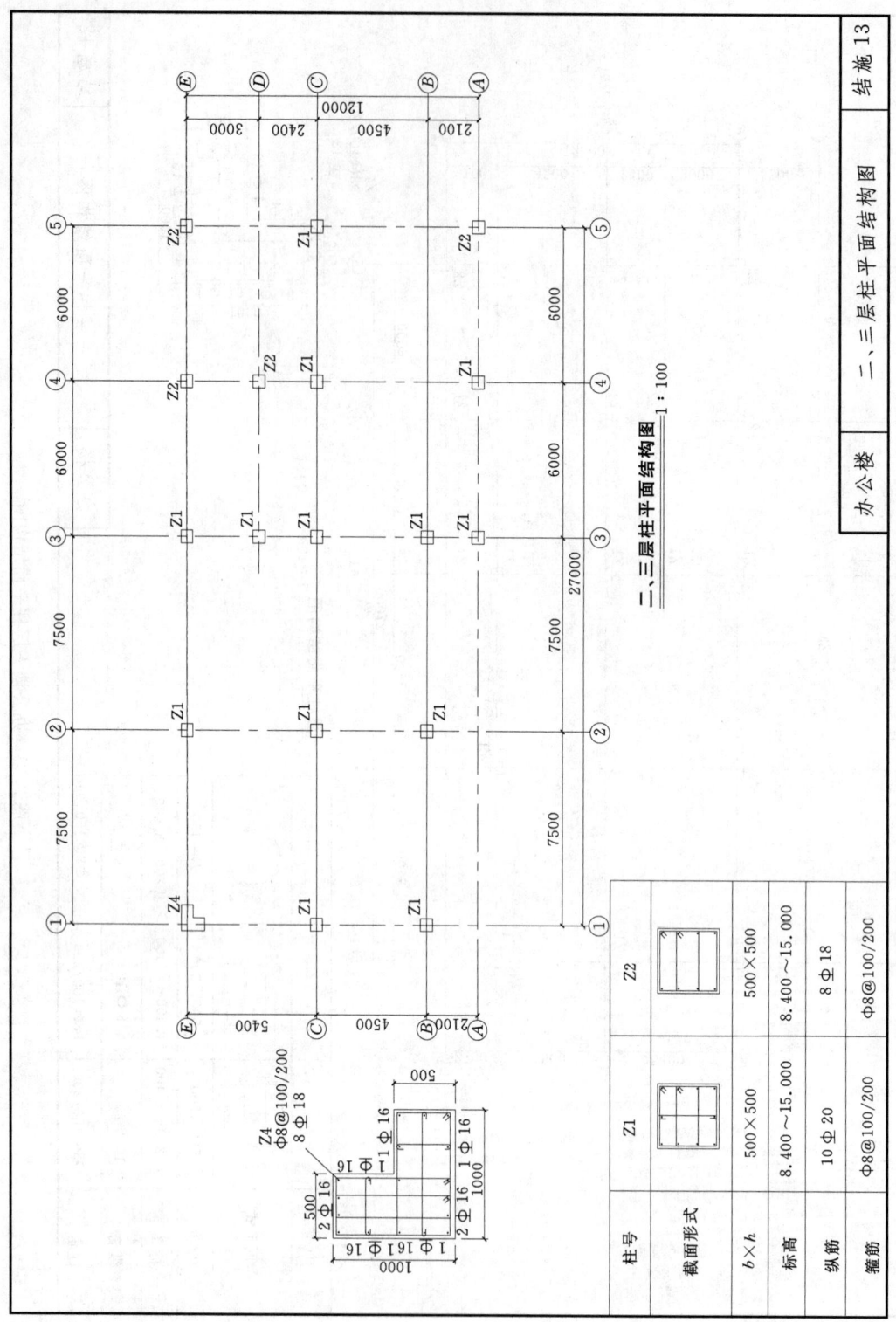

图 2.24 办公楼二、三层柱平面结构图

学习单元 2.1 某学院综合楼实例图纸

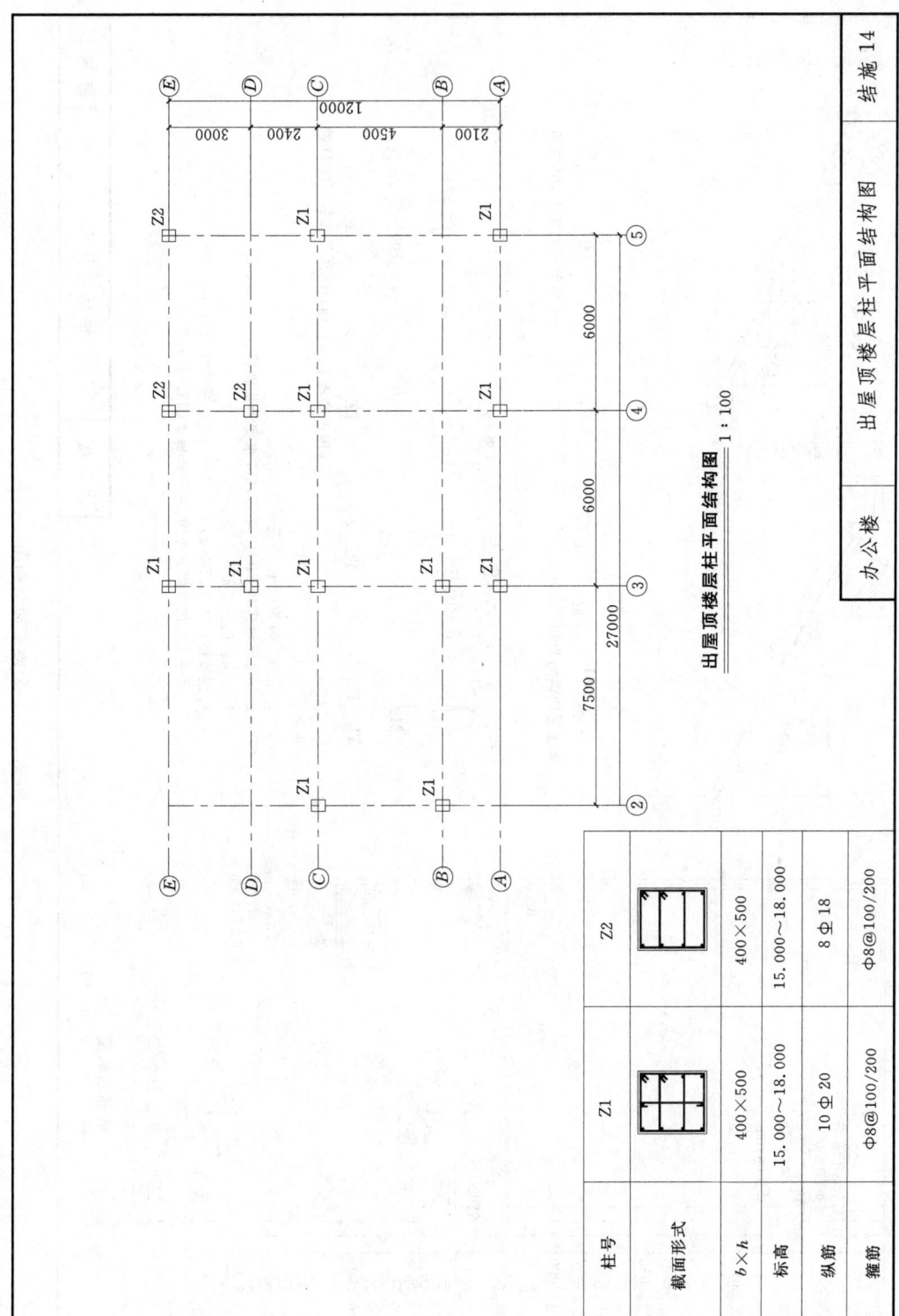

图 2.25 办公楼出屋顶楼层柱平面结构图

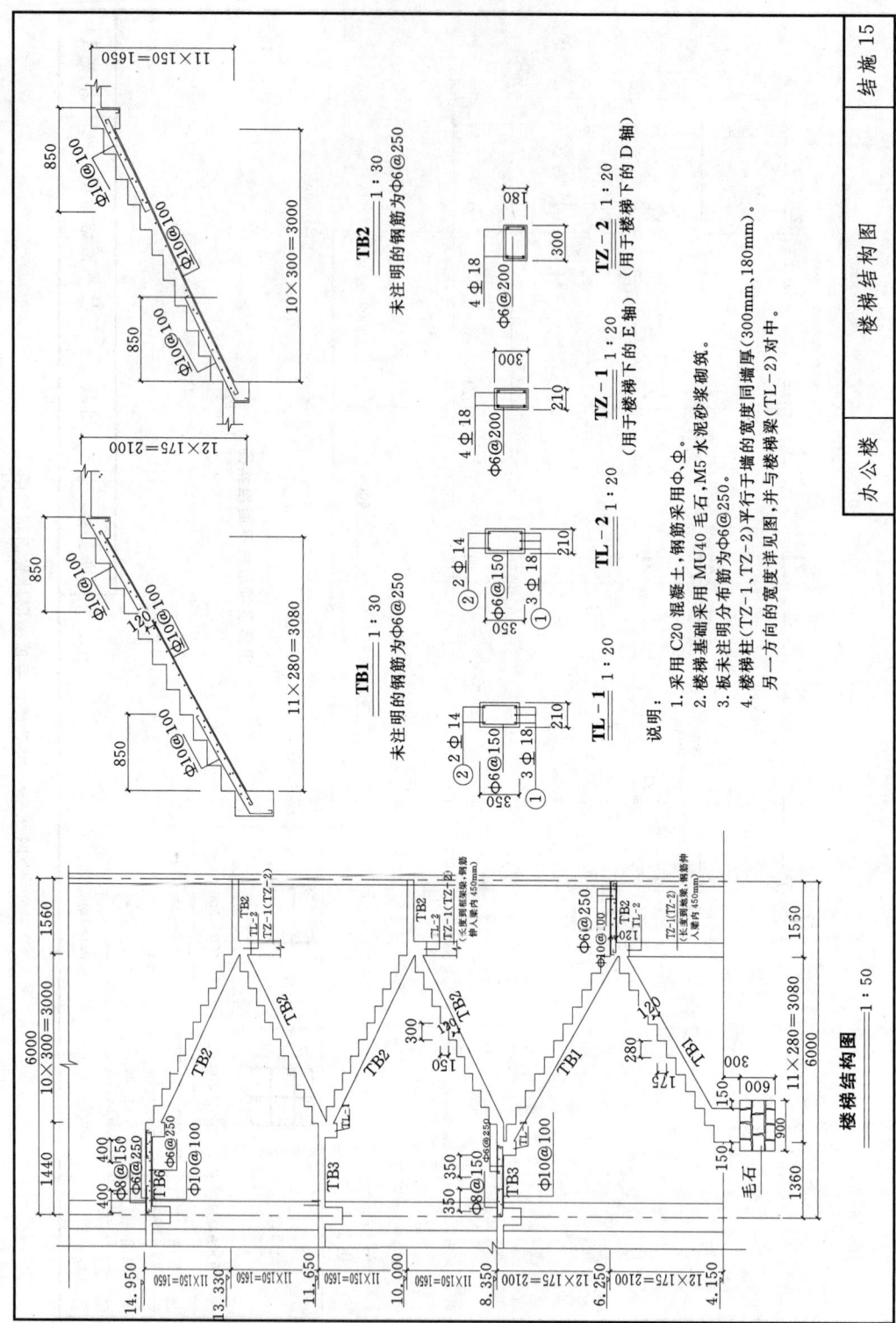

图 2.26 办公楼楼梯结构图

学习单元 2.2 建 筑 面 积

《建筑工程建筑面积计算规范》(GB/T 50353—2013) 自 2014 年 7 月 1 日起实施，适用于新建、扩建、改建的工业与民用建筑工程的面积计算，原《建筑工程建筑面积计算规范》(GB/T 50353—2005) 同时废止。

2.2.1 建筑面积的概念及意义

建筑面积是指建筑物外墙勒脚以上各层结构外围水平投影面积的总和。建筑面积包括使用面积、辅助面积和结构面积三部分。使用面积是指建筑物各层平面布置中可直接为生产或生活使用的净面积总和。辅助面积是指建筑物各层平面布置中为辅助生产或生活服务所占的净面积的总和，如楼梯间、走廊、电梯井等。结构面积是指建筑物各层平面布置中的墙体、柱、垃圾道、通风道等所占的净面积的总和。建筑面积是衡量建筑技术经济效果的重要指标，它的意义主要表现在以下几个方面。

(1) 建筑面积是确定建筑规模的重要指标。根据项目立项批准文件所核定的建筑面积，是初步设计的重要指标。而施工图的建筑面积不得超过初步设计的 5%，否则必须重新报批。

(2) 建筑面积是确定建筑工程经济技术指标的重要依据。如每平方米造价指标，每平方米人工、材料消耗量指标，其确定都以建筑面积为依据。

(3) 建筑面积是划分建筑工程类别的标准之一。如四川省的民用建筑划分标准如下：建筑面积 12000m² 以上的为一类工程，建筑面积 8000m² 以上 12000m² 以下的为二类工程，建筑面积 5000m² 以上 8000m² 以下的为三类工程，建筑面积 5000m² 以下的为四类工程。

(4) 建筑面积是计算概算指标和编制概算的主要依据。概算指标通常是以建筑面积为计量单位。用概算指标编制概算时，要以建筑面积为计算基础。

2.2.2 建筑面积计算术语

(1) 建筑面积 (construction area)。建筑物（包括墙体）所形成的楼地面面积。

(2) 自然层 (floor)。按楼地面结构分层的楼层。

(3) 结构层高 (structure story height)。楼面或地面结构层上表面至上部结构层上表面之间的垂直距离。

(4) 围护结构 (building enclosure)。围合建筑空间的墙体、门、窗。

(5) 建筑空间 (space)。以建筑界面限定的、供人们生活和活动的场所。

(6) 结构净高 (structure net height)。楼面或地面结构层上表面至上部结构层下表面之间的垂直距离。

(7) 围护设施 (enclosure facilities)。为保障安全而设置的栏杆、栏板等围挡。

(8) 地下室 (basement)。室内地平面低于室外地平面的高度超过室内净高的 1/2 的房间。

(9) 半地下室 (semi-basement)。室内地平面低于室外地平面的高度超过室内净高的 1/3，且不超过 1/2 的房间。

(10) 架空层（stilt floor）。仅有结构支撑而无外围护结构的开敞空间层。

(11) 走廊（corridor）。建筑物中的水平交通空间。

(12) 架空走廊（elevated corridor）。专门设置在建筑物的二层或二层以上，作为不同建筑物之间水平交通的空间。

(13) 结构层（structure laver）。整体结构体系中承重的楼板层。

(14) 落地橱窗（french window）。突出外墙面且根基落地的橱窗。

(15) 凸窗（飘窗）（bay window）。凸出建筑物外墙面的窗户。

(16) 檐廊（eaves gallery）。建筑物挑檐下的水平交通空间。

(17) 挑廊（overhanging corridor）。挑出建筑物外墙的水平交通空间。

(18) 门斗（air lock）。建筑物入口处两道门之间的空间。

(19) 雨篷（canopy）。建筑出入口上方为遮挡雨水而设置的部件。

(20) 门廊（porch）。建筑物入口前有顶棚的半围合空间。

(21) 楼梯（stairs）。由连续行走的梯级、休息平台和维护安全的栏杆（或栏板）、扶手以及相应的支托结构组成的作为楼层之间垂直交通使用的建筑部件。

(22) 阳台（balcony）。附设于建筑物外墙，设有栏杆或栏板，可供人活动的室外空间。

(23) 主体结构（major structure）。接受、承担和传递建设工程所有上部荷载，维持上部结构整体性、稳定性和安全性的有机联系的构造。

(24) 变形缝（deformation joint）。防止建筑物在某些因素作用下引起开裂甚至破坏而预留的构造缝。

(25) 骑楼（overhang）。建筑底层沿街面后退且留出公共人行空间的建筑物。

(26) 过街楼（overhead building）。跨越道路上空并与两边建筑相连接的建筑物。

(27) 建筑物通道（passage）。为穿过建筑物而设置的空间。

(28) 露台（terrace）。设置在屋面、首层地面或雨篷上的供人室外活动的有围护设施的平台。

(29) 勒脚（plinth）。在房屋外墙接近地面部位设置的饰面保护构造。

(30) 台阶（step）。联系室内外地坪或同楼层不同标高而设置的阶梯形踏步。

2.2.3 建筑面积计算规则

2.2.3.1 建筑物的建筑面积

建筑物的建筑面积应按自然层外墙结构外围水平面积之和计算。结构层高在 2.20m 及以上者应计算全面积；结构层高在 2.2m 以下的，应计算 1/2 面积。建筑面积计算示意图如图 2.27 所示。

2.2.3.2 局部楼层的建筑面积

建筑物内设有局部楼层者（图 2.28），对于局部楼层的二层及以上楼层，有围护结构的应按其围护结构外围水平面积计算，无围护结构的应按其结构底板水平面积计算，且结构层高在 2.20m 及以上的，应计

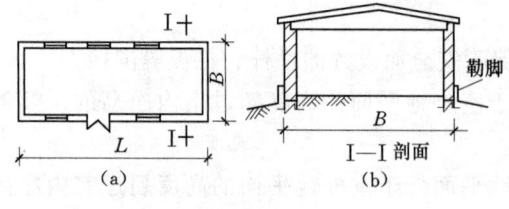

图 2.27 建筑面积计算示意图

算全面积,结构层高在 2.20m 以下的,应计算 1/2 面积。围护结构是指围合建筑空间四周的墙体、门、窗等。当层高达到或超过 2.2m 时,局部带楼层的单层建筑面积 S 按下式计算:

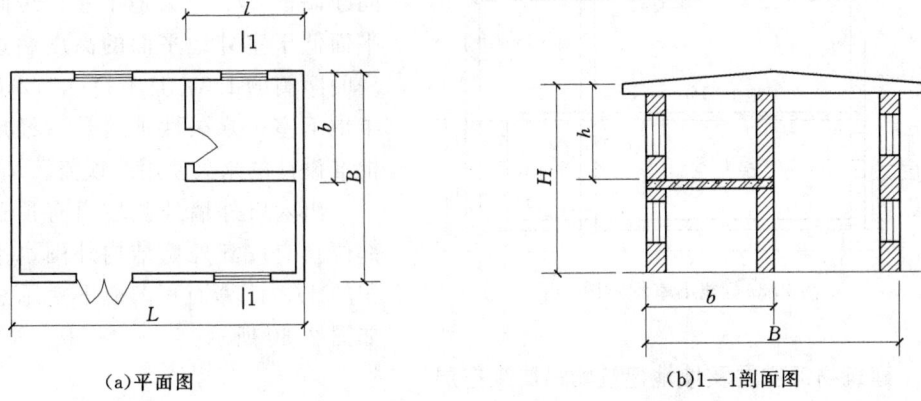

(a)平面图　　　　　　　　(b)1—1剖面图

图 2.28　设有局部楼层的单层建筑物示意图

$$S = LB + lb$$

式中　S——局部带楼层的单层建筑物面积;
　　　L——两端山墙勒脚以上结构外表面之间的水平距离;
　　　B——两端纵墙勒脚以上结构外表面之间的水平距离;
　　　l、b——楼层部分结构外表面之间的水平距离。

2.2.3.3　坡屋顶的建筑面积

对于形成建筑空间的坡屋顶,结构净高在 2.10m 及以上的部位应计算全面积;结构净高在 1.20m 及以上至 2.10m 以下的部位应计算 1/2 面积;结构净高在 1.20m 以下的部位不应计算建筑面积。坡屋顶下空间利用如图 2.29 所示。

2.2.3.4　看台下的建筑空间及悬挑看台

对于场馆看台下的建筑空间,结构净高在 2.10m 及以上的部位应计算全面积;结构净高在 1.20m 及以上至 2.10m 以下的部位应计算 1/2 面积;结构净高在 1.20m 以下的部位不应计算建筑面积。室内单独设置的有围护设施的悬挑看台,应按看台结构底板水平投影面积计算建筑面积。有顶盖无围护结构的场馆看台应按其顶盖水平投影面积的 1/2 计算面积。

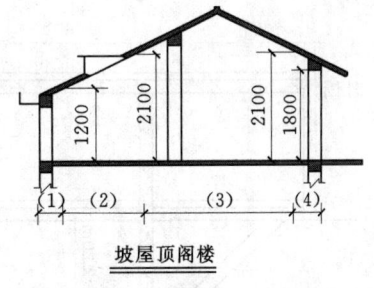

图 2.29　坡屋顶下空间利用

注:这里所谓"场馆"实质上是指"场"(如足球场、篮球场等),看台上有永久性顶盖部分;"馆"应是有永久性顶盖和围护结构的,应按单层或多层建筑物相关规定计算面积。

2.2.3.5　地下室、半地下室及出入口

地下室、半地下室应按其结构外围水平面积计算。结构层高在 2.20m 及以上的,应

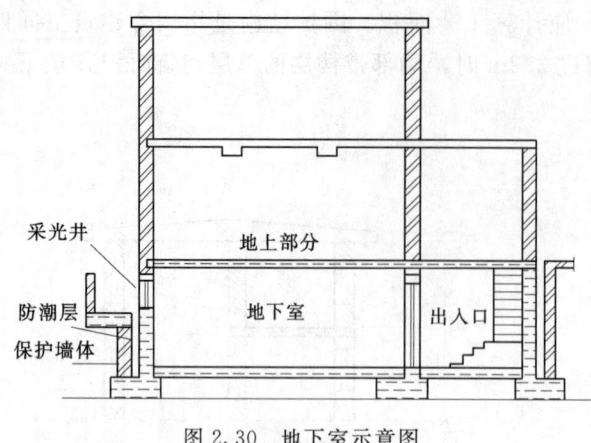

图 2.30 地下室示意图

计算全面积；结构层高在 2.20m 以下的，应计算 1/2 面积。房间地平面低于室外地平面的高度超过该房间净高的 1/2 者为地下室；房间地平面低于室外地平面的高度超过该房间净高的 1/3，且不超过 1/2 者为半地下室；永久性顶盖是指经规划批准设计的永久使用的顶盖。

出入口外墙外侧坡道有顶盖的部位，应按其外墙结构外围水平面积的 1/2 计算面积。地下室示意图如图 2.30 所示。

2.2.3.6 建筑物架空层及坡地建筑物吊脚架空层

建筑物架空层及坡地建筑物吊脚架空层，应按其顶板水平投影计算建筑面积。结构层高在 2.20m 及以上的，应计算全面积；结构层高在 2.20m 以下的，应计算 1/2 面积。吊脚架空层示意图如图 2.31 所示。

2.2.3.7 建筑物的门厅、大厅及走廊

建筑物的门厅、大厅应按一层计算建筑面积，门厅、大厅内设置的走廊应按走廊结构底板水平投影面积计算建筑面积。结构层高在 2.20m 及以上的，应计算全面积；结构层高在 2.20m 以下的，应计算 1/2 面积。

2.2.3.8 建筑物的架空走廊

对于建筑物间的架空走廊，有顶盖和围护设施的，应按其围护结构外围水平面积计算全面积；无围护结构、有围护设施的，应按其结构底板水平投影面积计算 1/2 面积。架空走廊（图 2.32）是指建筑物与建筑物之间，在二层或二层以上专门为水平交通设置的走廊。

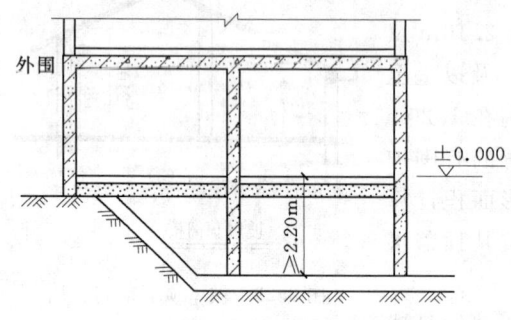

图 2.31 吊脚架空层示意图

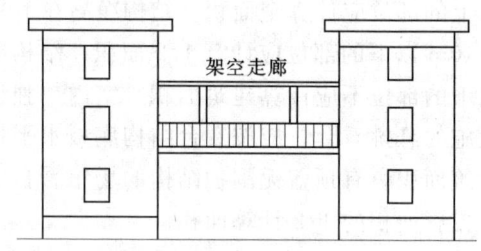

图 2.32 架空走廊示意图

2.2.3.9 立体书库、立体仓库、立体车库

对于立体书库、立体仓库、立体车库，有围护结构的，应按其围护结构外围水平面积计算建筑面积；无围护结构、有围护设施的，应按其结构底板水平投影面积计算建筑面积。无结构层的应按一层计算，有结构层的应按其结构层面积分别计算。结构屋高在

2.20m 及以上的,应计算全面积;结构层高在 2.20m 以下的,应计算 1/2 面积。

2.2.3.10 舞台灯光控制室

有围护结构的舞台灯光控制室,应按其围护结构外围水平面积计算。结构层高在 2.20m 及以上的,应计算全面积;结构层高在 2.20m 以下的,应计算 1/2 面积。

2.2.3.11 落地橱窗

附属在建筑物外墙的落地橱窗,应按其围护结构外围水平面积计算。结构层高在 2.20m 及以上的,应计算全面积;结构层高在 2.20m 以下的,应计算 1/2 面积。

2.2.3.12 飘窗

窗台与室内楼地面高差在 0.45m 以下且结构净高在 2.10m 及以上的凸(飘)窗,应按其围护结构外围水平面积计算 1/2 面积。

2005 版建筑面积计算规范中,飘窗是不计算建筑面积的情况之一。2013 版建筑面积计算规范中对飘窗的建筑面积计算有了此项新的规定。当飘窗的结构净高在 2.10m 及以上且与室内楼地面高差在 0.45m 以下时,飘窗具有较高的使用价值,因此要按照其围护结构外围水平面积计算 1/2 面积。

2.2.3.13 走廊(挑廊)建筑面积

有围护设施的室外走廊(挑廊),应按其结构底板水平投影面积计算 1/2 面积;有围护设施(或柱)的檐廊,应按其围护设施(或柱)外围水平面积计算 1/2 面积。

走廊是指建筑物的水平交通空间;挑廊是指挑出建筑物外墙的水平交通空间;檐廊是指设置在建筑物底层出檐下的水平交通空间。挑廊、走廊、檐廊示意图如图 2.33 所示。

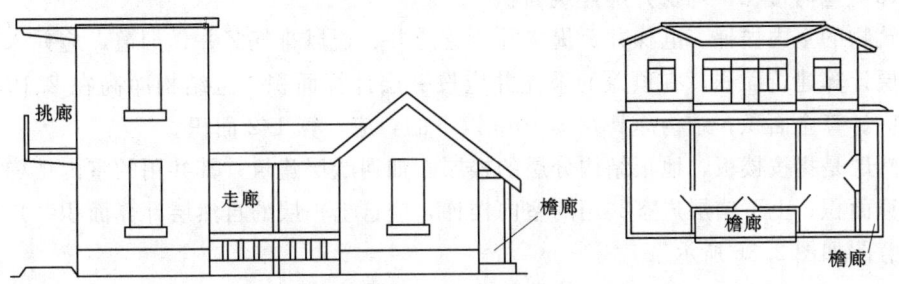

图 2.33 挑廊、走廊、檐廊示意图

2.2.3.14 门斗建筑面积

门斗应按其围护结构外围水平面积计算建筑面积,且结构层高在 2.20m 及以上的,应计算全面积;结构层高在 2.20m 以下的,应计算 1/2 面积。

门斗指建筑物入口处两道门之间的空间,在建筑物出入设置的起分隔、挡风、御寒等作用的建筑过渡空间。

2.2.3.15 门廊、雨篷建筑面积

门廊应按其顶板的水平投影面积的 1/2 计算建筑面积;有柱雨篷应按其结构板水平投影面积的 1/2 计算建筑面积;无柱雨篷的结构外边线至外墙结构外边线的宽度在 2.10m 及以上的,应按雨篷结构板的水平投影面积的 1/2 计算建筑面积。

2.2.3.16 楼梯间、水箱间、电梯机房建筑面积

设在建筑物顶部的、有围护结构的楼梯间、水箱间、电梯机房等(图 2.34),结构层

高在2.20m及以上的应计算全面积；结构层高在2.20m以下的，应计算1/2面积。

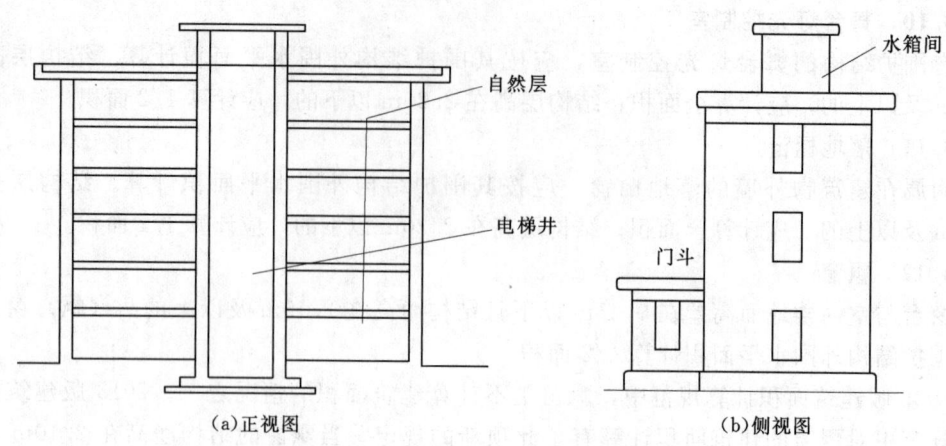

图 2.34　电梯井、水箱间示意图

2.2.3.17　围护结构不垂直于水平面楼层建筑物的建筑面积

围护结构不垂直于水平面的楼层，应按其底板面的外墙外围水平面积计算。结构净高在2.10m及以上的部位，应计算全面积；结构净高在1.20m及以上至2.10m以下的部位，应计算1/2面积；结构净高在1.20m以下的部位，不应计算建筑面积。某楼层剖面如图2.35所示。

2.2.3.18　室内楼梯、电梯井等建筑面积

建筑物的室内楼梯、电梯井、提物井、管道井、通风排气竖井、烟道，应并入建筑物的自然层计算建筑面积。有顶盖的采光井应按一层计算面积，且结构净高在2.10m及以上的，应计算全面积；结构净高在2.10m以下的，应计算1/2面积。

自然层是指按楼板、地板结构分层的楼层。如遇跃层建筑，其共用的室内楼梯应按自然层计算面积；上下错层户室共用的室内楼梯，应选上一层的自然层计算面积。户室错层剖面示意图如图2.36所示。

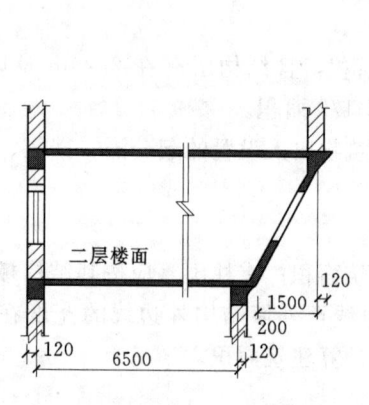

图 2.35　某楼层剖面

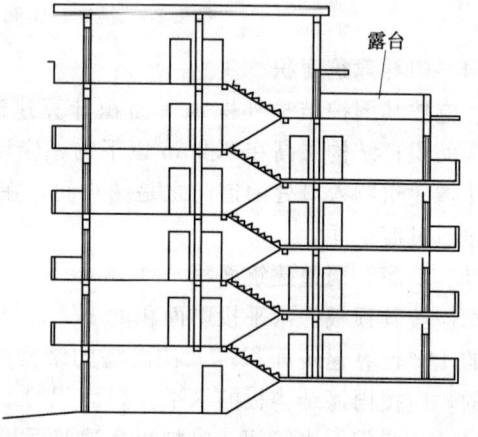

图 2.36　户室错层剖面示意图

2.2.3.19 室外楼梯建筑面积

室外楼梯应并入所依附建筑物自然层,并应按其水平投影面积的1/2计算建筑面积。

注意:利用室外楼梯下部的建筑空间不得重复计算建筑面积;利用地势砌筑的为室外踏步,不计算建筑面积。

2.2.3.20 阳台建筑面积

在主体结构内的阳台,应按其结构外围水平面积计算全面积;在主体结构外的阳台,应按其结构底板水平投影面积计算1/2面积。

不论是凹阳台、挑阳台,还是封闭阳台、敞开式阳台均应按照上述规则计算。

2.2.3.21 车棚、货棚、站台、加油站

有顶盖无围护结构的车棚、货棚、站台(图2.37)、加油站、收费站等,应按其顶盖水平投影面积的1/2计算建筑面积。

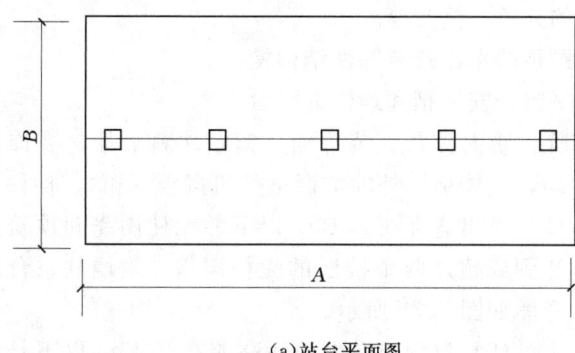

(a)站台平面图　　　　　　　　(b)站台立体图

图2.37　站台示意图

2.2.3.22 幕墙作为围护结构

以幕墙作为围护结构的建筑物,应按幕墙外边线计算建筑面积。

注意:当幕墙仅作为结构墙体外起装饰作用时,不计算建筑面积。

2.2.3.23 外墙外保温层建筑面积

建筑物的外墙外保温层,应按其保温材料的水平截面的计算,并计入自然层建筑面积。

2.2.3.24 变形缝

与室内相通的变形缝,应按其自然层合并在建筑物建筑面积内计算。对于高低联跨的建筑物,当高低跨内部连通时,其变形缝应计算在低跨面积内。高低联跨的厂房示意图如图2.38所示。

2.2.3.25 设备层、管道层、避难层

对于建筑物内的设备层、管道层、避难层等有结构层的楼层,结构层高在2.20m及以上的,应计算全面积;结构层高在2.20m以下的,应计算1/2面积。

2.2.4　不计算建筑面积的范围

其他不计算建筑面积的范围(除上述已提到的除外)如下:

(1)与建筑物内不相连通的建筑部件。

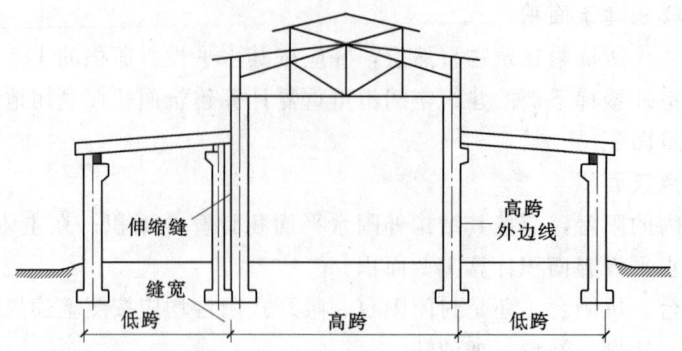

图 2.38 高低联跨的厂房示意图

（2）骑楼、过街楼底层的开放公共空间和建筑物通道。

（3）舞台及后台悬挂幕布和布景的天桥、挑台等。

（4）露台、露天游泳池、花架、屋顶的水箱及装饰性结构构件。

（5）建筑物内的操作平台、上料平台、安装箱和罐体的平台。

（6）勒脚、附墙柱、附墙垛、台阶、墙面抹灰、装饰面、镶贴块料面层、装饰性幕墙，主体结构外的空调室外机搁板（箱）、构件、配件，挑出宽度在 2.10m 以下的无柱雨篷和顶盖高度达到或超过两个楼层的无柱雨篷。附墙柱、台阶示意图如图 2.39 所示。

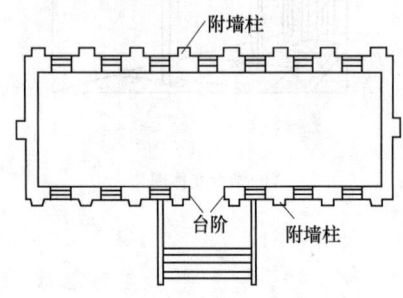

图 2.39 附墙柱、台阶示意图

（7）窗台与室内地面高差在 0.45m 以下且结构净高在 2.10m 以下的凸（飘）窗，窗台与内地面高差在 0.45m 及以上的凸（飘）窗。

（8）室外爬梯、室外专用消防钢楼梯。

（9）无围护结构的观光电梯。

（10）建筑物以外的地下人防通道，独立的烟囱、烟道、地沟、油（水）罐、气柜、水塔、贮油（水）池、贮仓、栈桥等构筑物。

2.2.5 商品房销售、套内建筑、阳台建筑、公用建筑面积

在我国大部分成市，根据建设部《商品房销售面积计算及公用建筑面积分摊规则》的规定，房屋销售仍按建筑面积计算价格，那么单元住宅的销售面积怎样测算？商品房按"套"或"单元"出售，商品房的销售面积即为购房者所购买的套内或单元内建筑面积（以下简称套内建筑面积）与应分摊的公用建筑面积之和。

商品房销售面积＝套内建筑面积＋分摊的公用建筑面积

套内建筑面积＝套内使用面积＋套内墙体面积＋阳台建筑面积

套内使用面积的概念是每套住宅户门内除墙体厚度外全部净面积的总和。其中包括卧室、起居室、过厅、过道、厨房、卫生间、储藏室、壁柜（不包括吊柜）、户内楼梯（按投影面积）。利用坡屋顶内空间作房间时，其一半的面积净高不低于 2.1m，其余部分最小净高不低于 1.5m，符合以上要求的可计入使用面积；否则不算使用面积。每户阳台（无论凹、凸阳台）面积在 6m² 以下的，不计算使用面积；超过 6m² 的，超过部分按阳台净

面积的 1/2 折算计入使用面积。

套内墙体面积：商品房各套（单元）内使用空间周围的维护或承重墙体，有共用墙及非共用墙两种。品房各套（单元）之间的分隔墙、套（单元）与公用建筑空间投影面积的分隔墙以及外墙（包括山墙）均为共用墙，共用墙墙体水平投影面积的一半计入套内墙体面积。非共用墙墙体水平投影面积全部计入套内墙体面积。

阳台建筑面积：按国家现行《建筑面积计算规则》进行计算。

单元分摊的公用建筑面积由两部分组成：①电梯井、楼梯筒、垃圾道、变电室、设备室、公共门厅和过道等其功能上为整楼建筑服务的公共用房和管理用房之建筑面积；②各单元与楼宇公共建筑空间之间的分隔墙以及外墙（包括山墙）墙体水平投影面积的 50%。公用建筑面积不包括任何作为独立使用空间租、售的地下室、车棚等，作为人防工程的地下室也不计入公用建筑面积。

公用建筑面积：整栋建筑物的面积扣除整栋建筑物各套（单元）套内建筑面积之和，并扣除已作为独立使用空间销售或出租的地下室、车棚及人防工程等建筑面积，即为整栋建筑物的公用建筑面积。

将整栋的公用建筑面积除以整栋的各套套内建筑面积之和，得到建筑物的公用建筑面积分摊系数。公用建筑面积分摊系数＝公用建筑面积/套内建筑面积之和。

公用建筑面积分摊计算：各套（单元）的套内建筑面积乘以公用建筑面积分摊系数，得到购房者应合理分摊的公用建筑面积。分摊的公用建筑面积＝公用建筑面积分摊系数×套内建筑面积（一般高层住宅公用建筑面积分摊系数为 0.4 左右）。

【例 2.1】 如图 2.40 所示为某建筑平面和剖面示意图，求该单层建筑物的建筑面积。

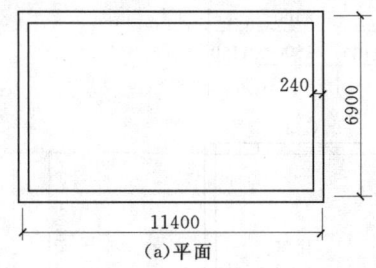

图 2.40 某建筑物示意图

解： 该建筑适用单层建筑物的坡屋顶内空间的建筑面积计算规则，其净高超过 2.1m 的部位应计算全面积；净高在 1.2～2.1m 的部位应计算 1/2 面积；净高不足 1.2m 的部位不应计算面积。

$$S = 5.4 \times (6.9 + 0.24) + 2.7 \times (6.9 + 0.24) \times 0.5 \times 2 = 57.83 (m^2)$$

【例 2.2】 某工程底层平面和二层平面尺寸如图 2.41 和图 2.42 所示，除特别注明者外，所有墙体厚度均为 240mm。试求其建筑面积。

解： 一层建筑面积为

$$S_1 = (8.5 + 0.12 \times 2) \times (11.4 + 0.12 \times 2) - 7.2 \times 0.9 = 95.25 (m^2)$$

二层建筑面积为

$$S_2 = 95.25 + [7.2 \times 0.9 + (7.2 + 0.24) \times 0.6] \times 0.5 = 100.72 (m^2)$$

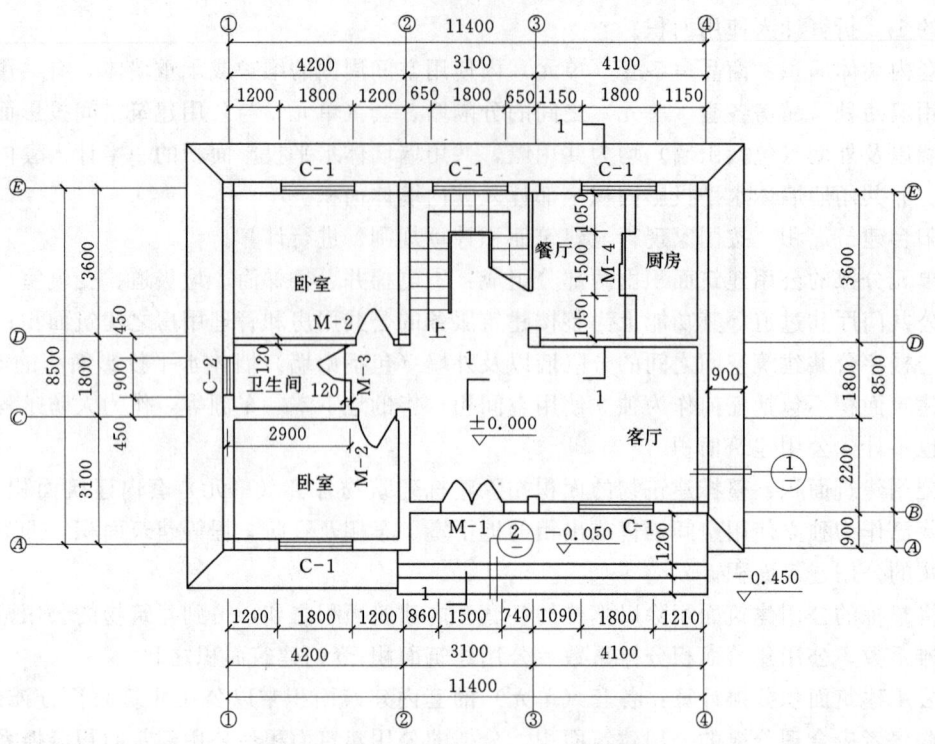

图 2.41 某建筑物底层平面示意图

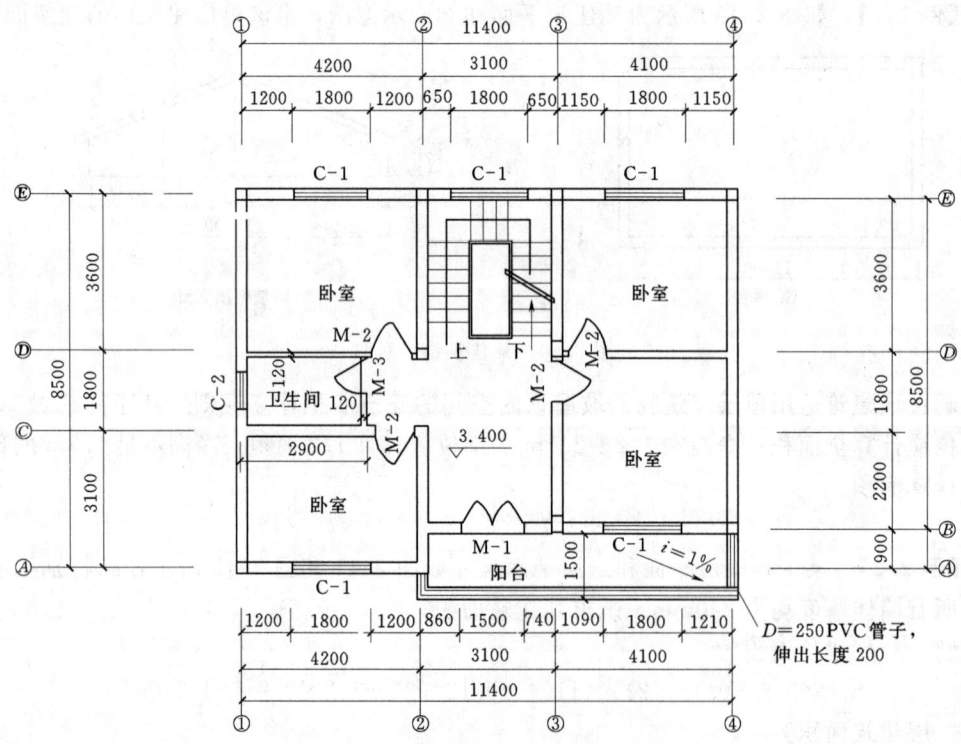

图 2.42 某建筑物二层平面示意图

故 $S=S_1+S_2=195.97\text{m}^2$

【例 2.3】 某五层建筑物各层的建筑面积均相同，底层外墙尺寸如图 2.43 所示，墙厚均为 240mm，试计算建筑面积（图中尺寸均为轴线间尺寸）。

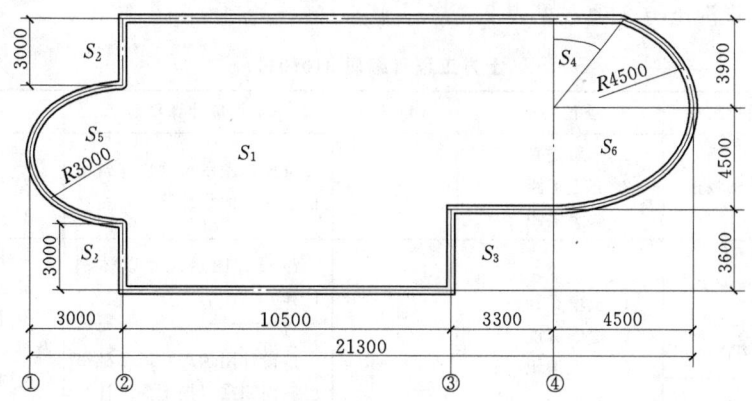

图 2.43 某建筑物平面示意图

解：

(1) ②④轴线间矩形面积：$S_1=13.8\times12.24=168.912$（$\text{m}^2$）其中，应扣除的面积：$S_3=3.6\times(3.3-0.12)=11.448$（$\text{m}^2$）。

(2) ②轴线外两段半墙面积：$S_2=3.0\times0.12\times2=0.72$（$\text{m}^2$）。

(3) ②轴线外半圆面积：$S_5=3.14\times(3.00+0.12)^2\times0.5=15.283$（$\text{m}^2$）。

(4) 三角形面积：$S_4=0.5\times(3.90+0.12)\times0.5\times(4.50+0.12)=4.643$（$\text{m}^2$）。

(5) 扇形面积：$S_6=3.14\times(4.50+0.12)^2\times150/360=27.926$（$\text{m}^2$）。

(6) 总建筑面积：$S=(S_1-S_3+S_2+S_4+S_5+S_6)\times5=1030.18$（$\text{m}^2$）。

【例 2.4】 根据学习单元 2.1 实例图纸计算该建筑物的建筑面积。

解： 首层设有有柱雨篷，有柱雨篷应按其结构板水平投影面积的 1/2 计算建筑面积。
故
$S_{\text{雨篷}}=1/2\times1/2\times3.14\times4.6^2=16.61$（$\text{m}^2$）
因此
$S_1=27.5\times(12+0.5)+16.61=360.36$（$\text{m}^2$）
$S_2=S_3=27.5\times(12+0.5)=343.75$（$\text{m}^2$）
$S_4=(6+6+7.5+0.25+0.25)\times(12+0.5)-7.5\times(3+2.4)=209.5$（$\text{m}^2$）
$S_{\text{地下室}}=15.5\times(9.9+0.5)=161.2$（$\text{m}^2$）
故
建筑面积 $=S_1+S_2+S_3+S_4+S_{\text{地下室}}=360.36+343.75\times2+209.5+161.2=1418.56$（$\text{m}^2$）

学习单元 2.3 土石方工程

土石方工程用于建筑物和构筑物的土石方开挖及回填，包括土方工程、石方工程、土

(石)方回填 3 节 13 个清单项目。

2.3.1 土方工程(编码 010101)

土方工程项目包括平整场地,挖一般土方,挖沟槽土方,挖基坑土方,冻土开挖,挖淤泥、流沙,管沟土方 7 项,见表 2.1。

表 2.1　　　　　　　　　土方工程(编码 010101)

项目编码	项目名称	项目特征	计量单位	工程量计算规则	工作内容
010101001	平整场地	1. 土壤类别 2. 弃土运距 3. 取土运距	m²	按设计图示尺寸以建筑物首层建筑面积计算	1. 土方挖填 2. 场地找平 3. 运输
010101002	挖一般土方	1. 土壤类别 2. 挖土深度 3. 弃土运距	m³	按设计图示尺寸以体积计算	1. 排地表水 2. 土方开挖 3. 围护(挡土板)及拆除 4. 基底钎探 5. 运输
010101003	挖沟槽土方			按设计图示尺寸以基础垫层底面积乘以挖土深度计算	
010101004	挖基坑土方				
010101005	冻土开挖	1. 冻土厚度 2. 弃土运距		按设计图示尺寸开挖面积乘厚度以体积计算	1. 爆破 2. 开挖 3. 清理 4. 运输
010101006	挖淤泥、流沙	1. 挖掘深度 2. 弃淤泥、流沙距离		按设计图示位置、界限以体积计算	1. 开挖 2. 运输
010101007	管沟土方	1. 土壤类别 2. 管外径 3. 挖沟深度 4. 回填要求	1. m 2. m³	1. 以米计算,按设计图示以管道中心线长度计算 2. 以立方米计量,按设计图示管底垫层底面积乘以挖土深度计算;无管底垫层按管外径的水平投影面积乘以挖土深度计算,不扣除各类井的长度,井的土方并入	1. 排地表水 2. 土方开挖 3. 围护(挡土板)、支撑 4. 运输 5. 回填

2.3.1.1 平整场地(编码 010101001)

平整场地项目适用于建筑场地厚度在±300mm 以内的挖、填、运、找平。

注意:①当施工组织设计规定超面积平整场地时,超出部分应折算到综合单价内;②项目特征与工程内容有着对应关系,土壤的类别不同、弃(取)土运距不同,完成该施工过程的工程价格就不同,因而清单编制人在项目名称栏内对项目特征进行详略得当的描述,对于投标人准确进行报价是至关重要的。

【例 2.5】 施工组织设计拟定,采用人工平整场地,二类土。平均运土距离为 100m,平均挖、填厚度为 0.2m,参照图 2.44 计算平整场地的清单工程量并编制工程量清单。

解:(1) 清单工程量=10.14×6.24=63.27(m²)。

(2) 分部分项工程量清单见表 2.2。

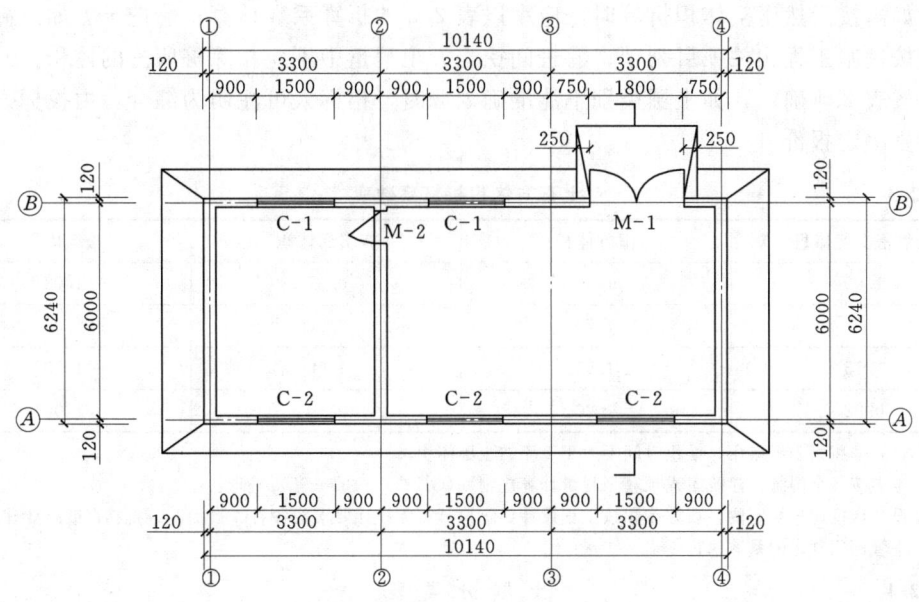

图 2.44 某建筑物平面示意图

表 2.2　　　　　　　　　　　　分部分项工程量清单

工程名称：×××

序号	项目编码	项目名称	项目特征描述	计量单位	工程数量
1	010101001001	平整场地	土壤类别：二类土。 弃土运距：100m	m^2	63.27

2.3.1.2 土方开挖

表 2.1 里涉及土方开挖的清单项目共有 3 个，分别是挖一般土方（编码 010101002），挖沟槽土方（编码 010101003），挖基坑土方（编码 010101004）。根据《房屋建筑与装饰工程工程量计算规范》（GB 50854—2013）规定，3 个项目的区分如下：

（1）开挖断面底宽不大于 7m 且开挖断面底长大于 3 倍开挖断面底宽为挖沟槽土方。

（2）开挖断面底长不大于 3 倍开挖断面底宽且底面积不大于 150m^2 为挖基坑土方。

（3）超出上述范围或建筑物场地厚度大于±300mm 的竖向布置挖土或山坡切土为挖一般土方。

1）挖一般土方项目是指室外地坪标高以上的挖土，并包括指定范围内的土方运输。

a. 工程量计算。挖土方工程量按设计图示尺寸以体积计算，计量单位 m^3。即

$$V＝挖土平均厚度×挖土平面面积$$

b. 项目特征。描述土壤类别、挖土深度、弃土运距。

c. 工程内容。包含排地表水、土方开挖、围护（挡土板）及拆除、基底钎探、运输。

注意：①挖土平均厚度应按自然地面测量标高至设计地坪标高间的平均厚度确定，若地形起伏变化大，不能提供平均厚度，应提供方格网法或断面法施工的设计文件；②设计标高以下的填土应按"土石方回填"项目编码列项；③土方体积按挖掘前的天然密实体积

计算。如需按天然密实体积折算时，应乘以表2.3的折算系数计算；④挖土方如需截桩头时，应按桩基工程相关项目列项；⑤桩间挖土方工程量中不应扣除桩所占的体积；⑥土壤分类应按表2.4确定，如土壤类别不能准确划分时，招标人可注明为综合，由投标人根据地勘报告决定报价。

表 2.3　　　　　　　　　　　土石方体积折算系数表

天然密实度体积	虚方体积	夯实后体积	松填体积
1.00	1.30	0.87	1.08
0.77	1.00	0.67	0.83
1.15	1.50	1.00	1.25
0.92	1.20	0.80	1.00

注　1. 虚方体积指未经碾压、堆积时间不大于1年的土壤体积。
　　2. 本表按《全国统一建筑工程预算工程量计算规则》(GJDGZ—101—95)整理。
　　3. 设计密度超过规定的，填方体积按工程设计要求执行；无设计要求按各省、自治区、直辖市或行业建设行政主管部门规定的系数执行。

表 2.4　　　　　　　　　　　土　壤　分　类　表

土壤分类	土　壤　名　称	开　挖　方　法
一、二类土	粉土、砂土（粉砂、细砂、中砂、粗砂、砾砂）、粉质黏土、弱中盐渍土、软土（淤泥质土、泥炭、泥炭质土）、软塑红黏土、冲填土	用锹、少许用镐、条锄开挖，机械能全部直接铲挖满载者
三类土	黏土、碎石土（圆砾、角砾）混合土、可塑红黏土、硬塑红黏土、强盐渍土、素填土、压实填土	主要用镐、条锄、少许用锹开挖。机械需部分刨松方能铲挖满载者或可直接铲挖但不能满载者
四类土	碎石土（卵石、碎石、漂石、块石）、坚硬红黏土、超盐渍土、杂填土	全部用镐、条锄挖掘、少许用撬棍挖掘。机械须普遍刨松方能铲挖满载者

注　本表土的名称及其含义按国家标准《岩土工程勘察规范》(GB 50021—2001)(2009版)定义。

2) 挖沟槽土方、挖基坑土方项目适用于符合尺寸条件的土方开挖（包括带形基础、独立基础的土方开挖等），是指设计室外地坪以下的土方开挖，并包括指定范围内的土方运输。

a. 工程量计算。挖沟槽土方、挖基坑土方工程量按设计图示尺寸以基础垫层底面积乘以挖土深度计算，计量单位 m³。即

$$V = 垫层长 \times 垫层宽 \times 挖土深度$$

当基础为带形基础时，外墙基础垫层长取外墙中心线长，内墙基础垫层长取内墙下垫层净长。挖土深度应按基础垫层底表面标高至交付施工场地标高的高度确定，无交付施工场地标高时，应按自然地面标高确定。

注意：①土方体积按挖掘前的天然密实体积计算，非天然密实土方应按表2.3折算；②带形基础的挖土应按不同底宽和深度，独立基础和满堂基础应按不同底面积和深度分别编码列项；③弃土、取土运距可不描述，但应注明由投标人根据施工现场实际情况自行考虑，决定报价；④按上式计算的工程量中未包括根据施工方案规定的放坡、操作工作面和

由机械挖土进出施工工作面的坡道等增加的挖土量。

挖沟槽、基坑、一般土方因工作面和放坡增加的工程量（管沟工作面增加的工作量）是否并入各土方工程量中，应按各省、自治区、直辖市或行业建设主管部门的规定实施。根据四川省住房和城乡建设厅关于贯彻实施《建设工程工程量清单计价规范》（GB 50500—2013）及《房屋建筑装饰工程工程量计算规范》（GB 50854—2013）等9本工程量计算规范所发布的川建造价发〔2013〕370号文中规定：挖一般土方、沟槽、基坑、管沟土方中因工作面和放坡增加的工程量并入相应土方工程量内。办理工程结算时，按经发包人认可的施工组织设计规定计算；编制工程量清单时，可按表2.5和表2.6规定计算。

表2.5 放 坡 系 数 表

土类别	放坡起点/m	人工挖土	机械挖土		
			在坑内作业	在坑上作业	顺沟槽在坑上作业
一、二类土	1.20	1:0.5	1:0.33	1:0.75	1:0.5
三类土	1.50	1:0.33	1:0.25	1:0.67	1:0.33
四类土	2.00	1:0.25	1:0.10	1:0.33	1:0.25

注 1. 沟槽、基坑中土壤类别不同时，分别按其放坡起点、放坡系数，依不同土类别厚度加权平均计算。
　　2. 计算放坡时，在交接处的重复工程量不予扣除，原槽、坑做基础垫层时，放坡自垫层上表面开始计算。

表2.6 **基础施工所需工作面宽度**

基 础 材 料	每边各增加工作面宽度/mm
砖基础	200
浆砌毛石、条石基础	150
混凝土基础垫层支模板	300
混凝土基础支模板	300
基础垂直面做防水层	1000（防水层面）

注 本表按《全国统一建筑工程预算工程量计算规则》（GJDGZ—101—95）整理。

综上，挖沟槽工程量 V = 设计槽长 × 槽断面积。

槽长：外墙下槽长按中心线尺寸长度；内墙下槽长按净长线尺寸长度。

槽宽：槽底设计宽度。

槽深：设计（自然）地坪标高至垫层底高度。

如图2.45所示，$V_{沟槽} = L \times (A + KH) \times H$。

如图2.46所示，挖基坑工程量 V = 基坑底面积 × 挖土深度。

$V_{基坑} = H/3(S_{上} + S_{下} + \sqrt{S_{上} S_{下}})$
$= H/3[AB + (A+2KH)(B+2KH) + \sqrt{AB(A+2KH)(B+2KH)}]$

或 $V_{基坑} = H/6(S_{上} + S_{下} + 4S_{中})$
$= H/6[AB + (A+2KH)(B+$

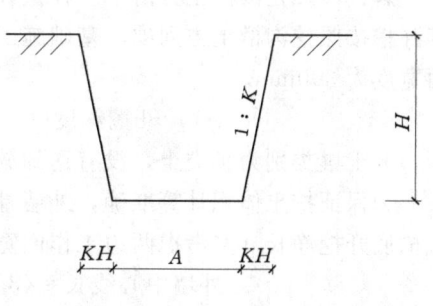

图2.45 沟槽断面示意图

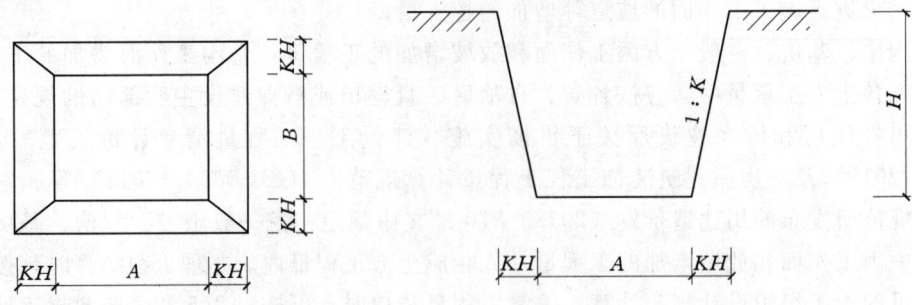

图 2.46 基坑平面及断面示意图

$2KH)+4(A+KH)(B+KH)]$

注：$S_{中}$ 指中截面，即高度为 $H/2$ 时，平行于上底面和下底面的一个横截面。

b. 项目特征。描述土壤类别，挖土深度，弃土运距。从项目特征中可发现，挖基础土方项目不考虑不同施工方法（即人工挖或机械挖及机械种类）对土方工程量的影响。投标人在报价时，应根据施工组织设计，结合本企业施工水平，并考虑竞争需要进行报价。

c. 工程内容。包含排地表水、土方开挖、围护（挡土板）及拆除、基底钎探、运输。

【例 2.6】 某建筑物基础平面、剖面及建筑物平面图如图 2.47 所示。已知土壤类别为Ⅲ类土，土方运距 3km，混凝土条形基础下设 C10 素混凝土垫层。试计算其基础土方开挖清单工程量，并编制工程量清单。

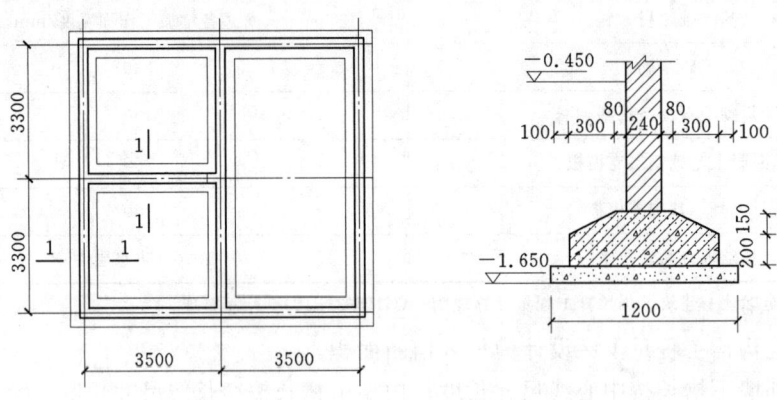

图 2.47 某建筑物基础平面图及剖面图

解：(1) 挖沟槽土方清单工程量计算。由图 2.47 可以看出，本工程设计为带形基础，其开挖按照挖沟槽土方列项。基础施工为混凝土基础垫层支模板，故垫层两边增加的工作面宽度为 300mm。

开挖深度 $=-0.45-(-1.65)=1.2(m)$

又土壤类别为Ⅲ类土，没有达到放坡起点，故不考虑放坡。

为保证挖土体积计算准确，外墙基础开挖长取外墙中心线长，内墙基础开挖长取内墙下槽底开挖净长（并考虑两边工作面宽度 300mm）。

外墙中心线长 $=(3.5\times2+3.3\times2)m\times2=27.2(m)$

内墙下槽底开挖净长 $=(3.5-0.9\times2)+(3.3\times2-0.9\times2)=6.5(m)$

挖沟槽土方清单工程量＝开挖长度×开挖宽度×挖土深度
$$= (27.2+6.5)×(1.2+0.3×2)×1.2$$
$$= 72.79(m^3)$$

（2）分部分项工程量清单见表 2.7。

表 2.7　　　　　　　　　　分部分项工程量清单

工程名称：×××

序号	项目编码	项目名称	项目特征描述	计量单位	工程数量
1	010101003001	挖沟槽土方	土壤类别：Ⅲ类土。 挖土深度：1.2m。 弃土运距：3km	m³	72.79

【例 2.7】　某工程中有钢筋混凝土满堂基础，基础垫层采用 C10 混凝土。垫层底面积 25m×50m（图 2.48），底标高为 −4.200m，室外地坪标高为 −1.200m。地基土为Ⅳ类土。计算其基础土方开挖清单工程量，并编制工程量清单。

解：（1）由图 2.48 可以看出，本工程设计为满堂基础，但是底面积大于 $150m^2$，其开挖按照挖一般土方列项。基础施工为 C10 混凝土基础垫层支模板，故垫层两边增加的工作面宽度为 300mm。

开挖深度 $H = -1.2-(-4.2) = 3.0(m)$

而土壤类别为Ⅳ类土，达到放坡起点，考虑放坡。根据该项目基坑的具体尺寸，放坡系数按照机械挖土并在坑内作业的 1:0.1 考虑，即 $K=0.1$。

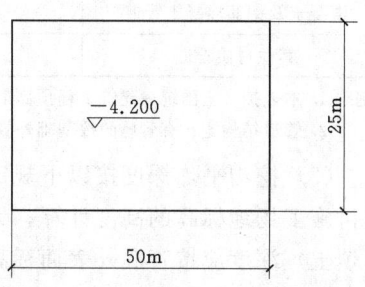

图 2.48　某建筑物垫层底面积示意图

根据图 2.48 所示尺寸，有
$$A = 50+0.3+0.3 = 50.6(m)$$
$$B = 25+0.3+0.3 = 25.6(m)$$

代入公式：
$$V_{基坑} = H/6[AB+(A+2KH)(B+2KH)+4×(A+KH)(B+KH)]$$
$$= 3/6×[50.6×25.6+(50.6+2×0.1×3)×(25.6+2×0.1×3)$$
$$+4×(50.6+0.1×3)×(25.6+0.1×3)] = 3955.02(m^3)$$

（2）分部分项工程量清单见表 2.8。

表 2.8　　　　　　　　　　分部分项工程量清单

工程名称：×××

序号	项目编码	项目名称	项目特征描述	计量单位	工程数量
1	010101002001	挖一般土方	土壤类别：Ⅳ类土。 挖土深度：3.0m。 弃土运距：投标人自定	m³	3955.02

2.3.1.3　冻土开挖（编码 010101005）

冻土开挖项目适用于土方开挖中的冻土部分开挖。

2.3.1.4 挖淤泥、流沙（编码 010101006）

(1) 淤泥是一种稀软状、不易成型、灰黑色、有臭味，含有半腐朽植物遗体（占 60% 以上），置于水中有动植物残体渣滓浮出、并常有气泡由水中冒出的泥土。

(2) 当土方开挖至地下水位时，有时坑底下面的土层会形成流动状态，随地下水涌入基坑，这种现象称为流沙。

2.3.1.5 管沟土方（编码 010101007）

管沟土方项目适用于管沟土方开挖、回填。

注意：

(1) 管沟土方工程量不论有无管沟设计均按长度计算。其开挖加宽的工作面、放坡和接口处加宽的工作面，均应包括在管沟土方的清单工程量内。

表 2.9　　　　　　　　管沟施工每侧所需工作面宽度计算表　　　　　　单位：mm

管沟材料	管道结构宽			
	≤500	≤1000	≤2500	>2500
混凝土及钢筋混凝土管道	400	500	600	700
其他材质管道	300	400	500	600

注　1. 本表按《全国统一建筑工程预算工程量计算规则》（GJDGZ-101-95）整理。
　　2. 管道结构宽：有管座的按基础外缘，无管座的按管道内径。

(2) 挖沟平均深度按以下规定计算：有管沟设计时，平均深度以沟垫层底表面标高至交付施工场地标高的高度计算；无管沟设计时，直埋管（无沟盖板，管道安装好后，直接回填土）深度应按管底外表面标高至交付施工场地标高的平均高度计算。

(3) 从工程内容上可以看出，在管沟土方项目内，除包含土方开挖外，还包含土方运输及土方回填，报价时应注意。另外，由于管沟的宽窄不同，施工费用就有所不同，计算时应注意区分。

2.3.2 石方工程（编码 010102）

石方工程项目包括挖一般石方，挖沟槽石方，挖基坑石方和挖管沟石方 4 个清单项目，见表 2.10。

表 2.10　　　　　　　　　　石方工程（编码 010102）

项目编码	项目名称	项目特征	计量单位	工程量计算规则	工作内容
010102001	挖一般石方	1. 岩石类别 2. 开凿深度 3. 弃渣运距	m^3	按设计图示尺寸以体积计算	1. 排地表水 2. 凿石 3. 运输
01002002	挖沟槽石方			按设计图示尺寸沟槽底面积乘以挖石深度以体积计算	
010102003	挖基坑石方			按设计图示尺寸基坑底面积乘以挖石深度以体积计算	
010102004	挖管沟石方	1. 岩石类别 2. 管外径 3. 挖沟深度	1. m 2. m^3	1. 以米计量，按设计图示以管道中心线长度计算 2. 以立方米计量，按设计图示截面积乘以长度计算	1. 排地表水 2. 凿石 3. 回填 4. 运输

石方开挖项目适用于人工凿石、人工打眼爆破、机械打眼爆破等,并包括指定范围内的石方清理运输。

(1) 挖石应按自然地面测量标高至设计地坪标高的平均厚度确定。基础石方开挖深度应按基础垫层底表面标高至交付施工现场场地标高确定,无交付施工场地标高时,应按自然地面标高确定。

(2) 沟槽、基坑、一般石方划分:底宽≤7m,底长>3倍底宽,为沟槽;底长≤3倍底宽、底面积≤150m²,为基坑;超出上述范围或厚度>±300mm的竖向布置挖石或山坡凿石,为一般石方。

(3) 弃渣运距可以不描述,但应注明由投标人根据施工现场实际情况自行考虑,决定报价。

(4) 管沟石方项目适用于管道(给排水、工业、电力、通信)、电缆沟及连接井(检查井)等。

(5) 岩石的分类应按表2.11确定。

表2.11　　　　　　　　　　岩石分类表

岩石分类		代表性岩石	开挖方法
极软岩		1. 全风化的各种岩石 2. 各种半成岩	部分用手凿工具、部分用爆破法开挖
软质岩	软岩	1. 强风化的坚硬岩或较硬岩 2. 中等风化—强风化的较软岩 3. 未风化—微风化的页岩、泥岩、泥质砂岩等	用风镐和爆破法开挖
	较软岩	1. 中等风化—强风化的坚硬岩或软硬岩 2. 未风化—微风化的凝灰岩、千枚岩、泥灰岩、砂质泥岩等	用爆破法开挖
硬质岩	较硬岩	1. 微风化的时硬岩 2. 未风化—微风化的大理岩、板岩、石灰岩、白云岩、钙质砂岩等	用爆破法开挖
	坚硬岩	未风化—微风化的花岗岩、闪长岩、辉绿岩、玄武岩、安山岩、片麻岩、石英岩、石英砂岩、硅质砾岩、硅质石灰岩等	用爆破法开挖

注　本表依据国家标准《工程岩体分级标准》(GB 50218—94)和《岩土工程勘察规范》(GB 50021—2001)(2009年版)整理。

(6) 石方体积应按挖掘前的天然密实体积计算。如需按天然密实体积折算时,应按表2.12系数计算。

表2.12　　　　　　　　　　石方体积折算系数表

石方类别	天然密实度体积	虚方体积	松填体积	码方
石方	1.0	1.54	1.31	
块石	1.0	1.75	1.43	1.67
砂夹石	1.0	1.07	0.94	

注　本表按建设部颁发《爆破工程消耗定额》(GYD—102—2008)整理。

2.3.3 回填（编码 010103）

回填工程项目包括回填方，余方弃置两个清单项目，见表 2.13。

表 2.13　　　　　　　　　　　回填（编码 010103）

项目编码	项目名称	项目特征	计量单位	工程量计算规则	工作内容
010103001	回填方	1. 密实度要求 2. 填方材料品种 3. 填方粒径要求 4. 填方来源、运距	m³	按设计图示尺寸以体积计算 1. 场地回填：回填面积乘平均回填厚度 2. 室内回填：主墙间面积乘回填厚度，不扣除间隔墙 3. 基础回填：按挖方清单项目工程量减去自然地坪以下埋设的基础体积（包括基础垫层及其他构筑物）	1. 运输 2. 回填 3. 压实
010103002	余方弃置	1. 废弃料品种 2. 运距		按挖方清单项目工程量减利用回填方体积（正数）计算	余方点装料运输至弃置点

（1）填方密实度要求，在无特殊要求情况下，项目特征可描述为满足设计和规范的要求。

（2）填方材料品种可以不描述，但应注明由投标人根据设计要求验方后方可填入，并符合相关工程的质量规范要求。

（3）填方粒径要求，在无特殊要求情况下，项目特征可以不描述。

（4）如需买土回填应在项目特征填方来源中描述，并注明买土方数量。

2.3.3.1 工程量计算

按设计图示尺寸以体积计算，计量单位为 m³。

（1）场地回填。

$$V = 回填面积 \times 平均回填厚度$$

（2）室内回填。

$$V = 主墙间净面积 \times 回填厚度$$

式中，主墙是指结构厚度在 120mm 以上（不含 120mm）的各类墙体。主墙间净面积可按下式计算：

主墙间净面积 = 底层建筑面积 - 内、外墙体所占水平平面的面积

（3）基础回填。

$$V = 挖土体积 - 设计室外地坪以下埋设物的体积（包括基础垫层及其他构筑物）$$

【例 2.8】某建筑物平面图如图 2.49 所示。已知条形基础下设 C15 素混凝土垫层；混凝土垫层体积为 4.19m³，钢筋混凝土基础体积为 10.83m³，室外地坪以下的砖基础体积为 6.63m³；室内地面标高

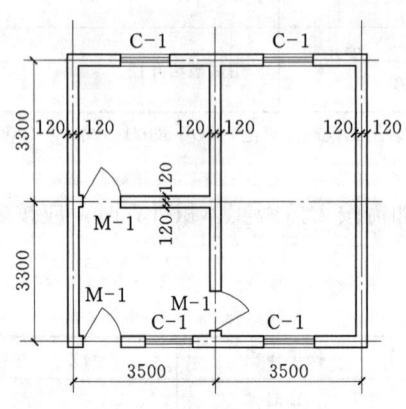

图 2.49　某建筑物平面图

为 ±0.00，地面厚 220mm。试计算土方回填和余方弃置清单工程量，编制基础土方回填和余方弃置工程量清单。

解：(1) 土方回填清单工程量计算。

基础土方回填工程量＝挖土体积－设计室外地坪以下埋设的基础、垫层体积

挖土体积参见［例 2.6］，故

$$V_{填}=72.79-10.83-6.63-4.19=51.14(m^3)$$

室内土方回填工程量＝主墙间净面积×回填厚度

$$=[(3.5-0.24)\times(3.3-0.24)\times2+(3.5-0.24)\times$$
$$(6.6-0.24)]\times(0.45-0.22)=9.36(m^3)$$

余方弃置工程量＝挖方工程量－基础回填量－室内回填量

$$=72.79-51.14-9.36=12.29\ (m^3)$$

(2) 编制工程量清单。基础土方工程量清单见表 2.14。

表 2.14　　　　　　　　　　分部分项工程量清单

工程名称：×××

序号	项目编码	项目名称	项目特征描述	计量单位	工程数量
1	010103001001	基础土方回填	回填土夯填，土方运距 50m	m^3	51.14
2	010103001002	室内土方回填	土分层夯填，土方运距 50m	m^3	9.36
3	010103002001	余方弃置	回填余方，弃土运距 200m	m^3	12.29

【**例 2.9**】 根据学习单元 2.1 的某学院综合楼实例图纸计算各基础的挖基础土方清单工程量。

解：土壤类别为Ⅲ类土，达到放坡起点，各基础均考虑放坡。根据该项目基坑的具体尺寸，放坡系数按照人工挖土作业 1∶0.33 考虑，即 $K=0.33$，垫层两边增加的工作面宽度为 300mm。

(1) J-1，计 2 个。

开挖深度 $H=2.5+0.1-0.3=2.3$（m）。

根据图示尺寸，$A=B=1.75\times2+0.1\times2+0.3+0.3=4.3$（m）。

代入公式 $V_{基坑}=H/6[AB+(A+2KH)(B+2KH)+4(A+KH)(B+KH)]=2.3/6\times[4.3\times4.3+(4.3+2\times0.33\times2.3)\times(4.3+2\times0.33\times2.3)+4\times(4.3+0.33\times2.3)\times(4.3+0.33\times2.3)]=59.31(m^3)$。

故 $V_{J-1挖}=59.31\times2=118.61\ (m^3)$。

(2) J-2。

1) ①～②轴，计 2 个。

开挖深度 $H=2.4+0.1-0.3=2.2$（m）。

根据图示尺寸，$A=B=1.5\times2+0.1\times2+0.3+0.3=3.8$（m）。

代入公式 $V_{基坑}=H/6[AB+(A+2KH)(B+2KH)+4(A+KH)(B+KH)]=2.2/6\times[3.8\times3.8+(3.8+2\times0.33\times2.2)\times(3.8+2\times0.33\times2.2)+4\times(3.8+0.33\times2.2)\times(3.8+0.33\times2.2)]=45.45(m^3)$。

2) ③轴左，计 0.5 个。

开挖深度 $H=2.4+0.1-0.3=2.2$ (m)。

根据图示尺寸，$S_下=1.3×3.5+3.8×0.6=6.83$（m²），$S_上=1.3×(3.5+0.33×2.2)+(0.6+0.33×2.2)×(3.8+2×0.33×2.2)=12.45(m²)$。

代入公式 $V_{基坑}=H/3(S_上+S_下+\sqrt{S_上 S_下})=2.2/3×(6.83+12.45+\sqrt{6.83×12.45})=20.90(m³)$。

3）③轴右，计0.5个。

开挖深度 $H=3.9+2.4+0.1=6.4$（m）。

根据图示尺寸，$S_下=1.3×3.5+3.8×0.6=6.83$（m²），$S_上=1.3×(3.5+0.33×6.4)+(0.6+0.33×6.4)×(3.8+2×0.33×6.4)=29.06(m²)$。

代入公式 $V_{基坑}=H/3(S_上+S_下+\sqrt{S_上 S_下})=6.4/3×(6.83+29.06+\sqrt{6.83×29.06})=106.62(m³)$。

4）④轴，计1个。

开挖深度 $H=3.9-1.8-0.1=2$（m）。

根据图示尺寸，$S_下=(1.5×2+0.1×2+0.3×2)^2-(2+0.3×2)×0.3=13.66(m²)$，$S_上=(3.2+0.6+2×0.33×2)2-(2+0.6+2×0.33×2)(0.3+0.33×2)=22.45(m²)$。

代入公式 $V_{基坑}=H/3(S_上+S_下+\sqrt{S_上 S_下})=2/3×[13.66+22.45+]=35.75(m³)$。

故 $V_{J-2挖}=45.45×2+20.90+106.62+35.75=254.17$（m³）。

(3) J-3，①~②轴，计1个。

开挖深度 $H=2.3+0.1-0.3=2.1$（m）。

根据图示尺寸，$A=B=1.3×2+0.1×2+0.3+0.3=3.4$（m）。

代入公式 $V_{基坑}=H/6[AB+(A+2KH)(B+2KH)+4(A+KH)(B+KH)]=2.1/6×[3.4×3.4+(3.4+2×0.33×2.1)(3.4+2×0.33×2.1)+4×(3.4+0.33×2.1)×(3.4+0.33×2.1)]=35.52(m³)$。

故 $V_{J-3挖}=35.52m³$。

(4) J-4。

1）①~③轴左，计1.5个。

开挖深度 $H=2.3+0.1-0.3=2.1$（m）。

根据图示尺寸，$A=B=1.2×2+0.1×2+0.3+0.3=3.2$（m）。

代入公式 $V_{基坑}=H/6[AB+(A+2KH)(B+2KH)+4(A+KH)(B+KH)]=2.1/6×[3.2×3.2+(3.2+2×0.33×2.1)×(3.2+2×0.33×2.1)+4×(3.2+0.33×2.1)×(3.2+0.33×2.1)]=32.16(m³)$。

2）③轴右，计0.5个。

开挖深度 $H=3.9+0.1+2.3=6.3$（m）。

根据图示尺寸，$A=B=3.2m$。

代入公式 $V_{基坑}=H/6[AB+(A+2KH)(B+2KH)+4(A+KH)(B+KH)]=6.3/6×[3.2×3.2+(3.2+2×0.33×6.3)×(3.2+2×0.33×6.3)+4×(3.2+0.33×6.3)×(3.2+0.33×6.3)]=184.64(m³)$。

3）④~⑤轴，计2个。

开挖深度 $H=3.9-1.8-0.1=2$ (m)。

根据图示尺寸，$A=B=3.2$m。

代入公式 $V_{基坑}=H/6[AB+(A+2KH)(B+2KH)+4(A+KH)(B+KH)]=2/6\times[3.2\times3.2+(3.2+2\times0.33\times2)\times(3.2+2\times0.33\times2)+4\times(3.2+0.33\times2)\times(3.2+0.33\times2)]=30.09(m^3)$。

故 $V_{J-4挖}=32.16\times1.5+184.64\times0.5+30.09\times2=200.75$ (m³)。

(5) J-5，④~⑤轴，计3个。

开挖深度 $H=3.9-1.8-0.1=2$ (m)。

根据图示尺寸，$A=B=1\times2+0.1\times2+0.3+0.3=2.8$ (m)。

代入公式 $V_{基坑}=H/6[AB+(A+2KH)(B+2KH)+4(A+KH)(B+KH)]=2/6\times[2.8\times2.8+(2.8+2\times0.33\times2)\times(2.8+2\times0.33\times2)+4\times(2.8+0.33\times2)\times(2.8+0.33\times2)]=24.23(m^3)$。

故 $V_{J-5挖}=24.23\times3=72.70$ (m³)。

(6) J-6。

1) ③轴左，计0.5个。

开挖深度 $H=2.3+0.1-0.3=2.1$ (m)。

根据图示尺寸，$A=2.1+1.2\times2+0.1\times2+0.3+0.3=5.3$ (m)，$B=1\times2+0.1\times2+0.3+0.3=2.8$ (m)。

代入公式 $V_{基坑}=H/6[AB+(A+2KH)(B+2KH)+4(A+KH)(B+KH)]=2.1/6\times[5.3\times2.8+(5.3+2\times0.33\times2.1)\times(2.8+2\times0.33\times2.1)+4\times(5.3+0.33\times2.1)\times(2.8+0.33\times2.1)]=44.30(m^3)$。

2) ③轴右，计0.5个。

开挖深度 $H=3.9+0.1+2.3=6.3$ (m)。

根据图示尺寸，$A=5.3$m，$B=2.8$m。

代入公式 $V_{基坑}=H/6[AB+(A+2KH)(B+2KH)+4(A+KH)(B+KH)]=6.3/6\times[5.3\times2.8+(5.3+2\times0.33\times6.3)\times(2.8+2\times0.33\times6.3)+4\times(5.3+0.33\times6.3)\times(2.8+0.33\times6.3)]=235.89(m^3)$。

故 $V_{J-6挖}=44.30\times0.5+235.89\times0.5=140.09$ (m³)。

(7) J-7。

1) ③轴左，计0.5个。

开挖深度 $H=2.3+0.1-0.3=2.1$ (m)。

根据图示尺寸，$S_{下}=(1+0.3)\times(2+0.3)=2.99(m^2)$，$S_{上}=(1+0.3+0.33\times2.1)\times(2+0.3+0.33\times2.1)=5.97(m^2)$。

代入公式 $V_{基坑}=H/3(S_{上}+S_{下}+\sqrt{S_{上}S_{下}})=2.1/3\times(2.99+5.97+\sqrt{2.99\times5.97})=9.23m^3$。

2) ③轴右，计0.5个。

开挖深度 $H=3.9+0.1+2.3=6.3$ (m)。

根据图示尺寸，$S_{下}=2.99$ (m²)，$S_{上}=(1+0.3+0.33\times6.3)\times(2+0.3+0.33\times

6.3)=14.80(m^2)。

代入公式 $V_{基坑}=H/3(S_上+S_下+\sqrt{S_上 S_下})$=6.3/3×[2.99+14.80+$\sqrt{2.99×14.80}$]=51.32($m^3$)。

3) ④轴，计1个。

开挖深度开挖深度 H=3.9-1.8-0.1=2（m）。

$S_下$=(2+0.3×2)×(2+0.3)=5.98(m^2)，

$S_上$=(2+0.3×2+0.33×2×2)×(2+0.3+0.33×2)=11.60(m^2)。

代入公式 $V_{基坑}=H/3(S_上+S_下+\sqrt{S_上 S_下})$=2/3×(5.98+11.60+$\sqrt{11.60×5.98}$)=17.27($m^3$)。

故 $V_{J-7挖}$=9.23+51.32+17.27=78.82（m^3）。

(8) J-8，计2个。

开挖深度 H=3.9-0.1-3.15=0.65（m）。

根据图示尺寸，$A=B$=0.9×2+0.1×2+0.3+0.3=2.6（m）。

代入公式 $V_{基坑}=H/6[AB+(A+2KH)(B+2KH)+4(A+KH)(B+KH)]$=0.65/6×[2.6×2.6+(2.6+2×0.33×0.65)×(2.6+2×0.33×0.65)+4×(2.6+0.33×0.65)×(2.6+0.33×0.65)]=5.16(m^3)。

故 $V_{J-8挖}$=5.16×2=10.32（m^3）。

故 $V_{基坑挖}$=118.61+254.17+35.52+200.75+72.7+140.09+78.82+10.32=910.98（m^2）。

(9) JL-1。

1) 第Ⅰ部分。

①～③轴左：开挖深度 H=1+0.5-0.3=1.2（m），未达到放坡起点，故不放坡。

根据图示尺寸，S=1.2×(0.37+0.3×2)=1.16(m^2)。

E 轴：L=(7.5-1.5-0.1-0.3-1.2-0.1-0.3)×2=4(m)。

故 $V_槽$=1.16×4=4.64（m^3）。

C 轴：L=7.5×2-1.3-0.1-0.3-3.5-0.2-0.6-1.5-0.1-0.3=7.1(m)。

故 $V_槽$=1.16×7.1=8.24(m^3)。

B 轴：L=7.5×2-1.5-0.1-0.3-3.5-0.2-0.6-1-0.1-0.3=7.4(m)。

故 $V_槽$=1.16×7.4=8.58(m^3)。

①轴：L_1=2.4+3-1.2-0.1-0.3-1.3-0.1-0.3=2.1(m)，L_2=4.5-1.75-0.1-0.3-1.3-0.1-0.3=0.65(m)。

故 $V_槽$=1.16×(2.1+0.65)=3.19(m^3)。

②轴：L_1=2.4+3-1.5-0.1-0.3-1.75-0.1-0.3=1.35(m)，L_2=4.5-(1.75+0.1+0.3)×2=0.2(m)。

故 $V_槽$=1.16×(1.35+0.2)=1.80(m^3)

③轴：L_1=3-1.2-0.1-0.3-0.9-0.1-0.3=0.1(m)，L_2=4.5-1.5-0.1-0.3-1.2-0.1-0.3=1(m)。

故 $V_{槽}=1.16\times(0.1+1)/2=0.64(m^3)$。

2）第Ⅱ部分。

③轴右：开挖深度 $H=3.9+0.5+1=5.4$ （m）。

根据图示尺寸，$S=5.4/2(0.37+0.3\times 2+0.37+0.3\times 2+2\times 0.33\times 5.4)=14.86$ (m^2)，$L_1=3-1.2-0.1-0.3-0.9-0.1-0.3=0.1(m)$，$L_2=4.5-1.5-0.1-0.3-1.2-0.1-0.3=1(m)$。

故 $V_{槽}=14.86\times(0.1+1)/2=8.17(m^3)$。

3）第Ⅲ部分。

③~⑤轴：开挖深度 $H=3.9+0.5-3.1=1.3$ （m），未达到放坡起点，故不放坡。

根据图示尺寸，$S=1.3\times(0.37+0.3\times 2)=1.26(m^2)$。

E 轴：$L=6\times 2-(1+0.1+0.3)\times 3-1.2-0.1-0.3=6.2(m)$。

故 $V_{槽}=1.26\times 6.2=7.81(m^3)$。

D 轴：$L=6-(0.9+0.1+0.3)\times 2=3.4(m)$。

故 $V_{槽}=1.26\times 3.4=4.28(m^3)$。

C 轴：$L=6\times 2-(1.5+0.1+0.3)\times 3-1.2-0.1-0.3=4.7(m)$。

故 $V_{槽}=1.26\times 4.7=5.92(m^3)$。

A 轴：$L=6\times 2-(1.2+0.1+0.3)\times 3-1-0.1-0.3=6(m)$。

故 $V_{槽}=1.26\times 6=7.56(m^3)$。

④轴：$L_1=3-1-0.1-0.3-0.9-0.1-0.3=0.3(m)$，$L_2=4.5+2.1-1.5-0.1-0.3-1.2-0.1-0.3=3.1(m)$。

故 $V_{槽}=1.26\times(3.1+0.3)=4.28(m^3)$。

⑤轴：$L_1=2.4+3-1.2-0.1-0.3-1-0.1-0.3=2.4(m)$，$L_2=4.5+2.1-1-0.1-0.3-1.2-0.1-0.3=3.6(m)$。

故 $V_{槽}=1.26\times(2.4+3.6)=7.56(m^3)$。

故 $V_{JL-1挖}=4.64+8.24+8.58+3.19+1.8+0.64+8.17+7.81+4.28+5.92+7.56+4.28+7.56=72.67(m^3)$。

【例 2.10】 根据学习单元 2.1 的实例图纸计算基础回填的清单工程量。

解：地下混凝土工程量参见学习单元 2.7，其计算结果参见表 2.15。

表 2.15　　　　　　　　　　　　地下混凝土工程量

	▽−0.3 以下结构	▽3.9 以下结构
垫层	9.38	5.03
混凝土基础	46.76	22.25
剪力墙	5.25	4.11
柱	3.3	7.33
砖基础	7.93	12
基础梁	12.73	11.1

∇−0.3 以下 $V_{挖}$=118.61(J-1)+45.45×2(J-2)+20.9(J-2)+35.52(J-3)+32.16×1.5(J-4)+44.3×0.5(J-6)+9.23(J-7)+27.09(JL-1)=372.64(m^3)。

故 $V_{∇−0.3填}=V_{挖}-V_{埋}$=372.64−9.38−46.76−5.25−3.3−7.93−12.73=287.89(m^3)。

∇3.9 以下 $V_{挖}$=106.62(J-2)+35.75(J-2)+184.64×0.5(J-4)+30.09×2(J-4)+24.23×3(J-5)×235.89×0.5(J-6)+51.32(J-7)+17.27(J-7)+10.32(J-8)+45.58(JL-1)=610.00(m^3)。

故 $V_{∇3.9填}=V_{挖}-V_{埋}$=610.00−5.03−22.25−4.11−7.33−12−11.1=548.18(m^3)。

合计，$V_{总回填}=V_{∇−0.3填}+V_{∇3.9填}$=287.89+548.18=836.07（$m^3$）。

【例 2.11】 根据学习单元 2.1 实例图纸计算室内回填、余方弃置的清单工程量，并编制学习单元 2.1 实例图中土方工程的工程量清单。

解：地下室室内回填：

$$回填厚度=0+0.3-0.08-0.025-0.01=0.185(m)$$

$$S_{地下室净面积}=(15.5-0.3×2)×(9.9-0.05×2)=146.02(m^2)$$

$$V_{地下室}=146.02×0.185=27.01(m^3)$$

首层室内回填：

$$回填厚度=4.2-3.9-0.08-0.025-0.01=0.185(m)$$

$S_{首层净面积}$=(2×6+0.09+0.25)×(12+0.25×2)−(2.1+4.5−0.05−0.09+6×2+0.09−0.05+6×0.09×2+3−0.09−0.05)×0.18−[(6×2+0.09+0.1)×2+(12+0.1×2)]×0.3=154.25−27.54×0.18−36.58×0.3=138.32(m^2)

$$V_{首层}=138.32×0.185=25.59(m^3)$$

合计：

$$V_{室内回填}=V_{地下室}+V_{首层}=27.01+25.59=52.6(m^3)$$

余方弃置：

$$V_{挖}=72.67+910.98=983.65(m^3)$$
$$V_{填}=836.07+52.60=888.67(m^3)$$
$$V_{弃}=V_{挖}-V_{填}=983.65-888.67=94.98(m^3)$$

土方工程分部分项工程量清单见表 2.16。

表 2.16　　　　　　　　土方工程分部分项工程量清单

工程名称：2.1 某实例工程

序号	项目编码	项目名称	项目特征	计量单位	工程量
			0101 土石方工程		
1	010101001001	平整场地	1. 土壤类别：Ⅲ类土 2. 弃、取土运距：投标人自行考虑	m^2	343.75

续表

序号	项目编码	项目名称	项目特征	计量单位	工程量
2	010101003002	挖沟槽土方	1. 土壤类别：Ⅲ类土 2. 基础类型：带型基础 3. 挖土深度：按图示计算 3. 弃土运距：投标人自己考虑	m³	72.67
3	010101004003	挖基坑土方	1. 土壤类别：Ⅲ类土 2. 基础类型：独立柱基 3. 挖土深度：按图示计算 4. 弃土运距：投标人自己考虑	m³	910.98
4	010103001004	基础回填土	1. 填方种类：Ⅲ类土 2. 填方料来源：开挖料	m³	836.07
5	010103001005	室内回填土	1. 填方种类：Ⅲ类土 2. 填方料来源：开挖料	m³	52.6
6	010103002006	余方弃置	1. 废料品种：开挖回填余料 2. 弃料运距：根据实际情况考虑	m³	94.98

学习单元 2.4　地基处理与边坡支护工程

地基处理与边坡支护工程适用于地基、基坑与边坡的处理两节 28 个清单项目。

2.4.1　地基处理（编码 010201）

地基处理包括各项目见表 2.17。

表 2.17　　　　　地基处理（编码 010201）

项目编码	项目名称	项目特征	计量单位	工程量计算规则	工 作 内 容
010201001	换填垫层	1. 材料种类及配比 2. 压实系数 3. 掺加剂品种	m³	按设计图示尺寸以体积计算	1. 分层铺填 2. 碾压、振密或夯实 3. 材料运输
010201002	铺设土工合成材料	1. 部位 2. 品种 3. 规格	m²	按设计图示尺寸以面积计算	1. 挖填锚固沟 2. 铺设 3. 固定 4. 运输

续表

项目编码	项目名称	项目特征	计量单位	工程量计算规则	工作内容
010201003	预压地基	1. 排水竖井种类、断面尺寸、排列方式、间距、深度 2. 预压方法 3. 预压荷载、时间 4. 砂垫层厚度	m^2	按设计图示处理范围以面积计算	1. 设置排水竖井、盲沟、滤水管 2. 铺设砂垫层、密封膜 3. 堆载、卸载或抽气设备安拆、抽真空 4. 材料运输
010201004	强夯地基	1. 夯击能量 2. 夯击遍数 3. 夯击点布置形式、间距 4. 地耐力要求 5. 夯填材料种类	m^2		1. 铺设夯填材料 2. 强夯 3. 夯填材料运输
010201005	振冲密实（不填料）	1. 地层情况 2. 振密深度 3. 孔距			1. 振冲加密 2. 泥浆运输
010201006	振冲桩（填料）	1. 地层情况 2. 空桩长度、桩长 3. 桩径 4. 填充材料种类		1. 以米计量，按设计图示尺寸以桩长计算 2. 以立方米计量，按设计桩截面乘以桩长以体积计算	1. 振冲成孔、填料、振实 2. 材料运输 3. 泥浆运输
010201007	砂石桩	1. 地层情况 2. 空桩长度、桩长 3. 桩径 4. 成孔方法 5. 材料种类、级配	1. m 2. m^3	1. 以米计量，按设计图示尺寸以桩长（包括桩尖）计算 2. 以立方米计量，按设计桩截面乘以桩长（包括桩尖）以体积计算	1. 成孔 2. 填充、振实 3. 材料运输
010201008	水泥粉煤灰碎石桩	1. 地层情况 2. 空桩长度、桩长 3. 桩径 4. 成孔方法 5. 混合料强度等级		按设计图示尺寸以桩长（包括桩尖）计算	1. 成孔 2. 混合料制作、灌注、养护 3. 材料运输
010201009	深层搅拌桩	1. 地层情况 2. 空桩长度、桩长 3. 桩截面尺寸 4. 水泥强度等级、掺量	m	按设计图示尺寸以桩长计算	1. 预搅下钻、水泥浆制作、喷浆搅拌提升成桩 2. 材料运输
010201010	粉喷桩	1. 地层情况 2. 空桩长度、桩长 3. 桩径 4. 粉体种类、掺量 5. 水泥强度等级、石灰粉要求			1. 预搅下钻、喷粉搅拌提升成桩 2. 材料运输

学习单元2.4 地基处理与边坡支护工程

续表

项目编码	项目名称	项目特征	计量单位	工程量计算规则	工 作 内 容
010201011	夯实水泥土桩	1. 地层情况 2. 空桩长度、桩长 3. 桩径 4. 成孔方法 5. 水泥强度等级 6. 混合料配比	m	按设计图示尺寸以桩长（包括桩尖）计算	1. 成孔、夯底 2. 水泥土拌和、填料、夯实 3. 材料运输
010201012	高压喷射注浆桩	1. 地层情况 2. 空桩长度、桩长 3. 桩截面 4. 注浆类型、方法 5. 水泥强度等级		按设计图示尺寸以桩长计算	1. 成孔 2. 水泥浆制作、高压喷射注浆 3. 材料运输
010201013	石灰桩	1. 地层情况 2. 空桩长度、桩长 3. 桩径 4. 成孔方法 5. 掺和料种类、配合比		按设计图示尺寸以桩长（包括桩尖）计算	1. 成孔 2. 混合料制作、运输、夯填
010201014	灰土（土）挤密桩	1. 地层情况 2. 空桩长度、桩长 3. 桩径 4. 成孔方法 5. 灰土级配			1. 成孔 2. 灰土拌和、运输、填充、夯实
010201015	柱锤冲扩桩	1. 地层情况 2. 空桩长度、桩长 3. 桩径 4. 成孔方法 5. 桩体材料种类、配合比		按设计图示尺寸以桩长计算	1. 安、拔套管 2. 冲孔、填料、夯实 3. 桩体材料制作、运输
010201016	注浆地基	1. 地层情况 2. 空钻深度、注浆深度 3. 注浆间距 4. 浆液种类及配比 5. 注浆方法 6. 水泥强度等级	1. m 2. m³	1. 以米计量，按设计图示尺寸以钻孔深度计算 2. 以立方米计量，按设计图示尺寸以加固体积计算	1. 成孔 2. 注浆导管制作、安装 3. 浆液制作、压浆 4. 材料运输
010201017	褥垫层	1. 厚度 2. 材料品种及比例	1. m² 2. m³	1. 以平方米计量，按设计图示尺寸以铺设面积计算 2. 以立方米计量，按设计图示尺寸以体积计算	材料拌和、运输、铺设、压实

(1) 地层情况按表 2.4 和表 2.11 的规定，并根据岩土工程勘察报告按单位工程各地层所占比例（包括范围值）进行描述。对无法准确描述的地层情况，可注明由投标人根据岩土工程勘察报告自行决定报价。

(2) 项目特征中的桩长应包括桩尖，空桩长度＝孔深－桩长，孔深为自然地面至设计桩底的深度。

(3) 高压喷射注浆类型包括旋喷、摆喷、定喷，高压喷射注浆方法包括单管法、双重管法、三重管法。

(4) 如采用泥浆护壁成孔，工作内容包括土方、废泥浆外运，如采用沉管灌注成孔，工作内容包括桩尖制作、安装。

2.4.2 基坑与边坡支护（编码 010202）

基坑与边坡支护的各项目见表 2.18。

表 2.18　　　　　　基坑与边坡支护（编码 010202）

项目编码	项目名称	项目特征	计量单位	工程量计算规则	工作内容
010202001	地下连续墙	1. 地层情况 2. 导墙类型、截图 3. 墙体厚度 4. 成槽深度 5. 混凝土种类、强度等级 6. 接头形式	m³	按设计图示墙中心线长乘以厚度乘以槽深以体积计算	1. 导墙挖填、制作、安装、拆除 2. 挖土成槽、固壁、清底置换 3. 混凝土制作、运输、灌注、养护 4. 接头处理 5. 土方、废泥浆外运 6. 打桩场地硬化及泥浆池、泥浆沟
010202002	咬合灌注桩	1. 地层情况 2. 桩长 3. 桩径 4. 混凝土种类、强度等级 5. 部位	1. m 2. 根	1. 以米计量，按设计图示尺寸以桩长计算 2. 以根计量，按设计图示数量计算	1. 成孔、固壁 2. 混凝土制作、运输、灌注、养护 3. 套管压拔 4. 土方、废泥浆外运 5. 打桩场地硬化及泥浆池、泥浆沟
010202003	圆木桩	1. 地层情况 2. 桩长 3. 材质 4. 尾径 5. 桩倾斜度		1. 以米计量，按设计图示尺寸以桩长（包括桩尖）计算 2. 以根计量，按设计图示数量计算	1. 工作平台搭拆 2. 桩机移位 3. 桩靴安装 4. 沉桩
010202004	预制钢筋混凝土板桩	1. 地层情况 2. 送桩深度、桩长 3. 桩截面 4. 沉桩方法 5. 连接方式 6. 混凝土强度等级			1. 工作平台搭拆 2. 桩机移位 3. 沉桩 4. 板桩连接

学习单元 2.4 地基处理与边坡支护工程

续表

项目编码	项目名称	项目特征	计量单位	工程量计算规则	工作内容
010202005	型钢桩	1. 地层情况或部位 2. 通桩深度、桩长 3. 规格型号 4. 桩倾斜度 5. 防护材料种类 6. 是否拔出	1. t 2. 根	1. 以吨计量，按设计图示尺寸以质量计算 2. 以根计量，按设计图示数量计算	1. 工作平台搭拆 2. 桩机移位 3. 打（拔）桩 4. 接桩 5. 刷防护材料
010202006	钢板桩	1. 地层情况 2. 桩长 3. 板桩厚度	1. t 2. m²	1. 以吨计量，按设计图示尺寸以质量计算 2. 以平方米计量，按设计图示墙中心线长乘以桩长以面积计算	1. 工作平台搭拆 2. 桩机移位 3. 打拔钢板桩
010202007	锚杆（锚索）	1. 地层情况 2. 锚杆(索)类型、部位 3. 钻孔深度 4. 钻孔直径 5. 杆体材料品种、规格、数量 6. 预应力 7. 浆液种类、强度等级	1. m 2. 根	1. 以米计量，按设计图示尺寸以钻孔深度计算 2. 以根计量，按设计图示数量计算	1. 钻孔、浆液制作、运输、压浆 2. 锚杆（锚索）制作、安装 3. 张拉锚固 4. 锚杆（锚索）施工平台搭设、拆除
010202008	土钉	1. 地层情况 2. 钻孔深度 3. 钻孔直径 4. 置入方法 5. 杆体材料品种、规格、数量 6. 浆液种类、强度等级			1. 钻孔、浆液制作、运输、压浆 2. 土钉制作、安装 3. 土钉施工平台搭设、拆除
0102020009	喷射混凝土、水泥砂浆	1. 部位 2. 厚度 3. 材料种类 4. 混凝土（砂浆）类别、强度等级	m²	按设计图示尺寸以面积计算	1. 修整坡坡 2. 混凝土（砂浆）制作、运输、喷射、养护 3. 钻排水孔、安装排水管 4. 喷射施工平台搭设、拆除
010202010	钢筋混凝土支撑	1. 部位 2. 混凝土种类 3. 混凝土强度等级	m³	按设计图示尺寸以体积计算	1. 模板（支架或支撑）制作、安装、拆除、堆放、运输及清理模内杂物、刷隔离剂等 2. 混凝土制作、运输、浇筑、振捣、养护
010202011	钢支撑	1. 部位 2. 钢材品种、规格 3. 探伤要求	t	按设计图示尺寸以质量计算。不扣除孔眼质量，焊条、铆钉、螺栓等不另增加质量	1 支撑、铁件制作（摊销、租赁） 2. 支撑、铁件安装 3. 探伤 4. 刷漆 5. 拆除 6. 运输

91

(1)地层情况按表 2.4 土壤类别分类表和表 2.11 岩石分类表的规定,并根据岩土工程勘察报告按单位工程各地层所占比例(包括范围值)进行描述。对无法准确描述的地层情况,可注明由投标人根据岩土工程勘察报告自行决定报价。

(2)土钉置入方法包括钻孔置入、打入或摄入等。

(3)混凝土种类:指清水混凝土、彩色混凝土等,如在同一地区使用预拌(商品)混凝土,又允许现场搅拌混凝土时,也应注明(下同)。

(4)地下连续墙和喷射混凝土(砂浆)的钢筋网、咬合灌注桩的钢筋笼及钢筋混凝土支撑的钢筋制作、安装,按《房屋建筑与装饰工程工程量计算规范》(GB 50854—2013)中相关项目编码列项。砖、石挡土墙、护坡按《房屋建筑与装饰工程工程量计算规范》GB 50854—2013 砌筑工程中相关项目编码列项。混凝土挡土墙按《房屋建筑与装饰工程工程量计算规范》GB 50854—2013 混凝土工程中相关项目编码列项。

学习单元 2.5 桩 基 工 程

桩基工程包括打桩、灌注桩 2 节 11 个清单项目。

桩基工程共性问题说明:

(1)本学习单元各项目适用于工程实体,如地下连续墙适用于构成建筑物、构筑物地下结构部分的永久性的复合型地下连续墙,作为深基础支护结构,应列入清单措施费。

(2)各种桩(除混凝土预制桩)的充盈量,应包括在报价内。

(3)振动沉管、锤击沉管若使用预制钢筋混凝土桩尖时,应包括在报价内。

(4)爆扩桩扩大头的混凝土量,应包括在报价内。

(5)桩的钢筋(如灌注桩的钢筋笼、地下连续墙的钢筋网,锚杆支护、土钉支护的钢筋网及预制桩头钢筋等)应按钢筋工程编码列项。

2.5.1 打桩(编码 010301)

打桩的各项目见表 2.19。

表 2.19　　　　　　　　　　打桩(编码 010301)

项目编码	项目名称	项目特征	计量单位	工程量计算规则	工作内容
010301001	预制钢筋混凝土方桩	1. 地层情况 2. 送桩深度、桩长 3. 桩截面 4. 桩倾斜度 5. 沉桩方法 6. 接桩方式 7. 混凝土强度等级	1. m 2. m³ 3. 根	1. 以米计量,按设计图示尺寸以桩长(包括桩尖)计算 2. 以立方米计量,按设计图示截面积乘以桩长(包括桩尖)以实体积计算 3. 以根计量,按设计图示数量计算	1. 工作平台搭拆 2. 桩机竖拆、移位 3. 沉桩 4. 接桩 5. 送桩
010301002	预制钢筋混凝土管桩	1. 地层情况 2. 送桩深度、桩长 3. 桩外径、壁厚 4. 桩倾斜度 5. 沉桩方法 6. 桩尖类别 7. 混凝土强度等级 8. 填充材料种类 9. 防护材料种类			1. 工作平台搭拆 2. 桩机竖拆、移位 3. 沉桩 4. 接桩 5. 送桩 6. 桩尖制作安装 7. 填充材料、刷防护材料

续表

项目编码	项目名称	项目特征	计量单位	工程量计算规则	工作内容
010301003	钢管桩	1. 地层情况 2. 送桩深度、桩长 3. 材质 4. 管径、壁厚 5. 桩倾斜度 6. 沉桩方法 7. 填充材料种类 8. 防护材料种类	1. t 2. 根	1. 以吨计量，按设计图示尺寸以质量计算 2. 以根计量，按设计图示数量计算	1. 工作平台搭拆 2. 桩机竖拆、移位 3. 沉桩 4. 接桩 5. 送桩 6. 切割钢管、精割盖帽 7. 管内取土 8. 填充材料、刷防护材料
010301004	截（凿）桩头	1. 桩类型 2. 桩头截面、高度 3. 混凝土强度等级 4. 有无钢筋	1. m³ 2. 根	1. 以立方米计量，按设计桩截面乘以桩头长度以体积计算 2. 以根计量，按设计图示数量计算	1. 截（切割）桩头 2. 凿平 3. 废料外运

（1）地层情况按表2.4土壤类别分类表和表2.11岩石分类表的规定，并根据岩土工程勘察报告按单位工程各地层所占比例（包括范围值）进行描述。对无法准确描述的地层情况，可注明由投标人根据岩土工程勘察报告自行决定报价。

（2）项目特征中的桩截面、混凝土强度等级、桩类型等可直接用标准图代号或设计桩型进行描述。

（3）预制钢筋混凝土方桩、预制混凝土管桩项目以成品桩编制，应包括成品桩购置费，如果用现场预制，应包括现场预制桩的所有费用。

（4）打试验桩和打斜桩应按相应项目编码单独列项，并应在项目特征中注明试验桩或斜桩（斜率）。

2.5.2 灌注桩（编码010302）

灌注桩各项目见表2.20。

表2.20　　　　　　　灌注桩（编码010302）

项目编码	项目名称	项目特征	计量单位	工程量计算规则	工作内容
010302001	泥浆护壁成孔灌注桩	1. 地层情况 2. 空桩长度、桩长 3. 桩径 4. 成孔方法 5. 护筒类型、长度 6. 混凝土种类、强度等级	1. m 2. m³ 3. 根	1. 以米计量，按设计图示尺寸以桩长（包括桩尖）计算 2. 以立方米计量，按不同截面在桩上范围内以体积计算 3. 以根计量，按设计图示数量计算	1. 护筒埋设 2. 成孔、固壁 3. 混凝土制作、运输、灌注、养护 4. 土方、废泥浆外运 5. 打桩场地硬化及泥浆池、泥浆沟

续表

项目编码	项目名称	项目特征	计量单位	工程量计算规则	工作内容
010302002	沉管灌注桩	1. 地层情况 2. 空桩长度、桩长 3. 复打长度 4. 桩径 5. 沉管方法 6. 桩尖类型 7. 混凝土种类、强度等级	1. m 2. m³ 3. 根	1. 以米计量，按设计图示尺寸以桩长（包括桩尖）计算 2. 以立方米计量，按不同截面在桩上范围内以体积计算 3. 以根计量，按设计图示数量计算	1. 打（沉）拔钢管 2. 桩尖制作、安装 3. 混凝土制作、运输、灌注、养护
010302003	干作业成孔灌注桩	1. 地层情况 2. 空桩长度、桩长 3. 桩径 4. 扩孔直径、高度 5. 成孔方法 6. 混凝土种类、强度等级			1. 成孔、扩孔 2. 混凝土制作、运输、灌注、振捣、养护
010302004	挖孔桩土（石）方	1. 地层情况 2. 挖孔深度 3. 弃土（石）运距	m³	按设计图示尺寸（含护壁）截面积乘以挖孔深度以立方米计量	1. 排地表水 2. 挖土、凿石 3. 基底钎探 4. 运输
010302005	人工挖孔灌注桩	1. 桩芯长度 2. 桩芯直径、扩底直径、扩底高度 3. 护壁厚度、高度 4. 护壁混凝土种类、强度等级 5. 桩芯混凝土种类、强度等级	1. m³ 2. 根	1. 以立方米计量，按桩芯混凝土体积计算 2. 以根计量，按设计图示数量计算	1. 护壁制作 2. 混凝土制作、运输、灌注、振捣、养护
010302006	钻孔压浆桩	1. 地层情况 2. 空钻长度、桩长 3. 钻孔直径 4. 水泥强度等级	1. m 2. 根	1. 以米计量，按设计图示尺寸以桩长计算 2. 以根计量，按设计图示数量计算	钻孔、下注浆管、投放骨料、浆液制作、运输、压浆
010302007	灌注桩后压浆	1. 注浆导管材料、规格 2. 注浆导管长度 3. 单孔注浆量 4. 水泥强度等级	孔	按设计图示以注浆孔数计算	1. 注浆导管制作、安装 2. 浆液制作、运输、压浆

学习单元 2.5 桩 基 工 程

(1) 地层情况按表 2.4 土壤类别分类表和表 2.11 岩石分类表的规定,并根据岩土工程勘察报告按单位工程各地层所占比例(包括范围值)进行描述。对无法准确描述的地层情况,可注明由投标人根据岩土工程勘察报告自行决定报价。

(2) 项目特征中的桩长应包括桩尖,空桩长度=孔深-桩长,孔深为自然地面至设计桩底的深度。

(3) 项目特征中的桩截面(桩径)、混凝土强度等级、桩类型等可直接用标准图代号或设计桩型进行描述。

(4) 泥浆护壁成孔灌注桩是指在泥浆护壁条件下成孔,采用水下灌注混凝土的桩。其成孔方法包括冲击钻成孔、冲抓锥成孔、回旋钻成孔、潜水钻成孔、泥浆护壁的旋挖成孔等。

(5) 沉管灌注桩的沉管方法包括捶击沉管法、振动沉管法、振动冲击沉管法、内夯沉管法等。

(6) 干作业成孔灌注桩是指不用泥浆护壁和套管护壁的情况下,用钻机成孔后,下钢筋笼,灌注混凝土的桩,适用于地下水位以上的土层使用。其成孔方法包括螺旋钻成孔、螺旋钻成孔扩底、干作业的旋挖成孔等。

(7) 桩基础的承载力检测、桩身完整性检测等费用按国家相关取费标准单独计算,不在本清单项目中。

(8) 混凝土灌注桩的钢筋笼制作、安装,按 GB 50854—2013 钢筋工程中相关项目编码列项。

【例 2.12】 某工程采用潜水钻机钻孔水下灌注混凝土桩,泥浆护壁条件下成孔。土壤级别:Ⅱ级土,单根桩设计长度 8.5m,总根数为 156 根,桩截面直径 800mm,混凝土等级 C30,泥浆运输 5km 以内,试计算泥浆护壁成孔灌注桩工程量并编制工程量清单。

解: (1) 泥浆护壁成孔灌注桩总长=8.5m/根×156 根=1326m。

(2) 泥浆护壁成孔灌注桩工程量清单见表 2.21。

表 2.21 分部分项工程量清单

工程名称:×××

序号	项目编码	项目名称	项目特征描述	计量单位	工程数量
1	010302001001	泥浆护壁成孔灌注桩	1. 地层情况:水下施工,Ⅱ级土 2. 桩长:8.5m 3. 桩径:800mm 4. 成孔方法:泥浆护壁,潜水钻机钻孔 5. C30 混凝土	m	1326

学习单元2.6 砌 筑 工 程

砌筑工程是指用砖、石和各类砌块进行建筑物或构筑物的砌筑。主要工作内容包括基础、墙体、柱和其他零星砌体等的砌筑。

2.6.1 砖砌体（编码010401）

砖砌体所包括的14个清单项目及项目信息见表2.22。

表2.22 　　　　　　　　　砖砌体（编码010401）

项目编码	项目名称	项目特征	计量单位	工程量计算规则	工作内容
010401001	砖基础	1. 砖品种、规格、强度等级 2. 基础类型 3. 砂浆强度等级 4. 防潮层材料种类	m³	按设计图示尺寸以体积计算。 包括附墙垛基础宽出部分体积，扣除地梁（圈梁）、构造柱所占面积，不扣除基础大放脚T形接头处的重叠部分及嵌入基础内的钢筋、铁件、管道、基础砂浆防潮层和单个面积≤0.3m²的孔洞所占体积，靠墙暖气沟的挑檐不增加。 基础长度：外墙按外墙中心线，内墙按内墙净长线计算	1. 砂浆制作、运输 2. 砌砖 3. 防潮层铺设 4. 材料运输
010401002	砖砌挖孔桩护壁	1. 砖品种、规格、强度等级 2. 砂浆强度等级		按设计图示尺寸以立方米计算	1. 砂浆制作、运输 2. 砌砖 3. 材料运输
010401003	实心砖墙	1. 砖品种、规格、强度等级 2. 墙体类型 3. 砂浆强度等级、配合比		按设计图示尺寸以体积计算。 扣除门窗、洞口、嵌入墙内的钢筋混凝土柱、梁、圈梁、挑梁、过梁及凹进墙内的壁龛、管槽、暖气槽、消火栓箱所占体积，不扣除梁头、板头、檩头、垫木、木楞头、沿缘木、木砖、门窗走头、砖墙内加固钢筋、木筋、铁件、钢管及单个面积≤0.3m²的孔洞所占的体积，凸出墙面的腰线、挑檐、压顶、窗台线、虎头砖、门窗套的体积亦不增加。凸出墙面的砖垛并入墙体体积内计算。 1. 墙长度：外墙按中心线、内墙按净长计算	1. 砂浆制作、运输 2. 砌砖 3. 刮缝 4. 砖压顶砌筑 5. 材料运输

续表

项目编码	项目名称	项目特征	计量单位	工程量计算规则	工作内容
010401004	多孔砖墙	1. 砖品种、规格、强度等级 2. 墙体类型 3. 砂浆强度等级、配合比	m³	2. 墙高度 （1）外墙：斜（坡）屋面无檐口天棚者算至屋面板底；有屋架且室内外均有天棚算至屋架下弦底另加 200mm；无天棚者算至屋架下弦底另加 300mm，出檐宽度超过 600mm 时按实砌高度计算；与钢筋混凝土楼板隔层者算至板顶。平屋顶算至钢筋混凝土板底。 （2）内墙：位于屋架下弦者，算至屋架下弦底；无屋架者算至天棚底另加 100mm；有钢筋混凝土楼板隔层者算到楼板顶；有框架梁时算至梁底。 （3）女儿墙：从屋面板上表面算至女儿墙顶面（如有混凝土压顶时算至压顶下表面）。 （4）内、外山墙：按其平均高度计算。 3. 框架间墙：不分内外墙按墙体净尺寸以体积计算 4. 围墙：高度算至压顶上表面（如有混凝土压顶时算至压顶下表面），围墙柱并入围墙体积内	1. 砂浆制作、运输 2. 砌砖 3. 刮缝 4. 砖压顶砌筑 5. 材料运输
010401005	空心砖墙				
010401006	空斗墙			按设计图示尺寸以空墙外形体积计算。墙角、内外墙交接处、门窗洞口立边、窗台砖、屋檐处的实砌部分体积并入空斗墙体积内	
010401007	空花墙			按设计图示尺寸以空花部分外形体积计算，不扣除空洞部分体积	
010401008	填充墙	1. 砖品种、规格、强度等级 2. 墙体类型 3. 填充材料种类及厚度 4. 砂浆强度等级、配合比		按设计图示尺寸以填充墙外形体积计算	
010401009	实心砖柱	1. 砖品种、规格、强度等级 2. 柱类型 3. 砂浆强度等级、配合比		按设计图示尺寸以体积计算。扣除混凝土及钢筋混凝土梁垫、梁头、板头所占体积	1. 砂浆制作、运输 2. 砌砖 3. 刮缝 4. 材料运输
010401010	多孔砖柱				

续表

项目编码	项目名称	项目特征	计量单位	工程量计算规则	工作内容
010401011	砖检查井	1. 井截面、深度 2. 砖品种、规格、强度等级 3. 垫层材料种类、厚度 4. 底板厚度 5. 井盖安装 6. 混凝土强度等级 7. 砂浆强度等级 8. 防潮层材料种类	座	按设计图示数量计算	1. 砂浆制作、运输 2. 铺设垫层 3. 底板混凝土制作、运输、浇筑、振捣、养护 4. 砌砖 5. 刮缝 6. 井池底、壁抹灰 7. 抹防潮层 8. 材料运输
010401012	零星砌砖	1. 零星砌砖名称、部位 2. 砖品种、规格、强度等级 3. 砂浆强度等级、配合比	1. m³ 2. m² 3. m 4. 个	1. 以立方米计量，按设计图示尺寸截面积乘以长度计算 2. 以平方米计量，按设计图示尺寸水平投影面积计算 3. 以米计量，按设计图示尺寸长度计算 4. 以个计量，按设计图示数量计算	1. 砂浆制作、运输 2. 砌砖 3. 刮缝 4. 材料运输
010401013	砖散水、地坪	1. 砖品种、规格、强度等级 2. 垫层材料种类、厚度 3. 散水、地坪厚度 4. 面层种类、厚度 5. 砂浆强度等级	m²	按设计图示尺寸以面积计算	1. 土方挖、运、填 2. 地基找平、夯实 3. 铺设垫层 4. 砌砖散水、地坪 5. 抹砂浆面层
010401014	砖地沟、明沟	1. 砖品种、规格、强度等级 2. 沟截面尺寸 3. 垫层材料种类、厚度 4. 混凝土强度等级 5. 砂浆强度等级	m	以米计量，按设计图示以中心线长度计算	1. 土方挖、运、填 2. 铺设垫层 3. 底板混凝土制作、运输、浇筑、振捣、养护 4. 砌砖 5. 刮缝、抹灰 6. 材料运输

2.6.1.1 砖基础（编码 010401001）

（1）基础与墙身的划分见表2.23。

表2.23　　　　　　　　　　　基础与墙身划分

砖	基础与墙身	基础与墙身使用同一种材料	以设计室内地坪为界（有地下室的以地下室室内设计地坪为界），以下为基础，以上为墙身
		基础与墙身使用不同材料	材料分界线位于设计室内地坪±300mm 以内时，以不同材料为界；超过±300mm 时，以设计室内地坪为界，以下为基础，以上为墙身
	基础与围墙		以设计室外地坪为界，以下为基础，以上为墙身

学习单元 2.6 砌筑工程

续表

石	基础与勒脚	以设计室外地坪为界,以下为基础,以上为勒脚
	勒脚与墙身	以设计室内地坪为界,以下为勒脚,以上为墙身
	基础与围墙	围墙内外地坪标高不同时,应以较低地坪标高为界,以下为基础;围墙内外标高之差为挡土墙时,挡土墙以上为墙身

砖基础项目适用于各种类型砖基础,如柱基础、墙基础、管道基础等。

(2) 工程量计算。按设计图示尺寸以体积计算,计量单位为 m^3。即

$$V = 基础长度 \times 基础断面面积 + 应增加体积 - 应扣除体积$$

式中,基础长度外墙按中心线长计算,内墙按内墙净长线长计算。其断面面积计算方法见下式:

$$砖基础断面积 = 基础墙墙厚 \times 基础高度 + 大放脚增加的断面积$$

或

$$砖基础断面积 = 基础墙墙厚 \times (基础高度 + 折加高度)$$

$$折加高度 = \frac{大放脚增加的断面积}{基础墙墙厚}$$

(3) 大放脚增加的断面积及折加高度。

如图 2.50 所示,大放脚的形式有等高式和不等高式两种。大放脚增加断面积和折加高度可根据不同基础墙厚、不同台数直接查表确定,见表 2.24 和表 2.25。

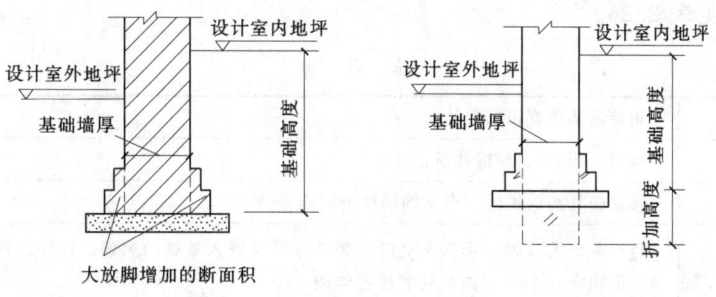

(a) 等高式大放脚   (b) 折加高度示意图

图 2.50 砖基础及折加高度示意图

表 2.24   **等高式砖墙基大放脚折加高度表**

放脚步数	折加高度/m							增加断面/m^2
	0.5 砖	0.75 砖	1 砖	1.5 砖	2 砖	2.5 砖	3 砖	
一	0.137	0.088	0.066	0.043	0.032	0.026	0.021	0.0158
二	0.411	0.263	0.197	0.129	0.096	0.077	0.064	0.0473
三	0.822	0.525	0.394	0.259	0.193	0.154	0.128	0.0945
四	1.369	0.875	0.656	0.432	0.321	0.256	0.213	0.1575
五	2.054	1.313	0.984	0.647	0.482	0.384	0.319	0.2363
六	2.876	1.838	1.378	0.906	0.675	0.538	0.447	0.3308

注 本表按标准砖双面放脚每步等高126mm砌出宽度62.5mm计算;本表折加高度以双面放脚为准(如单面放脚应乘以系数0.50)。

表 2.25　　间隔式砖墙基（标准砖）大放脚折加高度表

放脚步数		折加高度/m							增加断面/m²
		0.5 砖	0.75 砖	1 砖	1.5 砖	2 砖	2.5 砖	3 砖	
最上一步厚度为 126mm	一	0.137	0.088	0.066	0.043	0.032	0.026	0.021	0.0158
	二	0.274	0.175	0.131	0.086	0.064	0.051	0.043	0.0315
	三	0.685	0.438	0.328	0.216	0.161	0.128	0.106	0.0788
	四	0.959	0.613	0.459	0.302	0.225	0.179	0.149	0.1103
	五	1.643	1.050	0.788	0.518	0.386	0.307	0.255	0.1890
	六	2.055	1.312	0.984	0.647	0.482	0.384	0.319	0.2363
	七	3.013	1.925	1.444	0.949	0.707	0.563	0.468	0.3465
最上一步厚度为 62.5mm	一	0.069	0.044	0.033	0.022	0.016	0.013	0.011	0.0079
	二	0.343	0.219	0.164	0.108	0.080	0.064	0.053	0.0394
	三	0.548	0.350	0.263	0.173	0.129	0.102	0.085	0.0630
	四	1.096	0.700	0.525	0.345	0.257	0.205	0.170	0.1260
	五	1.438	0.919	0.689	0.453	0.338	0.269	0.224	0.1654
	六	2.260	1.444	1.083	0.712	0.530	0.423	0.351	0.2599

（4）砖基础应增加、扣除和不增加、不扣除的体积。砖基础应增加、扣除和不增加、不扣除的体积见表 2.26。

表 2.26　　　　　　　　　　砖　砌　体

增加的体积	附墙垛基础宽出部分体积
扣除的体积	地梁（圈梁）、构造柱所占体积
不增加的体积	靠墙暖气沟的挑砖、石基础洞口上的砖平碹
不扣除的体积	砖石基础大放脚T形接头处的重叠部分以及嵌入基础的钢筋、铁件、管子、基础防潮层、单个面积在 0.3m² 以内的孔洞所占体积

2.6.1.2　实心砖墙（编码 010401003）

实心砖墙项目适用于各种类型的实心砖墙，包括外墙、内墙、围墙、弧形墙等。

注意：

（1）当实心砖墙类型不同时，其报价就不同，因而清单编制人在描述项目特征时必须详细，以便投标人准确报价。

（2）工程量计算。按设计图示尺寸以体积计算，计量单位为 m^3。即

$$V = 墙长 \times 墙厚 \times 墙高 - 应扣除的体积 + 应增加的体积$$

式中，墙长外墙按外墙中心线长、内墙按内墙净长线长、女儿墙按女儿墙中心线长计算。

1）墙厚按表 2.27 计算。

应注意的是 1/2 砖墙、1.5 砖墙，施工图纸上一般都标注为 120mm 和 370mm，但在计算砖墙工程量时，墙体的厚度不能按 120mm 和 370mm 计算，而应按 115mm、365mm

计算。

表 2.27　　　　　　　　　　标准砖墙体厚度计算表

砖数	1/4 砖	1/2 砖	3/4 砖	1 砖	1.5 砖	2 砖	2.5 砖	3 砖
计算厚度/mm	53	115	180	240	365	490	615	740

注　标准砖规格 240mm×115mm×53mm，灰缝宽度 10mm。

2）实心砖墙应扣除、不扣除和应增加、不增加的体积按表 2.28 规定执行。

表 2.28　　　　　　　　　　墙体体积计算中的加扣规定

增加体积	凸出墙面的砖垛及附墙烟囱、通风道、垃圾道应按设计图示尺寸以体积（扣除孔洞所占体积）计算，并入所附的墙体体积内
扣除体积	门窗口、过人洞、空圈、嵌入墙内的钢筋混凝土柱、梁、圈梁、挑梁、过梁及凹进墙内的壁龛、管槽、暖气槽、消火栓箱所占的体积
不增加体积	凸出墙面的腰线、挑檐、压顶、窗台线、虎头砖、门窗套的体积
不扣除体积	梁头、板头、檩头、垫木、木楞头、檐缘木、木砖、门窗走头、砖墙内加固钢筋、木筋、铁件、钢管及单个面积 $0.3m^2$ 以内的孔洞所占体积

注　1. 附墙烟囱、通风道、垃圾道的孔洞内，当设计规定需抹灰时，应单独按装饰工程清单项目编码列项。
　　2. 不论三皮砖以上或以下的腰线、挑檐，其体积都不计算。压顶突出墙面的部分不计算体积，凹进墙面的部分也不扣除。
　　3. 砌体内加筋的制作、安装，应按混凝土及钢筋混凝土工程中相关项目编码列项。
　　4. 墙内砖过梁体积不扣除，其费用包含在墙体报价中。

2.6.1.3　空斗墙（编码 010401006）

空斗墙项目适用于各种砌法（如一斗一眠、无眠空斗等）的空斗墙。

注意：窗间墙、窗台下、楼板下、梁头下等实砌部分，按零星砌砖项目编码列项。

2.6.1.4　空花墙（编码 010401007）

空花墙项目适用于各种类型的砖砌空花墙。

注意：使用混凝土花格砌筑的空花墙，应分实砌墙体和混凝土花格计算工程量，混凝土花格按混凝土及钢筋混凝土预制构件相关项目编码列项。

2.6.1.5　填充墙（编码 010401008）

填充墙项目适用于以砖砌筑，墙体中形成空腔，填充轻质材料的墙体。

2.6.1.6　实心砖柱（编码 010401009）

实心砖柱项目适用于以砖砌筑的实心柱体。

2.6.1.7　零星砌砖（编码 010401012）

零星砌砖项目适用于砖砌的台阶、台阶挡墙、梯带、锅台、炉灶、蹲台、花台、花池、屋面隔热板下的砖墩、$0.3m^2$ 以内空洞填塞。

注意：

（1）台阶按水平投影面积计算（不包括梯带或台阶挡墙），计量单位为 m^2。如图 2.51 所示（台阶最上一踏步应按其外边缘另加 300mm 计算）。

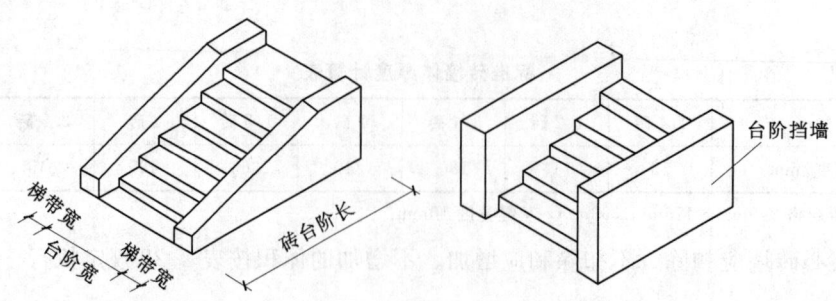

图 2.51 台阶示意图

（2）小型池槽、锅台、炉灶，按数量计算，计量单位"个"，并以"长×宽×高"的顺序标明其外形尺寸。

（3）小便槽、地垄墙，按长度计算，计量单位为 m。

（4）其他零星项目（如梯带、台阶挡墙），按图示尺寸以体积计算，计量单位为 m^3。

2.6.1.8 砖散水、地坪（编码 010401013）

此部分内容略。

2.6.1.9 砖地沟、明沟（编码 010401014）

注意：砖地沟、明沟（暗沟）的区别是砖明沟（暗沟）是指位于散水外的排屋面水落管排出的水的明沟（暗沟），而砖地沟是指场地内的排水沟（未与房屋散水相邻）。

2.6.2 砌块砌体（编码 010402）

砌块砌体项目包括砌块墙、砌块柱二个清单项目，见表 2.29。

表 2.29　　　　　　砌块砌体（编码 010402）

项目编码	项目名称	项目特征	计量单位	工程量计算规则	工作内容
010402001	砌块墙	1. 砌块品种、规格、强度等级 2. 墙体类型 3. 砂浆强度等级	m^3	按设计图示尺寸以体积计算。 扣除门窗、洞口、嵌入墙内的钢筋混凝土柱、梁、圈梁、挑梁、过梁及凹进墙内的壁龛、管槽、暖气槽、消火栓箱所占体积，不扣除梁头、板头、檩头、垫木、木楞头、沿缘木、木砖、门窗走头、砌块墙内加固钢筋、木筋、铁件、钢管及单个面积≤$0.3m^2$ 的孔洞所占的体积。凸出墙面的腰线、挑檐、压顶、窗台线、虎头砖、门窗套的体积亦不增加。凸出墙面的砖垛并入墙体体积内计算。 1. 墙长度，外墙按中心线，内墙按净长计算。 2. 墙高度 （1）外墙：斜（坡）层面无檐口天棚者算至屋面板底；有屋架且室内外均有天棚者算至屋架下弦底另加 200mm；无天棚者算至屋架下弦底另加 300mm，出檐宽度超过 600mm 时按实砌高度计算；与钢筋混凝土楼板隔层者算到板顶；平屋面算至钢筋混凝土板底。	1. 砂浆制作、运输 2. 砌砖、砌块 3. 勾缝 4. 材料运输

续表

项目编码	项目名称	项目特征	计量单位	工程量计算规则	工作内容
010402001	砌块墙	1. 砌块品种、规格、强度等级 2. 墙体类型 3. 砂浆强度等级	m³	(2) 内墙：位于屋架下弦者，算至屋架下弦底；无屋架者算至天棚底另加100mm；有钢筋混凝土楼板隔屋者算至楼板顶；有框架梁时算到梁底。 (3) 女儿墙：从屋面板上表面算至女儿墙顶面（如有混凝土压顶时算至压顶下表面）。 (4) 内、外山墙：按其平均高度计算。 3. 框架间墙：不分内外墙按墙体净尺寸以体积计算 4. 围墙：高度算至压顶上表面（如有混凝土压顶时算至压顶下表面），围墙柱并入围墙体积内	1. 砂浆制作、运输 2. 砌砖、砌块 3. 勾缝 4. 材料运输
010402002	砌块柱			按设计图示尺寸以体积计算 扣除混凝土及钢筋混凝土梁垫、梁头、板头所占体积	

注 1. 砌体内加筋、墙体拉结的制作、安装，应按学习单元2.7中相关项目编码列项。
　　 2. 砌块排列应上、下错缝搭砌，如果搭错缝长度满足不了规定的压搭要求，应采用压砌钢筋网片的措施，具体构造要求按设计规定。若设计无规定时，应注明由投标人根据工程实际情况自行考虑；钢筋网片按学习单元2.8中相应编码列项。
　　 3. 砌体垂直灰缝宽>30mm时，采用C20细石混凝土灌实。灌注的混凝土应按学习单元2.7相关项目编码列项。

2.6.2.1　砌块墙（编码010402001）

砌块墙项目适用于各种规格的空心砖和砌块砌筑的各种类型的墙体，如水泥煤渣砌块墙、混凝土空心砌块墙、烧结多孔砖墙、烧结空心砖墙、硅酸盐砌块墙、加气混凝土砌块墙。

砌块墙工程量按设计图示尺寸以体积计算，墙体体积计算中的加扣规定与实心砖墙体积计算规定相同。

2.6.2.2　砌块柱（编码010402002）

砌块柱项目适用于各种规格的空心砖和砌块砌筑的各种类型的柱体。工程量按设计图示尺寸以体积计算。扣除混凝土及钢筋混凝土梁垫、梁头、板头所占体积。

【例2.13】 某传达室，如图2.52所示，砖墙体用M2.5混合砂浆砌筑，M-1为1000mm×2400mm，M-2为900mm×2400mm，C1为1500mm×1500mm，门窗上部均设过梁，断面为240mm×180mm，长度按门窗洞口宽度每边增加250mm；外墙均设圈梁（内墙不设），断面为240mm×240mm，计算墙体工程量。

解： 外墙高度=0.90+1.50+0.18+0.38=2.96(m)。
　　外墙中心线=6.00+3.60+6.00+3.60+8.00=27.20(m)。

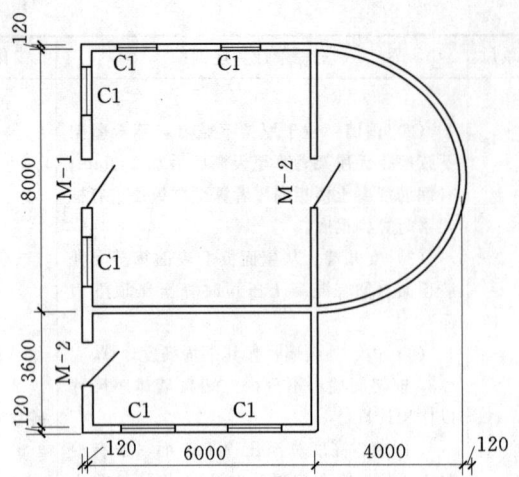
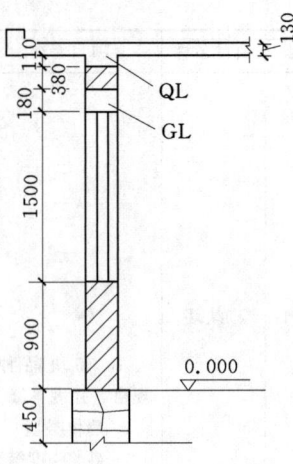

图 2.52 某传达室示意图

外墙门窗洞口所占面积 = $1.50 \times 1.50 \times 6 - 1.00 \times 2.40 - 0.90 \times 2.4 = 18.06(m^2)$。

外墙过梁体积 = $0.24 \times 0.18 \times 2.00 \times 6 + 0.24 \times 0.18 \times 1.50 + 0.24 \times 0.18 \times 1.4 = 0.62(m^3)$。

外墙工程量 = $(27.2 \times 2.96 - 18.06) \times 0.24 - 0.62 = 14.37(m^3)$。

半圆弧外墙长度 = $3.14 \times 4.00 = 12.56(m)$。

半圆弧外墙工程量 = $12.56 \times 2.96 \times 0.24 = 8.92(m^3)$。

内墙高度 = $0.9 + 1.5 + 0.18 + 0.38 + 0.11 + 0.13 = 3.2(m)$。

内墙净长线 = $6.0 - 0.24 + 8.0 - 0.24 = 13.52(m)$。

内墙门窗洞口 = $0.9 \times 2.4 = 2.16(m^2)$。

内墙过梁体积 = $0.24 \times 0.18 \times 1.40 = 0.06(m^3)$。

内墙工程量 = $(13.52 \times 3.2 - 2.16) \times 0.24 - 0.06 = 9.80(m^3)$。

墙体工程量合计 = $14.37 + 8.92 + 9.80 = 33.09(m^3)$。

墙体工程量清单见表 2.30。

表 2.30 分部分项工程量清单

项目编码	项目名称	项目特征描述	计量	工程量
010401003001	实心砖墙	1. 砖品种：实心砖墙 2. 墙体类型：外墙、内墙 3. 砂浆强度等级、配合比 M2.5 混合砂浆	m^3	33.09

2.6.3 石砌体（编码 010403）

石砌体项目包括石基础、石勒脚、石墙、石挡土墙、石柱、石栏杆、石护坡、石台阶、石坡道、石地沟、石明沟 10 个清单项目，项目信息见表 2.31。

表 2.31　　　　　　　　　　　石砌体（编码 010403）

项目编码	项目名称	项目特征	计量单位	工程量计算规则	工作内容
010403001	石基础	1. 石料种类、规格 2. 基础类型 3. 砂浆强度等级	m³	按设计图示尺寸以体积计算。包括附墙垛基础宽出部分体积，不扣除基础砂浆防潮层及单个面积≤0.3m²的孔洞所占体积，靠墙暖气沟的挑檐不增加体积，基础长度：外墙按中心线，内墙按净长计算	1. 砂浆制作、运输 2. 吊装 3. 砌石 4. 防潮层铺设 5. 材料运输
010403002	石勒脚	1. 石料种类、规格 2. 石表面加工要求 3. 勾缝要求 4. 砂浆强度等级、配合比	m³	按设计图示尺寸以体积计算，扣除单个面积>0.3m²的孔洞所占的体积	1. 砂浆制作、运输 2. 吊装 3. 砌石 4. 石表面加工 5. 勾缝 6. 材料运输
010403003	石墙		m³	按设计图示尺寸以体积计算。扣除门窗、洞口、嵌入墙内的钢筋混凝土柱、梁、圈梁、挑梁、过梁及凹进墙内的壁龛、管槽、暖气槽、消火栓箱所占体积，不扣除梁头、板头、檩头、垫木、木楞头、沿缘木、木砖、门窗走头、石墙内加固钢筋、木筋、铁件、钢管及单个面积≤0.3m²的孔洞所占的体积，凸出墙面的腰线、挑檐、压顶、窗台线、虎头砖、门窗套的体积亦不增加。凸出墙面的砖垛并入墙体体积内计算。 1. 墙长度：外墙按中心线、内墙按净长计算 2. 墙高度 （1）外墙：斜（坡）屋面无檐口天棚者算至屋面板底；有屋架且室内外均有天棚者算至屋架下弦底另加200mm；无天棚者算至屋架下弦底另加300mm；出檐宽度超过600mm时按实砌高度计算；有钢筋混凝土楼板隔层者算至板顶；平屋顶算至钢筋混凝土板底。 （2）内墙：位于屋架下弦者，算至屋架下弦底；无屋架者算至天棚底另加100mm；有钢筋混凝土楼板隔层者算至楼板顶；有框架梁时算至梁底。 （3）女儿墙：从屋面板上表面算至女儿墙顶面（如有混凝土压顶时算至压顶下表面）。 （4）内、外山墙：按其平均高度计算。 3. 围墙：高度算至压顶上表面（如有混凝土压顶时算至压顶下表面），围墙柱并入围墙体积内	

续表

项目编码	项目名称	项目特征	计量单位	工程量计算规则	工作内容
010403004	石挡土墙	1. 石料种类、规格 2. 石表面加工要求 3. 勾缝要求 4. 砂浆强度等级、配合比	m³	按设计图示尺寸以体积计算	1. 砂浆制作、运输 2. 吊装 3. 砌石 4. 变形缝、泄水孔、压顶抹灰 5. 滤水层 6. 勾缝 7. 材料运输
010403005	石柱				1. 砂浆制作、运输 2. 吊装 3. 砌石 4. 石表面加工 5. 勾缝 6. 材料运输
010403006	石栏杆		m	按设计图示以长度计算	
010403007	石护坡	1. 垫层材料种类、厚度 2. 石料种类、规格 3. 护坡厚度、高度 4. 石表面加工要求 5. 勾缝要求 6. 砂浆强度等级、配合比	m³	按设计图示尺寸以体积计算	1. 铺设垫层 2. 石料加工 3. 砂浆制作、运输 4. 砌石 5. 石表面加工 6. 勾缝 7. 材料运输
010403008	石台阶				
01040009	石坡道		m²	按设计图示以水平投影面积计算	
010403010	石地沟、明沟	1. 沟截面尺寸 3. 土壤类别、运距 4. 垫层材料种类、厚度 5. 石料种类、规格 6. 石表面加工要求 7. 勾缝要求 8. 砂浆强度等级、配合比	m	按设计图示以中心线长度计算	1. 土方挖、运 2. 砂浆制作、运输 3. 铺设垫层 4. 砌石 5. 石表面加工 6. 勾缝 7. 回填 8. 材料运输

2.6.3.1 石基础（编码 010403001）

石基础项目适用于各种规格（条石、块石等）、各种材质（砂石、青石等）和各种类型（柱基、墙基、直形、弧形等）的基础。

2.6.3.2 石勒脚（编码 010403002）

石勒脚项目适用于各种规格（粗料石、细料石等）、各种材质（砂石、青石等）和各种类型（直形、弧形等）的勒脚。

2.6.3.3 石墙（编码 010403003）

石墙项目适用于各种规格、各种材质（砂石、青石等）和各种类型的墙体。

2.6.3.4 石挡土墙（编码 010403004）

石挡土墙项目适用于各种规格（粗料石、细料石、块石、毛石、卵石等）、各种材质

(砂石、青石等)和各种类型(直形、弧形、台阶形等)的挡土墙。

注：石梯膀应按石挡土墙项目编码列项。

2.6.3.5 石柱（编码 010403005）

石柱项目适用于各种规格、各种材质（砂石、青石等）和各种类型的柱子。

2.6.3.6 石栏杆（编码 010403006）

石栏杆项目适用于各种规格、各种材质（砂石、青石等）和各种类型的栏杆。

2.6.3.7 石护坡（编码 010403007）

石护坡项目适用于各种规格、各种材质（砂石、青石等）和各种类型的护坡。

2.6.3.8 石台阶（编码 010403008）

石台阶项目适用于各种规格、各种材质（砂石、青石等）和各种类型的台阶。

注：石梯带工程量应计算在石台阶工程量内。

2.6.3.9 石坡道（编码 010403009）

石坡道项目适用于各种规格、各种材质（砂石、青石等）和各种类型的坡道。

2.6.3.10 石地沟、石明沟（编码 010403010）

石地沟、石明沟项目适用于各种规格、各种材质和各种类型的地沟、明沟。

2.6.4 垫层（编码 010404）

垫层所包括的清单项目及项目信息见表 2.32。

表 2.32　　　　　　　　　　垫层（编码 010404）

项目编码	项目名称	项目特征	计量单位	工程量计算规则	工作内容
010404001	垫层	垫层材料种类、配合比、厚度	m³	按设计图示尺寸以立方米计算	1. 垫层材料的拌制 2. 垫层铺设 3. 材料运输

注　除混凝土垫层应按 GB 50854—2013 附录 E 中相关项目编码列项外，没有包括垫层要求的清单项目应按本表垫层项目编码列项。

【例 2.14】 根据学习单元 2.1 某学院综合楼实例图纸，计算建筑砌体砖基础和一层墙工程量。

解：（1）计算地下砌筑工程。

砌体砖基础：

地下室：墙厚 250。

$$H = -0.3 - (-1) = 0.7(\text{m})$$
$$V = 0.25 \times 0.7 \times [(5.4-0.5-0.5)+(5.4-0.5)+(7.5-0.5) \times 2 \times 2 + (4.5-0.5) \times 2] = 7.9275(\text{m}^3)$$

一层：墙厚 250。

$$H = 3.9 - 3.1 = 0.8(\text{m})$$
$$V = 0.25 \times 0.8 \times [(6-0.5) \times 7 + (4.5+2.1-0.5) \times 2 + (5.4-0.5) + (5.4-1)]$$
$$= 12(\text{m}^3)$$

合计：$V = 7.93 + 12 = 19.93$（m³）。

(2) 台阶。

$$S_1 = \frac{\pi R^2}{2} = \frac{3.14 \times 4.9 \times 4.9}{2} = 37.70 (\text{m}^2)$$

$$S_2 = 1.2 \times 3.6 = 4.32 (\text{m}^2)$$

$$S_3 = 1.2 \times 2.3 = 2.76 (\text{m}^2)$$

$$S_总 = 37.70 + 4.32 + 2.76 = 44.78 (\text{m}^2)$$

(3) 一层砌体墙。

外墙 300：

A 轴长：$L = 7.5 \times 2 + 6 \times 2 - 0.5 \times 2.5 + 0.1 = 25.85$ (m)。

1、E、5 轴长：

$$L = 5.4 + 4.5 + 2.1 - 3.5 \times 0.5 + 0.1 + 7.5 \times 2 + 6 \times 2 - 5 \times 0.5 +$$
$$5.4 + 4.5 + 2.1 - 0.5 \times 2$$
$$= 45.85 (\text{m})$$

$$V_1 = 25.85 \times (4.2 - 0.6) \times 0.3 = 27.92 (\text{m}^3)$$

$$V_2 = 45.85 \times (4.2 - 0.65) \times 0.3 = 48.83 (\text{m}^3)$$

外墙合计：$V = 27.92 + 48.83 = 76.75$（m³）

内墙 180：

梁高 650：$L = 6 \times 2 + 3 - 0.5 \times 3 = 13.5$（m）

梁高 600：$L = 6 - 0.5 = 5.5$（m）

梁高 450：$L = 4.5 + 2.1 - 0.5 \times 2 = 5.6$（m）

无梁：$L = 2.1 + 1.05 + 3 - 0.05 - 0.25 = 5.85$（m）

$$V_1 = 13.5 \times (4.2 - 0.65) \times 0.18 = 8.63 (\text{m}^3)$$

$$V_2 = 5.5 \times (4.2 - 0.6) \times 0.18 = 3.56 (\text{m}^3)$$

$$V_3 = 5.6 \times (4.2 - 0.45) \times 0.18 = 3.78 (\text{m}^3)$$

$$V_4 = 5.85 \times (4.2 - 0.15) \times 0.18 = 4.26 (\text{m}^3)$$

内墙 120：

$$L = 6 - 0.3 + 3 - 0.11 = 8.59 (\text{m})$$

$$V = 8.59 \times (4.2 - 0.15) \times 0.12 = 4.17 (\text{m}^3)$$

内墙合计：$V = 8.63 + 3.56 + 3.78 + 4.26 + 4.17 = 24.4 \text{m}^3$。

扣除门窗洞口体积：　　　　　　　　对应过梁：

SC1524：$1.5 \times 2.4 \times 0.3 \times 7 = 7.56 (\text{m}^3)$　　$(1.5 + 0.5) \times 0.3 \times 0.18 \times 7 = 0.76 (\text{m}^3)$

SC1224：$1.2 \times 2.4 \times 0.3 \times 4 = 3.46 (\text{m}^3)$　　$(1.2 + 0.5) \times 0.3 \times 0.18 \times 4 = 0.43 (\text{m}^3)$

SC0924：$0.9 \times 2.4 \times 0.3 \times 1 = 0.64 (\text{m}^3)$　　$(0.9 + 0.25) \times 0.3 \times 0.18 = 0.06 (\text{m}^3)$

SC2124：$2.1 \times 2.4 \times 0.3 \times 4 = 6.05 (\text{m}^3)$　　$(2.1 + 0.5) \times 0.3 \times 0.18 \times 4 = 0.56 (\text{m}^3)$

SC1824：$1.8 \times 2.4 \times 0.3 \times 1 = 1.29 (\text{m}^3)$　　$(1.8 + 0.5) \times 0.3 \times 0.18 = 0.12 (\text{m}^3)$

TC1：$1.8 \times 2 \times 0.3 \times 2 = 2.16 (\text{m}^3)$　　$(1.8 + 0.5) \times 0.3 \times 0.18 \times 2 = 0.25 (\text{m}^3)$

SM-1：$1.8 \times 2.4 \times 0.18 \times 2 = 1.55 (\text{m}^3)$　　$(1.8 + 0.5) \times 0.3 \times 0.18 \times 2 = 0.25 (\text{m}^3)$

SM-2：$3.3 \times 2.4 \times 0.3 = 2.38 (\text{m}^3)$　　$(2.4 + 0.25) \times 0.3 \times 0.18 = 0.14 (\text{m}^3)$

M3－0920：$0.9×2×0.12=0.21(m^3)$ $(0.9+0.5)×0.12×0.18×2=0.06(m^3)$
SM5－1524：$1.5×2.4×0.18=0.65(m^3)$ $(1.5+0.25)×0.18×0.18=0.06(m^3)$
合计：$V_{门窗洞口}=25.95m^3$ $V_{过梁}=2.69(m^3)$
$V_{一层墙}=76.75+24.4-25.95-2.69=72.51(m^3)$

建筑砌体砖基础、一层填充墙、零星砌砖的工程量清单见表2.33。

表2.33 分部分项工程量清单

项目编码	项目名称	项目特征描述	计量单位	工程量
010401001001	砖基础	1. 砖品种、规格、强度等级 红砖 2. 基础类型：条形基础 3. 砂浆强度等级：M5。 4. 防潮层材料种类 20mm 厚 1：2 防水砂浆防潮层	m³	19.93
010401008029	一层填充墙	1. 砖品种：石渣空心砖墙 2. 墙体类型：外墙、内墙 3. 砂浆强度等级、配合比 M5 混合砂浆	m³	72.51
010401012001	零星砌砖	1. 零星砌砖名称、部位：台阶 2. 砖品种、规格、强度等级：Mu7.5 标准砖 3. 砂浆强度等级：M5 4. 垫层：80厚1：3：6石灰、粗沙、碎石	m²	44.78

学习单元2.7 混凝土工程

在现代建筑工程中，建筑物的基础、主体骨架、结构构件、楼地面工程往往采用混凝土作材料。根据施工方法不同，混凝土工程的工作内容一般包括模板工程，混凝土构件制作、安装和运输工程两大部分。

1. 计量单位
(1) 扶手、压顶、电缆沟、地沟：m。
(2) 现浇楼梯、散水、坡道：m²。
(3) 其余构件：m³。

2. 共通性计算规则
凡按体积以"m³"计算各类混凝土及钢筋混凝土构件项目，有如下计算规则：
(1) 均不扣除构件内钢筋、预埋铁件所占体积。
(2) 现浇墙及板类构件、散水、坡道，不扣除单个面积在 $0.3m^2$ 以内的孔洞所占体积。
(3) 预制板类构件，不扣除单个尺寸在 300mm×300mm 以内的孔洞所占体积。
(4) 承台基础，不扣除伸入承台基础的桩头所占体积。

2.7.1 现浇混凝土基础（编码010501）

现浇混凝土基础项目包括垫层（编码010501001）、带形基础（编码010501002）、独立基础（编码 010501003）、满堂基础（编码 010501004）、桩承台基础（编码 010501005）、设备基础（编码 010501006）6 个清单项目，见表 2.34。

表 2.34　　　　　　　　　　现浇混凝土基础（编码 010501）

项目编码	项目名称	项目特征	计量单位	工程量计算规则	工 作 内 容
010501001	垫层	1. 混凝土种类 2. 混凝土强度等级	m³	按设计图示尺寸以体积计算。不扣除伸入承台基础的桩头所占体积	1. 模板及支撑制作、安装、拆除、堆放、运输及清理模内杂物、刷隔离剂等 2. 混凝土制作、运输、浇筑、振捣、养护
010501002	带形基础				
010501003	独立基础				
010501004	满堂基础				
010501005	桩承台基础				
010501006	设备基础	1. 混凝土种类 2. 混凝土强度等级 3. 灌浆材料及其强度等级			

注　1. 有肋带形基础、无肋带形基础应按本表中相关项目列项，并注明肋高。
　　2. 箱式满堂基础中柱、梁、墙、板按表 2.36、表 2.39、表 2.41、表 2.43 相关项目分别编码列项；箱式满堂基础底板按本表的满堂基础项目列项。
　　3. 框架式设备基础中柱、梁、墙、板分别按表 2.36、表 2.39、表 2.41、表 2.43 相关项目编码列项；基础部分按本表相关项目编码列项。
　　4. 如为毛石混凝土基础，项目特征应描述毛石所占比例。

1. 工程量计算

（1）带形基础。带形基础按其形式不同分为有肋式和无肋式带形基础两种。其工程量计算式为

$$V = 基础断面积 \times 基础长度$$

式中，基础长度的取值为外墙基础按外墙中心线长度计算，内墙基础按基础间净长线计算，如图 2.53 所示。

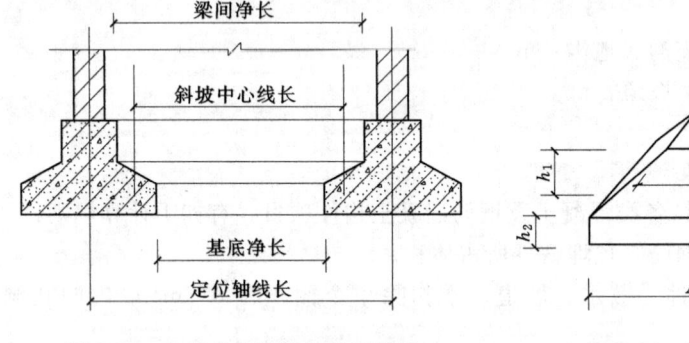

图 2.53　内墙基础计算长度示意图　　　图 2.54　独立基础示意图

（2）独立基础。独立基础形式如图 2.54 所示，其计算式为

$$V = \frac{h_1}{6}[AB + ab + (A+a)(B+b)] + ABh_2$$

(3) 满堂基础。满堂基础按其形式不同可分为无梁式和有梁式两种，如图 2.55 所示。其工程量计算式为：

$$无梁式满堂基础工程量＝基础底板体积＋柱墩体积$$

式中，柱墩体积的计算与角锥形独立基础的体积计算方法相同。

$$有梁式满堂基础工程量＝基础底板体积＋梁体积$$

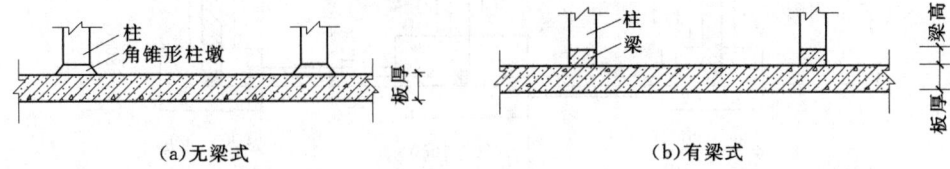

图 2.55 满堂基础示意图

【例 2.15】 计算图 2.56 中基础的混凝土工程量。

解：

(1) 混凝土基础。

带形基础：$V＝0.7×0.2×[(4－0.8－1.05)×4＋(6－2×0.88)×2＋(6－2×1.13)]$
$＝2.92(m^3)$

独立基础：

$J-1:4×\{1.6×1.6×0.32＋0.28÷6×[0.4×0.5＋1.6×1.6＋$
$(1.6＋0.4)×(1.6＋0.5)]\}$
$＝4.58(m^3)$

$J-2:2×\{2.1×2.1×0.32＋0.28÷6×[0.4×0.5＋2.1×2.1＋$
$(2.1＋0.4)×(2.1＋0.5)]\}$
$＝3.86(m^3)$

小计：$4.58＋3.86＝8.44(m^3)$。

(2) 垫层.

$J-1:4×1.8×1.8×0.1＝1.30(m^3)$。

$J-1:2×2.3×2.3×0.1＝1.06(m^3)$。

小计：$1.30＋1.06＝2.36(m^3)$。

(3) 基础混凝土工程量见表 2.35。

表 2.35　　　　　　　　　基础混凝土工程量清单

项目编码	项目名称	项目特征描述	计量单位	工程量
010501001001	垫层	1. 混凝土种类：素混凝土 2. 混凝土强度等级：C10	m³	2.36
010501002001	带形基础	1. 混凝土种类：商品混凝土 2. 混凝土强度等级：C20	m³	2.92
010501003001	独立基础	1. 混凝土种类：商品混凝土 2. 混凝土强度等级：C20	m³	8.44

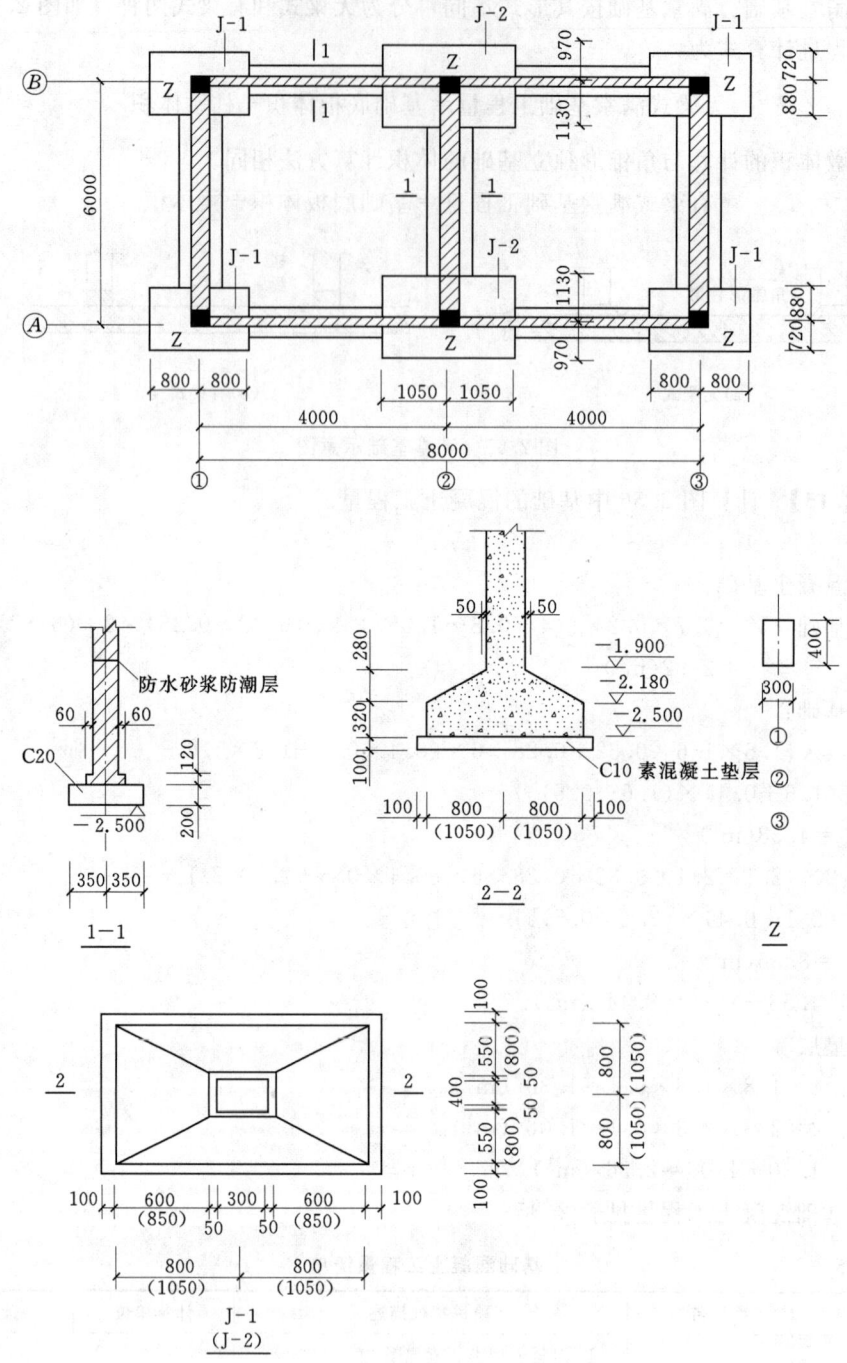

图 2.56 基础

2.7.2 现浇混凝土柱（编码 010502）

现浇混凝土柱项目适用于各种结构形式下的柱，包括矩形柱（编码 010502001）、构造柱（编码 010502002）、异形柱（编码 010502003）3 个清单项目。

学习单元 2.7 混凝土工程

柱子工程量的计算规则如下：

(1) 不扣除构件内的钢筋、预埋铁件所占的体积。即一般矩形柱体积计算公式为

$$V_{矩形柱} = 柱断面面积 \times 柱高 + V_{牛腿}$$

构造柱体积计算公式为

$$V_{构造柱} = 柱断面面积 \times 柱高 + V_{马牙槎}$$

$$V_{马牙槎} = 0.03 \times 墙厚 \times n \times 柱高 (式中 n 为马牙槎水平投影的个数)$$

(2) 构造柱按矩形柱项目编码列项，嵌入墙体部分并入柱体积。

(3) 薄壁柱也称隐壁柱，指在框剪结构中，隐藏在墙体中的钢筋混凝土柱。单独的薄壁柱根据其截面形状，确定以矩形柱或异形柱编码列项。

(4) 依附柱上的牛腿和升板的柱帽，并入柱身体积内计算。

(5) 混凝土柱上的钢牛腿按金属结构工程中的零星钢构件编码列项。

表 2.36　　　　　　　　　　现浇混凝土柱（编码 010502）

项目编码	项目名称	项目特征	计量单位	工程量计算规则	工作内容
010502001	矩形柱	1. 混凝土种类 2. 混凝土强度等级	m³	按设计图示尺寸以体积计算柱高。 1. 有梁板的柱：应自柱基上表面（或楼板上表面）至上一层楼板上表面之间的高度计算 2. 无梁板的柱：应自柱基上表面（或楼板上表面）至柱帽下表面之间的高度计算 3. 框架柱的柱高：应自柱基上表面至柱顶高度计算 4. 构造柱按全高计算，嵌接墙体部分（马牙槎）并入柱身体积 5. 依附柱上的牛腿和升板的柱帽，并入柱身体积计算	1. 模板及支架（撑）制作、安装、拆除、堆放、运输及清理模内杂物、刷隔离剂等 2. 混凝土制作、运输、浇筑、振捣、养护
010502002	构造柱				
010502003	异形柱	1. 柱形状 2. 混凝土种类 3. 混凝土强度等级			

注　混凝土种类：指清水混凝土、彩色混凝土等，如在同一地区既使用预拌（商品）混凝土，又允许现场搅拌混凝土时，也应注明。

构造柱马牙槎设置示意图如图 2.57 所示，柱高计算参见表 2.37，柱高的确定如图 2.58 所示。

表 2.37　　　　　　　　　　　柱　高　计　算

项目名称	计算高度
有梁板中的柱	每层柱高由楼板顶面算至上一层楼板顶面
无梁板中的柱	每层柱高由楼板顶面算至柱帽下边沿
框架柱	由基础顶面算至顶层柱顶
构造柱	由基础顶面算至顶层圈梁底或女儿墙压顶下口，按全高计算

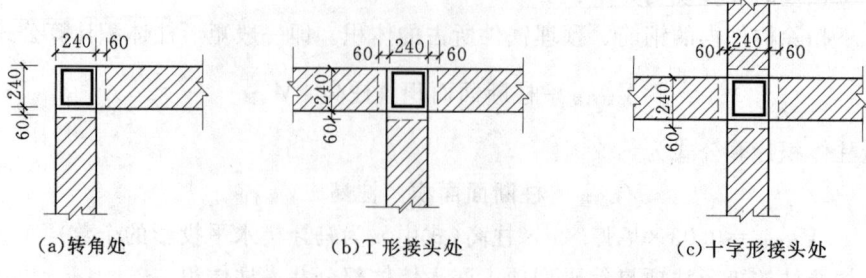

(a)转角处　　　(b)T形接头处　　　(c)十字形接头处

图 2.57　构造柱马牙槎设置示意图

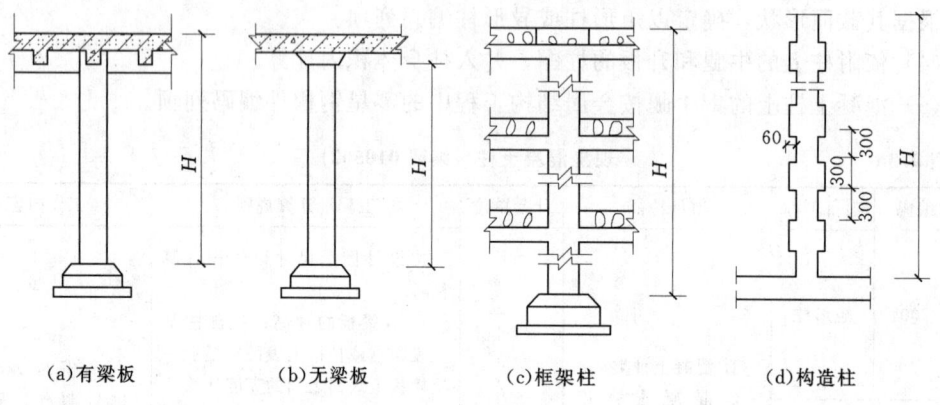

(a)有梁板　　　(b)无梁板　　　(c)框架柱　　　(d)构造柱

图 2.58　柱高的确定

【例 2.16】 某三层楼的无梁板柱,如图 2.59 所示,试计算混凝土柱工程量。

解: (1)现浇混凝土柱工程量。

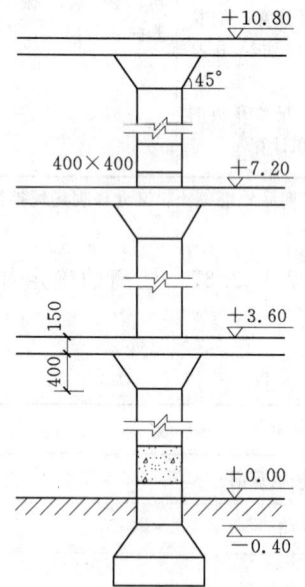

首层柱高 $H_1=3.6+0.4-0.55=3.45$ (m)。

二、三层柱高 $H_2=H_3=3.6-0.55=3.05$ (m)。

工程量 $V=0.4\times 0.4\times(3.45+2\times 3.05)=1.53$ (m³)。

(2)混凝土柱工程量清单见表 2.38。

表 2.38　　　　　　　混凝土柱工程量清单

项目编码	项目名称	项目特征描述	计量单位	工程量
010502001001	矩形柱	1. 混凝土种类:商品混凝土 2. 混凝土强度等级:C30	m³	1.53

2.7.3　现浇混凝土梁(编码 010503)

现浇混凝土梁项目包括基础梁(编码 010503001)、矩形梁(编码 010503002)、异形梁(编码 010503003)、圈梁(编码 010503004)、过梁(编码 010503005)、弧形、拱形梁(编码 010503006)6个清单项目,见表 2.39。

图 2.59　无梁板、柱

学习单元 2.7 混凝土工程

表 2.39 现浇混凝土梁（编码 010503）

项目编码	项目名称	项目特征	计量单位	工程量计算规则	工作内容
010503001	基础梁	1. 混凝土种类 2. 混凝土强度等级	m³	按设计图示尺寸以体积计算。伸入墙内的梁头、梁垫并入梁体积内。 梁长： 1. 梁与柱连接时，梁长算至柱侧面 2. 主梁与次梁连接时，次梁长算至主梁侧面	1. 模板及支架（撑）制作、安装、拆除、堆放、运输及清理模内杂物、刷隔离剂等 2. 混凝土制作、运输、浇筑、振捣、养护
010503002	矩形梁				
010503003	异形梁				
010503004	圈梁				
010503005	过梁				
010503006	弧形、拱形梁				

注 计算梁体积时应注意伸入墙内的梁头应计算在梁体积内；梁头有现浇梁垫者，其体积应并入梁内计算。

基础梁项目适用于独立基础间架设的、承受上部墙传来荷载的梁；圈梁项目适用于为了加强结构整体性，构造上要求设置的封闭型的水平的梁；过梁项目适用于建筑物门窗洞口上所设置的梁；矩形梁、异形梁、弧形梁及拱形梁项目，适用于除了以上 3 种梁外的截面为矩形、异形及形状为弧形、拱形的梁。

注意：外墙圈梁长取外墙中心线长（当圈梁截面宽同外墙宽时），内墙圈梁长取内墙净长线。工程量按设计图示尺寸体积以"m³"计算，即

$$V_{梁} = S_{梁} \times L_{梁} + V_{梁垫}$$

梁长度计算见表 2.40。

表 2.40 梁长度计算

项目名称	计算长度
梁端与柱连接	算至柱侧面
梁端与主梁连接	算至主梁侧面
梁端伸入墙内	算至伸入墙内梁头和现浇梁垫
过梁	等于洞口宽度+500mm，圈梁代过梁时，分别列项计算
独立悬臂梁（压在墙内）	等于悬臂长度+压在墙内长度

2.7.4 现浇混凝土墙（编码 010504）

现浇混凝土墙项目包括直形墙（编码 010504001）、弧形墙（编码 010504002）、短肢剪力墙（编码 010504003）和挡土墙（编码 010504004）4 个清单项目，见表 2.41。

注意：短肢剪力墙是指截面厚度不大于 300mm、各肢截面高度与厚度之比的最大值大于 4 但不大于 8 的剪力墙；各肢截面高度与厚度之比的最大值不大于 4 的剪力墙按柱项目编码列项。

墙体积计算参见表 2.42。

表 2.41　　　　　　　　　　现浇混凝土墙（编码 010504）

项目编码	项目名称	项目特征	计量单位	工程量计算规则	工作内容
010504001	直形墙	1. 混凝土种类 2. 混凝土强度等级	m³	按设计图示尺寸以体积计算。 扣除门窗洞口及单个面积＞0.3m² 的孔洞所占体积，墙垛及突出墙面部分并入墙体体积计算内	1. 模板及支架（撑）制作、安装、拆除、堆放、运输及清理模内杂物、刷隔离剂等 2. 混凝土制作、运输、浇筑、振捣、养护
010504002	弧形墙	^	^	^	^
010504003	短肢剪力墙	^	^	^	^
010504004	挡土墙	^	^	^	^

注　短肢剪力墙是指截面厚度不大于 300mm、各肢截面高度与厚度之比的最大值大于 4 但不大于 8 的剪力墙；各肢截面高度与厚度之比的最大值不大于 4 的剪力墙按柱项目编码列项。

表 2.42　　　　　　　　　　　　墙　体　积

项　目　名　称	计算体积
带暗柱	柱体积并入墙体积计算
带明柱	分别列项计算墙体积和柱体积
短肢剪力墙（4 倍墙厚＜墙净长≤7 倍墙厚）	按墙体积计算
墙净长≤4 倍墙厚	按柱计算

2.7.5　现浇混凝土板（编码 010505）

现浇混凝土板项目包括有梁板（编码 010505001），无梁板（编码 010505002），平板（编码 010505003），拱板（编码 010505004），薄壳板（编码 010505005），栏板（编码 010505006），天沟、挑檐板（编码 010505007），雨篷、阳台板（编码 010505008），空心板（编码 010505009），其他板（编码 010505010）10 个清单项目。

表 2.43　　　　　　　　　　现浇混凝土板（编码 010505）

项目编码	项目名称	项目特征	计量单位	工程量计算规则	工作内容
010505001	有梁板	1. 混凝土种类 2. 混凝土强度等级	m³	按设计图示尺寸以体积计算，不扣除单个面积≤0.3m² 的柱、垛以及孔洞所占体积。 压形钢板混凝土楼板扣除构件内压形钢板所占体积。 有梁板（包括主、次梁与板）按梁、板体积之和计算，无梁板按板和柱帽体积之和计算，各类板伸入墙内的板头并入板体积内，薄壳板的肋、基梁并入薄壳体积内计算	1. 模板及支架（撑）制作、安装、拆除、堆放、运输及清理模内杂物、刷隔离剂等 2. 混凝土制作、运输、浇筑、振捣、养护
010505002	无梁板	^	^	^	^
010505003	平板	^	^	^	^
010505004	拱板	^	^	^	^
010505005	薄壳板	^	^	^	^
010505006	栏板	^	^	^	^
010505007	天沟（檐沟）、挑檐板	^	^	按设计图示尺寸以体积计算	^

续表

项目编码	项目名称	项目特征	计量单位	工程量计算规则	工作内容
010505008	雨篷、悬挑板、阳台板	1. 混凝土种类 2. 混凝土强度等级	m^3	按设计图示尺寸以墙外部分体积计算。包括伸出墙外的牛腿和雨篷反挑檐的体积	1. 模板及支架（撑）制作、安装、拆除、堆放、运输及清理模内杂物、刷隔离剂等 2. 混凝土制作、运输、浇筑、振捣、养护
010505009	空心板			按设计图示尺寸以体积计算。空心板（GBF高强薄壁蜂巢芯板等）应扣除空心部分体积	
010505010	其他板			按设计图示尺寸以体积计算	

注 1. 当天沟、挑檐板与板（屋面板）连接时，以外墙的外边线为界，与圈梁（包括其他梁）连接时，以梁的外边线为界，外边线以外为天沟、挑檐。
2. 雨篷和阳台板按设计图示尺寸以墙外部分体积计算（包括伸出墙外的牛腿和雨篷反挑檐的体积）。雨篷、阳台与板（楼板、屋面板）连接时，以外墙的外边线为界，与圈梁（包括其他梁）连接时，以梁的外边线为界，外边线以外为雨篷、阳台。

板的体积计算参见表2.44。

表2.44 板 的 体 积

项 目 名 称	计 算 体 积
有梁板	板体积＋梁（含主、次梁）
无梁板	板体积＋柱帽体积
平板	板体积

注 表内板体积均包括伸进墙内板头，柱与有梁板交接时，应扣除柱所占体积。

【例2.17】 如图2.60所示为某房屋二层结构平面图。已知一层板顶标高为3.0m，二层板顶标高为6.0m，现浇板厚100mm，各构件混凝土强度等级为C25。试计算二层各钢筋混凝土构件的工程量，图2.60中各构件尺寸见表2.45。

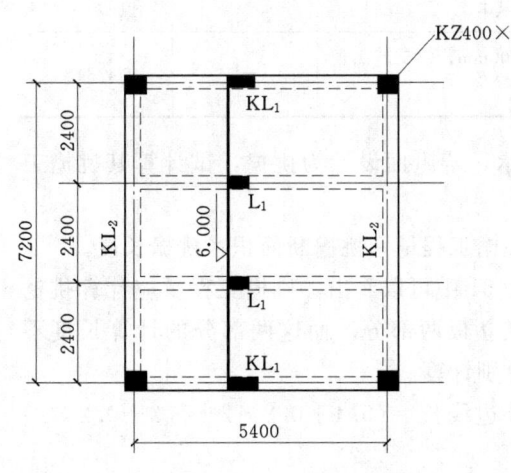

图2.60 二层结构平面图

表2.45 构 件 尺 寸 表

构 件 名 称	构 件 尺 寸
KZ	400mm×400mm
KL_1	宽×高＝250mm×500mm
KL_2	宽×高＝300mm×650mm
L_1	宽×高＝250mm×400mm

解：工程量计算如下。

（1）矩形柱（KZ）。

矩形柱工程量＝柱断面面积×柱高×根数＝[0.4×0.4×(6－3)×4]＝1.92(m^3)

(2) 矩形梁（KL_1、KL_2、L_1）。

矩形梁工程量＝梁断面面积×梁长×根数

KL_1 工程量＝$[0.25×(0.5-0.1)×(5.4-0.2×2)×2]=1.0(m^3)$

KL_2 工程量＝$[0.3×(0.65-0.1)×(7.2-0.2×2)×2]=2.24(m^3)$

L_1 工程量＝$[0.25×(0.4-0.1)×(5.4+0.2×2-0.3×2)×2]=0.78(m^3)$

矩形梁工程量＝KL_1 工程量＋KL_2 工程量＋L_1 工程量＝1.0＋2.24＋0.78
　　　　　　＝4.02(m^3)

(3) 平板。

平板工程量＝板长×板宽×板厚－柱所占体积
　　　　　＝$[(7.2+0.2×2)×(5.4+0.2×2)×0.1-0.4×0.4×0.1×4]$
　　　　　＝4.408－0.064＝4.34(m^3)

二层结构各钢筋混凝土构件的工程量清单见表 2.46。

表 2.46　　　　　　二层结构各钢筋混凝土构件的工程量清单

序号	项目编码	项目名称	项目特征描述	计量单位	工程数量
1	010502001001	现浇混凝土矩形柱	柱高 3m，断面尺寸为 400mm×400mm，C25 商品混凝土	m^3	1.92
2	010503002001	现浇混凝土矩形梁	断面尺寸为 250mm×500mm，C25 商品混凝土	m^3	1.00
3	010503002002	现浇混凝土矩形梁	断面尺寸为 300mm×650mm，C25 商品混凝土	m^3	2.24
4	010503002003	现浇混凝土矩形梁	断面尺寸为 250mm×400mm，C25 商品混凝土	m^3	0.78
5	010505003001	现浇混凝土平板	板厚为 100mm，C25 商品混凝土	m^3	4.34

【例 2.18】　（接[例 2.16]）如图 2.61 所示，若屋面设计为挑檐，试计算其挑檐工程量。

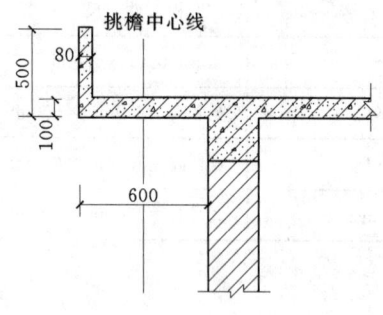

图 2.61　挑檐剖面图

解：挑檐工程量＝挑檐断面积×挑檐长度。

从图 2.61 中可以看出，挑檐工程量应计算挑檐平板及挑檐立板两部分。而这两部分的计算长度不同，故应分别计算。

外墙外边线长＝$(5.4+0.2×2+7.2+0.2×2)×2$
　　　　　　＝26.8(m)

挑檐平板工程量＝$0.6×0.1×\left(26.8+\dfrac{0.6}{2}×8\right)$
　　　　　　＝$0.6×0.1×29.2=1.75(m^3)$

挑檐立板工程量 $= (0.5-0.1) \times 0.08 \times \left[26.8 + \left(0.6 - \dfrac{0.08}{2}\right) \times 8\right]$

$\qquad = 0.4 \times 0.08 \times 31.28 = 1.0 (\mathrm{m}^3)$

挑檐工程量清单见表 2.47。挑檐工程量＝挑檐平板工程量＋挑檐立板工程量＝1.75＋1.0＝2.75(m^3)

表 2.47　　　　　　　　　　挑 檐 工 程 量 清 单

项目编码	项目名称	项目特征描述	计量单位	工程数量
010505007001	挑檐板	C25 商品混凝土	m^3	2.75

【例 2.19】 某二层建筑的全现浇框架主体结构工程如图 2.62 所示，采用组合钢模板，图中轴线为柱中，现浇混凝土均为 C30，板厚 100mm，计算柱、梁、板的混凝土工程量。

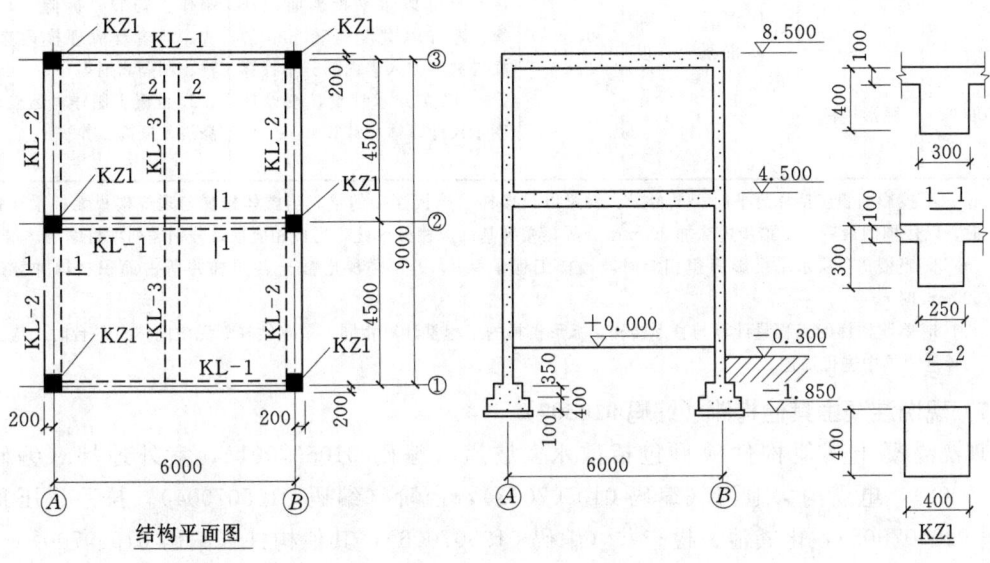

图 2.62　某二层建筑图

解：计算工程量如下。

现浇柱：$6 \times 0.4 \times 0.4 \times (8.5 + 1.85 - 0.4 - 0.35) = 9.216(\mathrm{m}^3)$。

现浇有梁板：

KL-1：$3 \times 0.3 \times (0.4 - 0.1) \times (6 - 2 \times 0.2) = 1.512(\mathrm{m}^3)$。

KL-2：$4 \times 0.30 \times 0.30 \times (4.5 - 2 \times 0.2) = 1.476(\mathrm{m}^3)$。

KL-3：$2 \times 0.25 \times (0.3 - 0.1) \times (4.5 + 0.2 - 0.3 - 0.15) = 0.425(\mathrm{m}^3)$。

B：$(6 + 0.4) \times (9 + 0.4) \times 0.1 - 0.4 \times 0.4 \times 6 \times 0.1 = 5.92(\mathrm{m}^3)$。

小计：$(1.512 + 1.476 + 0.425 + 5.92) \times 2(层) = 18.67(\mathrm{m}^3)$。

柱、梁、板的混凝土工程量清单见表 2.48。

表 2.48 柱、梁、板的混凝土工程量清单

项目编码	项目名称	项目特征描述	计量单位	工程数量
010502001001	矩形柱	C30 商品混凝土	m^3	9.22
010505001001	有梁板	C30 商品混凝土	m^3	18.67

2.7.6 现浇混凝土楼梯（编码 010506）

现浇混凝土楼梯项目包括分为直形楼梯（编码 010506001）和弧形楼梯（编码 010506002）2 个清单项目，见表 2.49。

表 2.49 现浇混凝土楼梯（编码 010506）

项目编码	项目名称	项目特征	计量单位	工程量计算规则	工作内容
010506001	直形楼梯	1. 混凝土种类 2. 混凝土强度等级	1. m^2 2. m^3	1. 以平方米计量，按设计图示尺寸以水平投影面积计算。不扣除宽度≤500mm 的楼梯井，伸入墙内部分不计算。 2. 以立方米计量，按设计图示尺寸以体积计算	1. 模板及支架（撑）制作、安装、拆除、堆放、运输及清理模内杂物、刷隔离剂等 2. 混凝土制作、运输、浇筑、振捣、养护
010506002	弧形楼梯				

注 1. 水平投影面积包括休息平台、平台梁、斜梁以及楼梯与楼板连接的梁。当整体楼梯与现浇楼板无梯梁连接时，以楼梯的最后一个踏步边缘加 300mm 为界。楼梯基础、栏杆、柱，另按相应项目分别编列项目编码。

2. 当楼梯各层水平投影面积相等时，楼梯工程量＝$L×B×$楼梯层数－各层梯井所占面积（梯井宽＞500mm 时）。

3. 单跑楼梯的工程量计算与直形楼梯、弧形楼梯的工程量计算相同，单跑楼梯如无中间休息平台时，应在工程量清单中进行描述。

2.7.7 现浇混凝土其他构件（编码 010507）

现浇混凝土其他构件项目包括散水、坡道（编码 010507001），室外地坪（编码 010507002），电缆沟、地沟（编码 010507003），台阶（编码 010507004），扶手、压顶（编码 010507005），化粪池、检查井（编码 010507006），其他构件（编码 010507007）7 个清单项目，见表 2.50。

表 2.50 现浇混凝土其他构件（编码 010507）

项目编码	项目名称	项目特征	计量单位	工程量计算规则	工作内容
010507001	散水、坡道	1. 垫层材料种类、厚度 2. 面层厚度 3. 混凝土种类 4. 混凝土强度等级 5. 变形缝填塞材料种类	m^2	按设计图示尺寸以水平投影面积计算。不扣除单个≤0.3m^2 的孔洞所占面积	1. 地基夯实 2. 铺设垫层 3. 模板及支撑制作、安装、拆除、堆放、运输及清理模内杂物、刷隔离剂等 4. 混凝土制作、运输、浇筑、振捣、养护 5. 变形缝填塞
010507002	室外地坪	1. 地坪厚度 2. 混凝土强度等级			

续表

项目编码	项目名称	项目特征	计量单位	工程量计算规则	工作内容
010507003	电缆沟、地沟	1. 土壤类别 2. 沟截面净空尺寸 3. 垫层材料种类、厚度 4. 混凝土种类 5. 混凝土强度等级 6. 防护材料种类	m	按设计图示以中心线长度计算	1. 挖填、运土石方 2. 铺设垫层 3. 模板及支撑制作、安装、拆除、堆放、运输及清理模内杂物、刷隔离剂等 4. 混凝土制作、运输、浇筑、振捣、养护 5. 刷防护材料
010507004	台阶	1. 踏步高、宽 2. 混凝土种类 3. 混凝土强度等级	1. m^2 2. m^3	1. 以平方米计量，按设计图示尺寸水平投影面积计算 2. 以立方米计量，按设计图示尺寸以体积计算	1. 模板及支撑制作、安装、拆除、堆放、运输及清理模内杂物、刷隔离剂等 2. 混凝土制作、运输、浇筑、振捣、养护
010507005	扶手、压顶	1. 断面尺寸 2. 混凝土种类 3. 混凝土强度等级	1. m 2. m^3	1. 以米计量，按设计图示的中心线延长米计算 2. 以立方米计量，按设计图示尺寸以体积计算	1. 模板及支架（撑）制作、安装、拆除、堆放、运输及清理模内杂物、刷隔离剂等 2. 混凝土制作、运输、浇筑、振捣、养护
010507006	化粪池、检查井	1. 部位 2. 混凝土强度等级 3. 防水、抗渗要求	1. m^3 2. 座	1. 按设计图示尺寸以体积计算 2. 以座计量，按设计图示数量计算	
010507007	其他构件	1. 构件的类型 2. 构件规格 3. 部位 4. 混凝土种类 5. 混凝土强度等级	m^3		

注 1. 现浇混凝土小型池槽、垫块、门框等，应按本表其他构件项目编码列项。
2. 架空式混凝土台阶，按现浇楼梯计算。

2.7.8 后浇带（编码010508）

后浇带是一种刚性变形缝，适用于不允许留设柔性变形缝的部位。后浇带的浇筑应待两侧结构的主体混凝土干缩变形稳定后进行。后浇带（编码010508001）项目（表2.51）适用于基础（满堂式）、梁、墙、板的后浇带，一般宽在700～1000mm之间。

注意：

（1）后浇带项目适用于梁、墙、板的后浇带。后浇带应按不同的后浇部位（墙、梁、板等）和使用的材料分别编制项目编码，以便于计算综合单价。

（2）同时应注意在计算原构件（墙、梁、板等）工程量时，应扣除后浇带的体积，以避免重复计算。

表 2.51　　　　　　　　　　后浇带（编码 010508）

项目编码	项目名称	项目特征	计量单位	工程量计算规则	工作内容
010508001	后浇带	1. 混凝土种类 2. 混凝土强度等级	m³	按设计图示尺寸以体积计算	1. 模板及支架（撑）制作、安装、拆除、堆放、运输及清理模内杂物、刷隔离剂等 2. 混凝土制作、运输、浇筑、振捣、养护及混凝土交接面、钢筋等的清理

2.7.9　预制混凝土柱（编码 010509）

预制混凝土柱项目包括矩形柱（编码 010509001）和异形柱（编码 010509002）2 个清单项目，见表 2.52。

表 2.52　　　　　　　　　　预制混凝土柱（编码 010509）

项目编码	项目名称	项目特征	计量单位	工程量计算规则	工作内容
010509001	矩形柱	1. 图代号 2. 单件体积 3. 安装高度 4. 混凝土强度等级 5. 砂浆（细石混凝土）强度等级、配合比	1. m³ 2. 根	1. 以立方米计量，按设计图示尺寸以体积计算 2. 以根计量，按设计图示尺寸以数量计算	1. 模板制作、安装、拆除、堆放、运输及清理模内杂物、刷隔离剂等 2. 混凝土制作、运输、浇筑、振捣、养护 3. 构件运输、安装 4. 砂浆制作、运输 5. 接头灌缝、养护
010509002	异形柱				

注　以根计量，必须描述单件体积。

注意：预制构件的制作、运输、安装、接头灌缝等工序的费用都应包括在相应项目的报价内，不需分别编码列项。但其吊装机械（如履带式起重机、塔式起重机等）不应包含在内，应列入措施项目费。

2.7.10　预制混凝土梁（编码 010510）

预制混凝土梁项目包括矩形梁（编码 010510001）、异形梁（编码 010510002）、过梁（编码 010510003）、拱形梁（编码 010510004）、鱼腹式吊车梁（编码 010510005）、其他梁（编码 010510006）6 个清单项目，见表 2.53。

2.7.11　预制混凝土屋架（编码 010511）

预制混凝土屋架项目包括折线型屋架（编码 010511001）、组合式屋架（编码 010511002）、薄腹型屋架（编码 010511003）、门式刚架屋架（编码 010511004）、天窗架屋架（编码 010511005）5 个清单项目，见表 2.54。

学习单元 2.7 混凝土工程

表 2.53　　　　　　　　　预制混凝土梁（编码 010510）

项目编码	项目名称	项目特征	计量单位	工程量计算规则	工作内容
010510001	矩形梁	1. 图代号 2. 单件体积 3. 安装高度 4. 混凝土强度等级 5. 砂浆（细石混凝土）强度等级、配合比	1. m³ 2. 根	1. 以立方米计量，按设计图示尺寸以体积计算 2. 以根计量，按设计图示尺寸以数量计算	1. 模板制作、安装、拆除、堆放、运输及清理模内杂物、刷隔离剂等 2. 混凝土制作、运输、浇筑、振捣、养护 3. 构件运输、安装 4. 砂浆制作、运输 5. 接头灌缝、养护
010510002	异形梁				
010510003	过梁				
010510004	拱形梁				
010510005	鱼腹式吊车梁				
010510006	其他梁				

注　以根计量，必须描述单件体积。

表 2.54　　　　　　　　　预制混凝土屋架（编码 010511）

项目编码	项目名称	项目特征	计量单位	工程量计算规则	工作内容
010511001	折线型	1. 图代号 2. 单件体积 3. 安装高度 4. 混凝土强度等级 5. 砂浆（细石混凝土）强度等级、配合比	1. m³ 2. 榀	1. 以立方米计量，按设计图示尺寸以体积计算 2. 以榀计量，按设计图示尺寸以数量计算	1. 模板制作、安装、拆除、堆放、运输及清理模内杂物、刷隔离剂等 2. 混凝土制作、运输、浇筑、振捣、养护 3. 构件运输、安装 4. 砂浆制作、运输 5. 接头灌缝、养护
010511002	组合				
010511003	薄腹				
010511004	门式刚架				
010511005	天窗架				

注　1. 以榀计量，必须描述单件体积。
　　2. 三角形屋架按本表中折线型屋架项目编码列项。

注意：组合屋架中钢杆件应按金属结构工程中相应项目编码列项，工程量按质量以"t"计量。

2.7.12　预制混凝土板（编码 010512）

预制混凝土板项目包括平板（编码 010512001），空心板（编码 010512002），槽形板（编码 010512003），网架板（编码 010512004），折线板（编码 010512005），带肋板（编码 010512006），大型板（编码 010512007），沟盖板、井盖板、井圈（编码 010512008）8 个清单项目，见表 2.55。

注意：

（1）项目特征内的构件标高（如：梁底标高、板底标高等）、安装高度，不需要每个部件都注明标高和高度，而是要求选择关键部件注明，以便投标人选择吊装机械和垂直运输机械。

（2）同类型同规格的预制混凝土板、沟盖板，其工程量可按数量计，计量单位"块"；同类型同规格的混凝土井圈、井盖板，工程量可按数量计，计量单位"套"。

2.7.13　预制混凝土楼梯（编码 010513）

预制混凝土楼梯项目仅包括预制混凝土楼梯（编码 010513001）一个清单项目。预制混凝土楼梯一般有梯段、梯踏步、梯横梁、梯斜梁，均应分别编制项目编码，见表 2.56。

表 2.55　　　　　　　　　　预制混凝土板（编码 010512）

项目编码	项目名称	项目特征	计量单位	工程量计算规则	工作内容
010512001	平板	1. 图代号 2. 单件体积 3. 安装高度 4. 混凝土强度等级 5. 砂浆（细石混凝土）强度等级、配合比	1. m³ 2. 块	1. 以立方米计量，按设计图示尺寸以体积计算，不扣除单个面积≤300mm×300mm 的孔洞所占体积，扣除空心板空洞体积 2. 以块计量，按设计图示尺寸以数量计算	1. 模板制作、安装、拆除、堆放、运输及清理模内杂物、刷隔离剂等 2. 混凝土制作、运输、浇筑、振捣、养护 3. 构件运输、安装 4. 砂浆制作、运输 5. 接头灌缝、养护
010512002	空心板				
010512003	槽形板				
010512004	网架板				
010512005	折线板				
010512006	带肋板				
010512007	大型板				
010512008	沟盖板、井盖板、井圈	1. 单件体积 2. 安装高度 3. 混凝土强度等级 4. 砂浆强度等级、配合比	1. m³ 2. 块（套）	1. 以立方米计量，按设计图示尺寸以体积计算 2. 以块计量，按设计图示尺寸以数量计算	

注　1. 以块、套计量，必须描述单件体积。
　　2. 不带肋的预制遮阳板、雨篷板、挑檐板、栏板等，应按本表平板项目编码列项。
　　3. 预制 F 形板、双 T 形板、单肋板和带反挑檐的雨篷板、挑檐板、遮阳板等，应按本表带肋板项目编码列项。
　　4. 预制大型墙板、大型楼板、大型屋面板等，按本表中大型板项目编码列项。

表 2.56　　　　　　　　　　预制混凝土楼梯（编码 010513）

项目编码	项目名称	项目特征	计量单位	工程量计算规则	工作内容
010513001	楼梯	1. 楼梯类型 2. 单件体积 3. 混凝土强度等级 4. 砂浆（细石混凝土）强度等级	1. m³ 2. 段	1. 以立方米计量，按设计图示尺寸以体积计算，扣除空心踏步板空洞体积 2. 以段计量，按设计图示数量计算	1. 模板制作、安装、拆除、堆放、运输及清理模内杂物、刷隔离剂等 2. 混凝土制作、运输、浇筑、振捣、养护 3. 构件运输、安装 4. 砂浆制作、运输 5. 接头灌缝、养护

注　以块计量，必须描述单件体积。

2.7.14　其他预制构件（编码 010514）

其他预制构件项目包括烟道、垃圾道、通风道（编码 010514001），其他构件（编码 010514002）2 个清单项目。其中"其他构件"指的是预制小型池槽、压顶、扶手、垫块、隔热板、花格等构件，见表 2.57。

学习单元 2.7 混凝土工程

表 2.57　　　　　　　　　其他预制构件（编码 010514）

项目编码	项目名称	项目特征	计量单位	工程量计算规则	工作内容
010514001	垃圾道、通风道、烟道	1. 单件体积 2. 混凝土强度等级 3. 砂浆强度等级	1. m^3 2. m^2 3. 根（块、套）	1. 以立方米计量，按设计图示尺寸以体积计算。不扣除单个面积≤300mm×300mm 的孔洞所占体积，扣除烟道、垃圾道、通风道的孔洞所占体积 2. 以平方米计量，按设计图示尺寸以面积计算。不扣除单个面积≤300mm×300mm 的孔洞所占面积 3. 以根计量，按设计图示尺寸以数量计算	1. 模板制作、安装、拆除、堆放、运输及清理模内杂物、刷隔离剂等 2. 混凝土制作、运输、浇筑、振捣、养护 3. 构件运输、安装 4. 砂浆制作、运输 5. 接头灌缝、养护
010514002	其他构件	1. 单件体积 2. 构件的类型 3. 混凝土强度等级 4. 砂浆强度等级			

注　1. 以块、根计量，必须描述单件体积。
　　2. 预制钢筋混凝土小型池槽、压顶、扶手、垫块、隔热板、花格等，按本表中其他构件项目编码列项。

【例 2.20】　根据学习单元 2.1 某学院综合楼实例图纸，计算建筑物垫层、基础梁、剪力墙、地下室下柱、一层下柱、一层柱、一层板、一层楼梯、挑檐、散水工程量。

解：(1) 垫层。

J-1：$V_1=3.7×3.7×0.1=1.369$（m^3）。

J-2：$V_2=3.2×3.2×0.1=1.024$（m^3）。

J-3：$V_3=2.8×2.8×0.1=0.784$（m^3）。

J-4：$V_4=2.6×2.6×0.1=0.676$（m^3）。

J-5：$V_5=2.2×2.2×0.1=0.484$（m^3）。

J-6：$V_6=4.7×2.2×0.1=1.034$（m^3）。

J-7：$V_7=2.0×2.0×0.1=0.400$（m^3）。

J-8：$V_8=2.0×2.0×0.1=0.400$（m^3）。

地下室垫层：$V=2V_1+3V_2+V_3+2V_4+V_6+V_7=9.38$（$m^3$）。

一层垫层：$V=V_2+2V_4+3V_5+V_7+2V_8=5.026$（$m^3$）。

合计：$V=9.38+5.026=14.41$（m^3）。

(2) 基础梁。

1 号轴线：$L_1=4.5+5.4-3×0.5=8.4$（m）。

2 号轴线：$L_2=4.5+5.4-2×0.5=8.9$（m）。

3 号轴线：$L_3=4.5+5.4+2.1-4×0.5=10$（m）。

4 号轴线：$L_4=4.5+5.4+2.1-4×0.5=10$（m）。

5 号轴线：$L_5=4.5+5.4+2.1-3×0.5=10.5$（m）。

A 轴线：$L_6=6×2-2×0.5=11$（m）。

B 轴线：$L_7=7.5×2-2×0.5=14$（m）。

C 轴线：$L_8=6×2+7.5×2-4×0.5=25$（m）。

D 轴线：$L_9=6-0.5=5.5$（m）。

E 轴线：$L_{10}=6\times2+7.5\times2-5\times0.5=24.5$ (m)。

$V=(L_1+L_2+L_3+L_4+L_5+L_6+L_7+L_8+L_9+L_{10})\times0.37\times0.5=24.013(m^3)$。

(3) 剪力墙。

E 轴：$H=-0.3-(-1)=0.7(m)$；$L=7.5+7.5-0.5\times3=13.5(m)$；$V=0.25\times0.7\times13.5=2.3625(m^3)$。

3 轴：$L=5.4+4.5+2.1-0.5\times4=10$ (m)。

地下室：$H=-0.3-(-1)=0.7(m)$；$V=0.25\times0.7\times10=1.75(m^3)$。

一层：$H=3.9-(-0.3)=4.2(m)$；$V=0.25\times4.2\times10\times1/2=5.25(m^3)$。

地下室剪力墙：$2.3625+1.75=4.1125$ (m^3)。

一层下剪力墙：$5.25m^3$。

合计：$V=9.36m^3$。

(4) 地下室下柱。

J-1 标高：$-(2.5-1.1)=-1.4$；$h=-0.3-(-1.4)=1.1$ (m)。

J-2 标高：$-(2.4-1)=-1.4$；$h=-0.3-(-1.4)=1.1$ (m)。

J-3 标高：$-(2.3-0.9)=-1.4$；$h=-0.3-(-1.4)=1.1$ (m)。

J-4 标高：$-(2.3-0.9)=-1.4$；$h=-0.3-(-1.4)=1.1$ (m)。

J-6 标高：$-(2.3-0.9)=-1.4$；$h=-0.3-(-1.4)=1.1$ (m)。

J-7 标高：$-(2.3-0.9)=-1.4$；$h=-0.3-(-1.4)=1.1$ (m)。

$V_1=0.5\times0.5\times1.1\times9=2.475(m^3)$。

$V_2=(1\times0.5+0.5\times0.5)\times1.1=0.825(m^3)$。

合计：$V=2.475+0.825=3.3$ (m^3)。

(5) 一层下柱。

J-2：$h=3.9-1.8-1=1.1$ (m)。

J-4：$h=3.9-1.8-0.9=1.2$ (m)。

J-5：$h=3.9-1.8-0.9=1.2$ (m)。

J-7：$h=3.9-1.8-0.9=1.2$ (m)。

$V_1=0.5\times0.5\times6\times1.2=1.8$ (m^3)。

$V_2=0.5\times0.5\times1.1=0.275$ (m^3)。

$h=3.9+0.3=4.2$ (m)。

$V_3=0.5\times0.5\times5\times4.2=5.25$ (m^3)。

合计：$V=V_1+V_2+V_3=7.325$ (m^3)。

(6) 一层柱。

Z1：$V=0.5\times0.5\times(8.4-4.2)\times13=13.65(m^3)$。

Z2：$V=0.5\times0.5\times(8.4-4.2)\times4=4.2(m^3)$。

Z3：$V=3.14\times0.225\times0.225\times(8.4-4.2)\times2=1.335(m^3)$。

Z4：$V=(1\times0.5+0.5\times0.5)\times(8.4-4.2)=3.15(m^3)$。

合计：$V=22.335m^3$。

(7) 一层板。

$h=120\text{mm}, V=3.14/2\times4.6\times4.6\times0.12-3.14\times0.225\times0.225\times2\times0.12=3.949(\text{m}^3)$。

$h=150\text{mm}, V=[(7.5+7.5+0.25)\times(5.4+4.5+0.25)+(6+6+0.25)\times12.5-(6-0.3)\times(3-0.175)]\times0.15-(11\times0.5\times0.5-4\times0.5\times0.5-0.75)\times0.15=43.622(\text{m}^3)$。

$h=110\text{mm}, V=[(7.5+7.5+0.25)\times(2.1+0.25)-(0.5\times0.5\times2)]\times0.11=3.887(\text{m}^3)$。

合计：$V=3.949+43.622+3.887=51.458(\text{m}^3)$。

（8）一层楼梯：$S=(3.08+1.56+0.21-0.15)\times(3-0.05-0.09)=13.442(\text{m}^2)$。

（9）挑檐。

外墙外边线：$L=65\text{m}$。

平板中心线：$65+0.45/2\times8=66.8$（m）。

立板中心线：$(0.45-0.08/2)\times8+65=68.28$（m）。

$V_{平板}=0.45\times0.08\times66.8=2.405(\text{m}^3)$。

$V_{立板}=0.08\times(0.2-0.08)\times68.28=0.655(\text{m}^3)$。

合计：$V_{总}=2.405+0.655=3.06(\text{m}^3)$。

（10）散水。

一层：$L=(0.25+27+0.4+0.25+12+0.25\times2+0.4\times2+1.2+0.25+0.4)-(4.6\times2+0.3\times2+1.8\times2)$
$=29.55$（m）。

地下室：$L=(10.4+0.4+15.5-0.25+0.4)-2.3=24.15$（m）。

合计：$S=(29.55+24.15)\times0.8=42.96$（m²）。

（11）雨篷。

$S_1=\dfrac{\pi R^2}{2}=\dfrac{3.14\times4.6\times4.6}{2}=33.22$（m²）。

$V_1=33.22\times0.06=1.99$（m³）。

$L_2=3.14\times(4.6-0.03)=14.35$（m）。

$V_2=14.35\times0.8\times0.06=0.69$（m³）。

$L_3=3.14\times(4.6-0.1)=14.13$（m）。

$V_3=14.13\times0.2\times0.28=0.79$（m³）。

合计：$V_{总}=1.99+0.69+0.79=3.47$（m³）。

各工程量清单见表2.58。

表2.58　　　　　　建筑物各分部分项工程量清单

项目编码	项目名称	项目特征描述	计量单位	工程量
010501001003	垫层	1. 混凝土种类：商品混凝土 2. 混凝土强度等级：C10	m³	14.41
010502001005	一层矩形柱	1. 混凝土种类：商品混凝土 2. 混凝土强度等级：C30	m³	17.85

续表

项目编码	项目名称	项目特征描述	计量单位	工程量
010502003007	一层异形柱	1. 柱形状 L 型，圆形 2. 混凝土种类：商品混凝土 3. 混凝土强度等级：C30	m³	4.485
010503001008	基础梁	1. 混凝土种类：商品混凝土 2. 混凝土强度等级：C20	m³	24.013
010504004013	剪力墙	1. 混凝土种类：商品混凝土 2. 混凝土强度等级：C20	m³	9.36
010505001014	一层板	1. 混凝土种类：商品混凝土 2. 混凝土强度等级：C30	m³	51.458
010505007016	挑檐板	1. 混凝土种类：商品混凝土 2. 混凝土强度等级：C30	m³	3.06
010506001017	一层楼梯	1. 混凝土种类：商品混凝土 2. 混凝土强度等级：C30	m²	13.442
010507001018	散水	1. 垫层材料种类、厚度 2. 面层厚度 3. 混凝土种类 4. 混凝土强度等级 5. 变形缝填塞材料种类	m²	42.96

学习单元 2.8 钢 筋 工 程

2.8.1 钢筋工程量计算规则

钢筋工程，应区别现浇、预制构件、不同钢种和规格，分别按设计长度乘以单位质量，以吨计量。钢筋单位理论质量，即钢筋每米理论质量 $=0.00617 \times d^2$（d 为钢筋直径）或者按表 2.59 计算。

表 2.59　　　　　　　　　　常见的钢筋单位理论质量表

钢筋直径/m	Φ4	Φ6.5	Φ8	Φ10	Φ12	Φ14	Φ16
理论质量/(kg/m)	0.099	0.260	0.395	0.617	0.888	1.208	1.578
钢筋直径/m	Φ18	Φ20	Φ22	Φ25	Φ28	Φ30	Φ32
理论质量/(kg/m)	1.998	2.466	2.984	3.850	4.830	5.55	6.310

计算钢筋工程量时，工程量清单项目设置、项目特征描述的内容、计量单位、工程量计算规则应按表 2.60 的规定执行。

学习单元 2.8 钢 筋 工 程

表 2.60　　　　　　　　　　　　　钢筋工程（编码 010515）

项目编码	项目名称	项目特征	计量单位	工程量计算规则	工作内容
010515001	现浇构件钢筋	钢筋种类、规格	t	按设计图示钢筋（网）长度（面积）乘单位理论质量计算	1. 钢筋制作、运输 2. 钢筋安装 3. 焊接
010515002	钢筋网片	钢筋种类、规格	t	按设计图示钢筋（网）长度（面积）乘单位理论质量计算	1. 钢筋网制作、运输 2. 钢筋网安装 3. 焊接
010515003	钢筋笼				1. 钢筋笼制作、运输 2. 钢筋笼安装 3. 焊接
010515004	先张法预应力钢筋	1. 钢筋种类、规格 2. 锚具种类		按设计图示钢筋长度乘单位理论质量计算	1. 钢筋制作、运输 2. 钢筋张拉
010515005	后张法预应力钢筋	1. 钢筋种类、规格 2. 钢丝种类、规格 3. 钢绞线种类、规格 4. 锚具种类 5. 砂浆强度等级	t	按设计图示钢（丝束、绞线）长度乘单位理论质量计算。 1. 低合金钢筋两端均采用螺杆锚具时，钢筋长度按孔道长度减 0.35m 计算，螺杆另行计算 2. 低合金钢筋一端采用镦头插片、另一端采用螺杆锚具时，钢筋长度按孔道长度计算，螺杆另行计算 3. 低合金钢筋一端采用镦头插片、另一端采用帮条锚具时，钢筋增 0.15m 计算；两端均采用帮条锚具时，钢筋长度按孔道长度增加 0.3m 计算 4. 低合金钢筋采用后张混凝土自锚时，钢筋长度按孔道长度增加 0.35m 计算 5. 低合金钢筋（钢绞线）采用 JMXM、QM 型锚具，孔道长度≤20m 时，钢筋长度增加 1m 计算，孔道长度＞20m 时，钢筋长度增加 1.8m 计算 6. 碳素钢丝采用锥形锚具，孔道长度≤20m 时，钢丝束长度按孔道长度增加 1m 计算，孔道长度＞20m 时，钢丝束长度按孔道长度增加 1.8m 计算 7. 碳素钢丝采用镦头锚具时，钢丝束长度按孔道长度增加 0.35m 计算	1. 钢筋、钢丝、钢绞线制作、运输 2. 钢筋、钢丝、钢绞线安装 3. 预埋管孔道铺设 4. 锚具安装 5. 砂浆制作、运输 6. 孔道压浆、养护
010515006	预应力钢丝				
010515007	预应力钢绞线				
010515008	支撑钢筋（铁马）	1. 钢筋种类 2. 规格	t	按钢筋长度乘单位理论质量计算	钢筋制作、焊接、安装
010515009	声测管	1. 材质 2. 规格型号		按设计图示尺寸质量计算	1. 检测管截断、封头 2. 套管制作、焊接 3. 定位、固定

注 1. 现浇构件中伸出构件的锚固钢筋应并入钢筋工程量内。除设计（包括规范规定）标明的搭接外，其他施工搭接不计算工程量，在综合单价中综合考虑。
　　2. 现浇构件中固定位置的支撑钢筋、双层钢筋用的"铁马"在编制工程量清单时，其工程数量可为暂估量，结算时按现场签证数量计算。

2.8.2 各类钢筋计算长度的确定

受力钢筋的混凝土保护层厚度，应符合设计要求，当设计无具体要求时，不应小于受力钢筋直径，并应符合下表的要求。

表 2.61　　　　　　　　　混凝土保护层的最小厚度　　　　　　　　　单位：mm

环境类别	板、墙	梁、柱
一	15	20
二a	20	25
二b	25	35
三a	30	40
三b	40	50

注 1. 表中混凝土保护层厚度指最外层钢筋边缘至混凝土表面的距离，适用于设计使用年限为50年的混凝土结构。
　　2. 构件中受力钢筋的保护层厚度不应小于钢筋的公称直径。
　　3. 设计使用年限为100年的混凝土结构，一类环境中，最外层钢筋的保护层厚度不应小于表中数值的1.4倍；二类、三类环境中，应采取专门的有效措施。
　　4. 混凝土强度等级不大于C25时，表中保护层厚度数值应增加5。
　　5. 基础底面钢筋的保护层厚度，有混凝土垫层时应从垫层顶面算起，且不应小于40mm。

《混凝土结构设计规范》（GB 50010—2010）第3.5.2条中有关混凝土结构的环境类别规定见表2.6.2。

表 2.62　　　　　　　　　　　混凝土结构的环境类别

环境类别	条　件
一	室内干燥环境；永久的无侵蚀性静水浸没环境
二a	室内潮湿环境；非严寒和非寒冷地区的露天环境；非严寒和非寒冷地区与无侵蚀性的水或土壤直接接触的环境；寒冷和严寒地区的冰冻线以下的无侵蚀性的水或土壤直接接触的环境
二b	干湿交替环境；水位频繁变动环境；严寒和寒冷地区的露天环境；严寒和寒冷地区的冰冻线以上与无侵蚀性的水或土壤直接接触的环境
三a	严寒和寒冷地区冬季水位冰冻区环境；受除冰盐影响环境；海风环境
三b	盐渍土环境；受除冰盐作用环境；海岸环境
四	海水环境
五	受人为或自然的侵蚀性物质影响的环境

注 1. 室内潮湿环境是指构件表面经常处于结露或湿润状态的环境。
　　2. 严寒和寒冷地区的划分应符合现行国家标准《民用建筑热工设计规程》（GB 50176—2002）的有关规定。
　　3. 海岸环境为距海岸线100m以内；海水环境为距海岸线100m以外、300m以内，但应考虑主导风向及结构所处迎风、背风部位等因素的影响。
　　4. 受除冰盐影响环境为受除冰盐雾影响的环境；受除冰盐作用环境指被除冰盐溶液溅射的环境以及使用除冰盐地区的洗车房、停车楼等建筑。
　　5. 暴露的环境是指混凝土结构表面所处的环境。

2.8.3 钢筋的锚固长度

钢筋的锚固长度参见表2.63～表2.65。

表 2.63　　　　　　　　　　　受拉钢筋基本锚固长度 l_{ab}、l_{abE}

钢筋种类	抗震等级	混凝土强度等级								
		C20	C25	C30	C35	C40	C45	C50	C55	≥C60
HPB300	一级、二级（l_{abE}）	45d	39d	35d	32d	29d	28d	26d	25d	24d
	三级（l_{abE}）	41d	36d	32d	29d	26d	25d	24d	23d	22d
	四级（l_{abE}）、非抗震（l_{ab}）	39d	34d	30d	28d	25d	24d	23d	22d	21d
HRB335 HRBF335	一级、二级（l_{abE}）	44d	38d	33d	31d	29d	26d	25d	24d	24d
	三级（l_{abE}）	40d	35d	31d	28d	26d	24d	23d	22d	22d
	四级（l_{abE}）、非抗震（l_{ab}）	38d	33d	29d	27d	25d	23d	22d	21d	21d
HRB400、HRBF、RRB400	一级、二级（l_{abE}）	—	46d	40d	37d	33d	32d	31d	30d	29d
	三级（l_{abE}）	—	42d	37d	34d	30d	29d	28d	27d	26d
	四级（l_{abE}）、非抗震（l_{ab}）	—	40d	35d	32d	29d	28d	27d	26d	25d
HRB500、HRBF500	一级、二级（l_{abE}）	—	55d	49d	45d	41d	39d	37d	36d	35d
	三级（l_{abE}）	—	50d	45d	41d	38d	36d	34d	33d	32d
	四级（l_{abE}）、非抗震（l_{ab}）	—	48d	43d	39d	36d	34d	32d	31d	30d

表 2.64　　　　　　　　　　　受拉钢筋锚固长度 l_a、抗震锚固长度 l_{aE}

非抗震	抗震	说　明
$L_a = \zeta_a l_{ab}$	$L_{aE} = \zeta_{aE} l_a$	1. l_a 不应小于 200 2. 锚固长度修正系数 ζ_a 按下表取用，当多于一项时，可按连乘计算，但不应小于 0.6 3. ζ_{aE} 为抗震锚固长度修正系数，对一级、二级抗震等级取 1.15，对三级抗震等级取 1.05，对四级抗震等级取 1.00

注　1. HPB300 级钢筋末端应做 180°弯钩，弯后平直段长度不应小于 3d，但作受压钢筋时可不做弯钩。
　　2. 当锚固钢筋的保护层厚度不大于 5d 时，锚固钢筋长度范围内应设置横向构造钢筋，其直径不应小于 d/4（d 为锚固钢筋的最大直径）；对梁、柱等构件间距不应大于 5d，对板、墙等构件间距不应大于 10d，且均不应大于 100（d 为锚固钢筋的最小直径）。

表 2.65　　　　　　　　　　　受拉钢筋锚固长度修正系数 ζ_a

锚固条件		ζ_a
带肋钢筋的公称直径大于 25mm		1.10
环氧树脂带肋钢筋		1.25
施工过程中易受扰动的钢筋		1.10
锚固保护区厚度	3d	0.80
	5d	0.70

注　d 为锚固钢筋直径，中间的按内插值。

2.8.4 钢筋计算其他问题

在计算钢筋用量时,还要注意设计图纸未画出以及未明确表示的钢筋,如楼板中双层钢筋的上部负弯矩钢筋的附加分布筋、满堂基础底板的双层钢筋在施工时支撑所用的马凳筋及钢筋混凝土墙施工时所用的拉筋等。这些都应按规范要求计算,并入其钢筋用量中。

2.8.5 楼层框架梁常见钢筋的计算

(1) 上部通长筋,如图2.63所示。

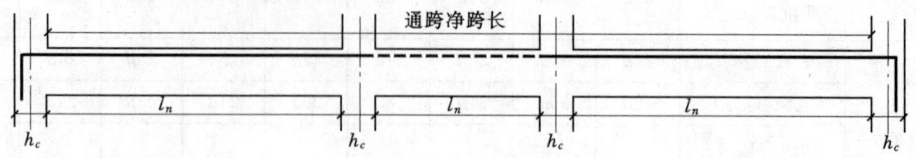

图 2.63 上部通长筋

$$上部通长筋长度 = 通跨净跨长 + 首尾端支座锚固长$$

当 $(h_c - c - D) \geqslant L_{aE}$ 时,可直锚。

直锚长度 $= \max(L_{aE}, 0.5h_c + 5d)$ 当 $(h_c - c - D) < L_{aE}$ 时,需弯锚。

弯锚长度 $= \max(L_{aE}, 0.4L_{abE} + 15d, h_c - c + 15d)$

以上式中 L_{aE}——抗震锚固长度;
$\qquad h_c$——支座宽度;
$\qquad d$——钢筋直径;
$\qquad D$——柱外侧纵筋;
$\qquad c$——保护层厚度。

(2) 端支座负筋,如图2.64所示。

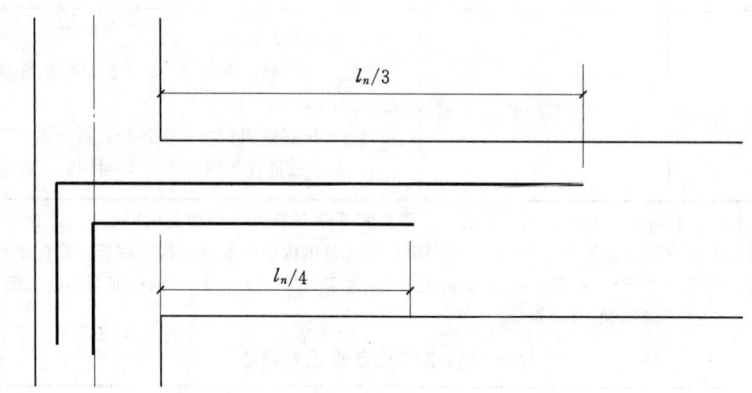

图 2.64 端支座负筋

$$第一排端支座负筋长度 = 净跨长/3 + 端支座锚固长度$$
$$第二排端支座负筋长度 = 净跨长/4 + 端支座锚固长度$$

式中,锚固长度同上部通长筋。

(3) 中间支座负筋,如图2.65所示。

$$第一排中间支座负筋长度 = 2 \times (支座两边较大跨的净跨长/3) + 中间支座宽度值$$

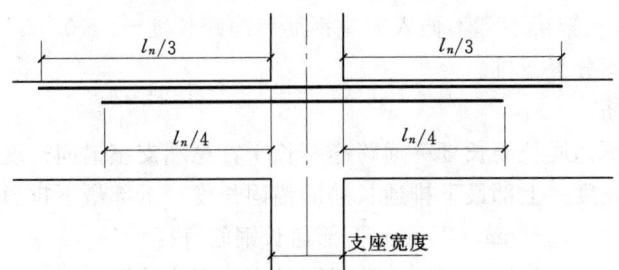

图 2.65 中间支座负筋

第二排中间支座负筋长度＝2×(支座两边较大跨的净跨长/4)＋中间支座宽度值

(4) 架立筋,如图 2.66 所示。

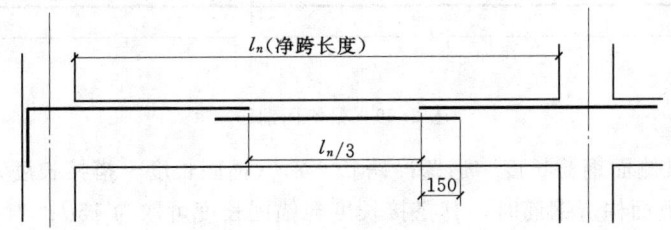

图 2.66 架立筋

架立筋长度＝本跨净跨长－左侧负筋伸出长度－右侧负筋伸出长度＋2×搭接长度(搭接长度一般为 150mm)

(5) 下部钢筋。

1) 下部钢筋(伸入支座时),如图 2.67 所示。

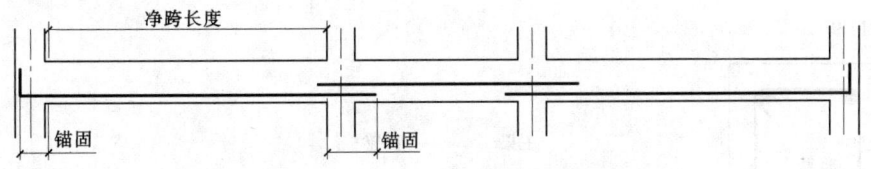

图 2.67 下部钢筋(一)

中间支座下部钢筋长度＝本跨净跨长＋两端锚固长度

钢筋的中间支座锚固长度＝$\max(L_{aE}, 0.5h_c + 5d)$

2) 下部钢筋(不伸入支座时),如图 2.68 所示。

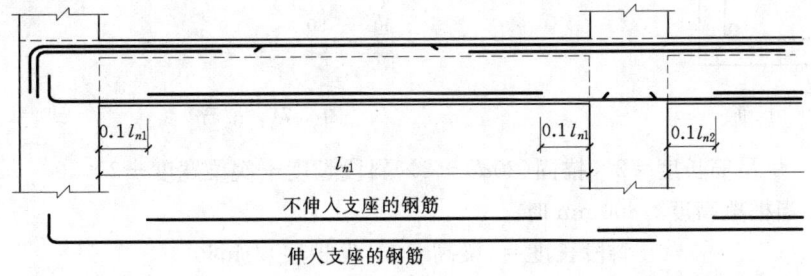

图 2.68 下部钢筋(二)

框架梁下部不伸入支座钢筋＝净跨长度－2×0.1l_n

注：下部钢筋不分上下排。

(6) 下部通长筋。

下部通长筋长度＝通跨净跨长＋首尾端支座锚固长度

端支座锚固长度＝上部最下排通长筋的锚固长度－上部最下排通长筋的直径

－max(25mm,下部通长钢筋直径)

为了简化计算，一般可按上部通长筋锚固长度的算法计算。

(7) 梁侧面钢筋（构造钢筋、受扭纵向钢筋），如图 2.69 所示。

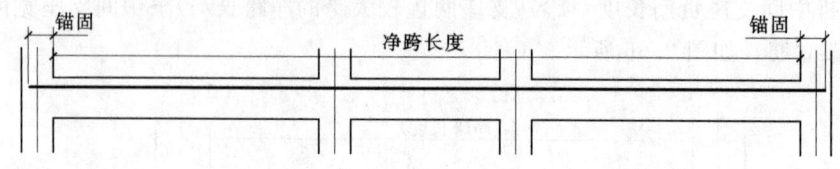

图 2.69 梁侧面钢筋

梁侧面钢筋长度＝通跨净跨长＋2×(锚固长度＋搭接长度)

注：当为梁侧面构造钢筋时，其搭接长度与锚固长度可取为 $15d$；当为梁侧面受扭纵向钢筋时，其搭接长度为 L_l 或 L_{lE}（抗震），锚固长度为 L_a 或 L_{aE}（抗震），其锚固方式同框架梁下部纵筋。

(8) 拉筋（拉筋同时勾住主筋和箍筋的情况），如图 2.70 所示。

拉筋长度＝(梁宽－2×保护层)＋1.9d×2＋max(10d,75mm)×2＋2d

拉筋根数＝[(净跨长－起步距离×2)/(非加密区间距×2)＋1]×排数

(9) 吊筋，如图 2.71 所示。

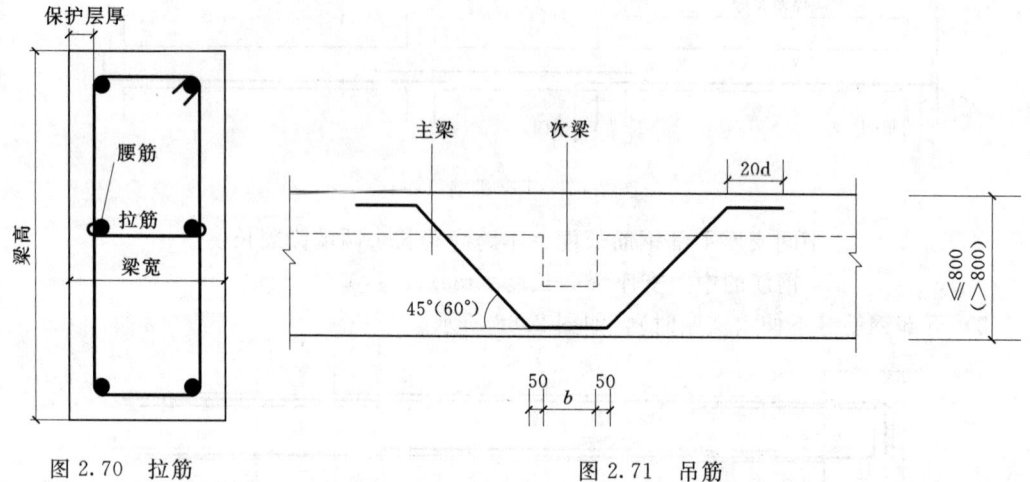

图 2.70 拉筋　　　　　　图 2.71 吊筋

吊筋长度＝2×锚固(20d)＋2×斜段长度＋次梁宽度＋2×50

其中：当框梁高度＞800mm 时

斜段长度＝(梁高－2×保护层)/sin60°

当框梁高度≤800mm 时

斜段长度＝(梁高－2×保护层)/sin45°

(10) 箍筋 (2肢箍的计算方法)，如图2.72所示。

箍筋长度＝(梁宽－2×保护层＋梁高－2×保护层)
　　　　　×2＋[1.9d＋max{10d,75mm}]×2

注：图集11G101-1第54页规定钢筋保护层是最外层钢筋外边缘至混凝土表面，钢筋的保护层从箍筋的外皮算起，所以不再需要加8d。

箍筋根数＝(加密区长度/加密区间距＋1)×2＋
　　　　　(非加密区长度/非加密-区间距－1)＋1

图2.72 箍筋

注：当为1级抗震时，箍筋加密区长度为max(2×梁高，500)；当为2～4级抗震时，箍筋加密区长度为max(1.5×梁高，500)。

2.8.6 柱钢筋计算

平法柱钢筋主要是纵筋和箍筋两种，所处部位不同，构造要求也不同。

2.8.6.1 柱纵筋

(1) 基础部位，如图2.73所示。

柱纵筋＝本层层高－下层柱钢筋外露长度max(≥H_n/6，≥500，≥柱截面长边尺寸)＋本层的钢筋外露长度max(≥H_n/6，≥500，≥柱截面长边尺寸)＋搭接长度(如采用焊接时，搭接长度为0)

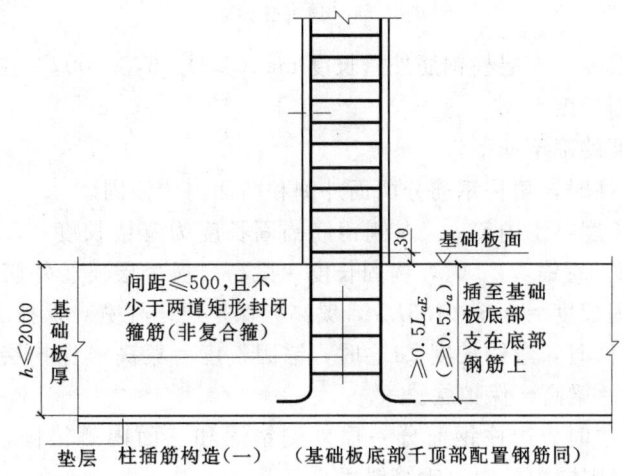

图2.73 基础柱钢筋

基础插筋＝基础高度－保护层＋基础弯折a(≥150)＋基础钢筋外露长度H_n/3(H_n指数层净高)＋搭接长度(如采用焊接时，搭接长度为0)

(2) 首层。

柱纵筋＝首层层高－基础柱钢筋外露长度H_n/3＋本层的钢筋外露长度max(≥H_n/6，≥500，≥柱截面长边尺寸)＋搭接长度(如采用焊接时，搭接长度为0)

(3) 中间层。

柱纵筋＝本层层高－下层柱钢筋外露长度max(不小于H_n/6，不小于500，不小于柱截面长边尺寸)＋本层的钢筋外露长度max(不小于H_n/6，不小于500，不小于柱截面长边尺

寸)+搭接长度(如采用焊接时,搭接长度为0)

(4)顶层柱钢筋,如图2.74所示。顶层框架柱因其所处位置不同,分为角柱、边柱和中柱,也因此各种柱纵筋的顶层锚固各不相同(参看图集11G101-1第59、60、64、65页)。

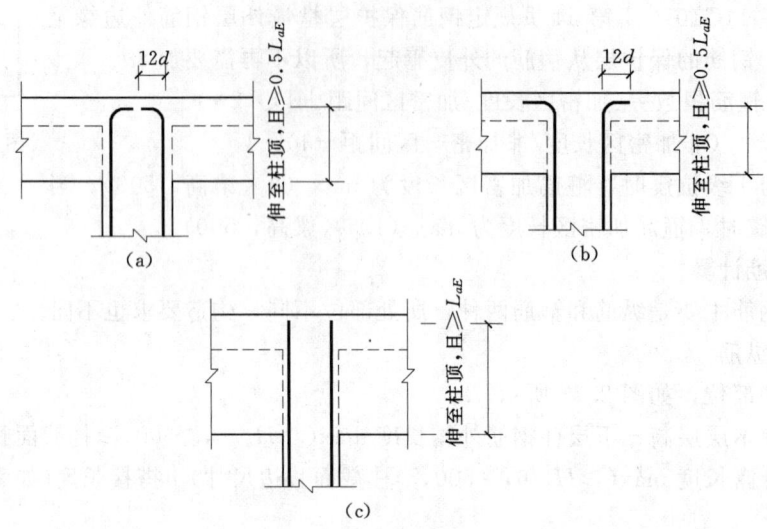

图2.74 顶层柱钢筋

柱纵筋=本层层高-下层柱钢筋外露长度$\max(\geqslant H_n/6, \geqslant 500, \geqslant$柱截面长边尺寸)-屋顶节点梁高+锚固长度

说明:锚固长度的确定如下。

1)当柱子为角柱时,角柱钢筋分两面外侧和两面内侧锚固。

角柱顶层纵筋长度:①内筋a、内侧钢筋锚固长度为弯锚长度$<L_{aE}$时,锚固长度=梁高-保护层+12d,直锚$\geqslant L_{aE}$时,锚固长度=梁高-保护层;②外筋b、外侧钢筋锚固长度为外侧钢筋锚固长度=$\max(1.5L_{aE}$,梁高-保护层+柱宽-保护层)。

2)当柱子为中柱时,弯锚长度$<L_{aE}$时,锚固长度=梁高-保护层+12d;直锚长度$\geqslant L_{aE}$时,锚固长度=梁高-保护层。

3)当柱子为边柱时,边柱钢筋分一面外侧锚固和三面内侧锚固。外侧钢筋锚固$\geqslant 1.5L_{aE}$,内侧钢筋锚固同中柱内侧钢筋锚固。

2.8.6.2 柱箍筋

(1)基础内箍筋。基础内箍筋的作用仅起一个稳固作用,也可以说是防止钢筋在浇注时受到扰动。规定间距≤500,且不少于两根。

(2)框架柱中间层的箍筋根数=N个加密区/加密区间距+N个非加密区/非加密区间距-1,图集11G101-1中,关于柱箍筋的加密区的规定如下:

1)首层柱箍筋的加密区有3个,分别为下部的箍筋加密区长度取$H_n/3$;上部取$\max(500,柱长边尺寸,H_n/6)$;梁节点范围内加密;如果该柱采用绑扎搭接,那么搭接范围内同时需要加密。

2)首层以上柱箍筋分别为上、下部的箍筋加密区长度均取$\max(500,柱长边尺寸,$

$H_n/6$);梁节点范围内加密;如果该柱采用绑扎搭接,那么搭接范围内同时需要加密。

(3) 柱箍筋长度计算。

柱复合箍筋(图 2.75)长度如下。

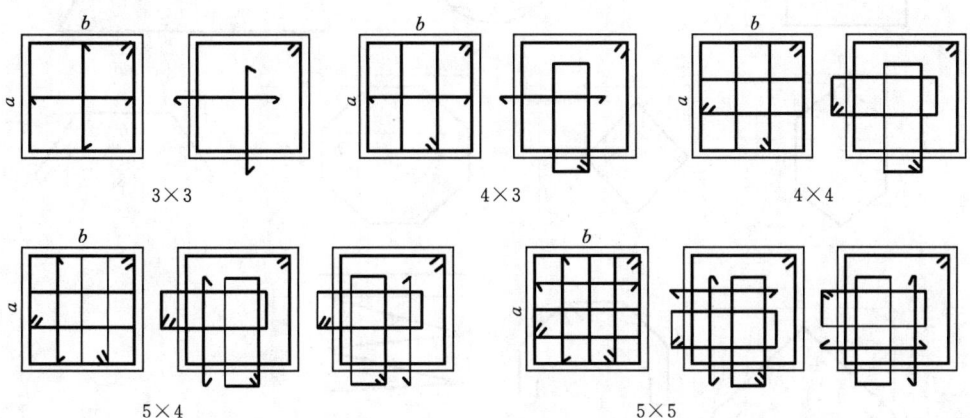

图 2.75 柱复合箍筋形状示意图

1) 3×3 型外箍筋长=2×(b+h)−8×保护层+2×弯钩长+4d。

内一字箍筋长=(h−2×保护层+2×弯钩长+d)+(b−2×保护层+2×弯钩长+d)

2) 4×3 型外箍筋长=2×(b+h)−8×保护层+2×弯钩长+4d。

内矩形箍筋长=[(b−2×保护层−D)÷3+D]×2+(h−2×保护层)×2+2×弯钩长+4d

内一字箍筋长=b−2×保护层+2×弯钩长+d

3) 4×4 型外箍筋长=2×(b+h)−8×保护层+2×弯钩长+4d。

内矩形箍筋长 1=[(b−2×保护层−D)÷3+D+d+h−2×保护层+d]×2+2×弯钩长

内矩形箍筋长 2=[(h−2×保护层−D)÷3+D+d+b−2×保护层+d]×2+2×弯钩长

4) 5×4 型外箍筋长=2×(b+h)−8×保护层+2×弯钩长+4d。

内矩形箍筋长 1=[(b−2×保护层−D)÷4+D+d+h−2×保护层+d]×2+2×弯钩长

内矩形箍筋长 2=[(h−2×保护层−D)÷3+D+d+b−2×保护层+d]×2+2×弯钩长

内一字箍筋长=h−2×保护层+2×弯钩长+d

说明:D 为纵筋直径。

(2) 柱非复合箍筋长度(图 2.76 中尺寸均不包括保护层厚度)。

1) 箍筋长=2×(a+b)+2×弯钩长+4d。

2) 箍筋长=a+2×弯钩长+d。

3) 箍筋长=3.1416×(a+d)+2×弯钩长+搭接长度。

4) 箍筋长=$a+b+C+\sqrt{(C-a)^2+b^2}$+2×弯钩长+4d。

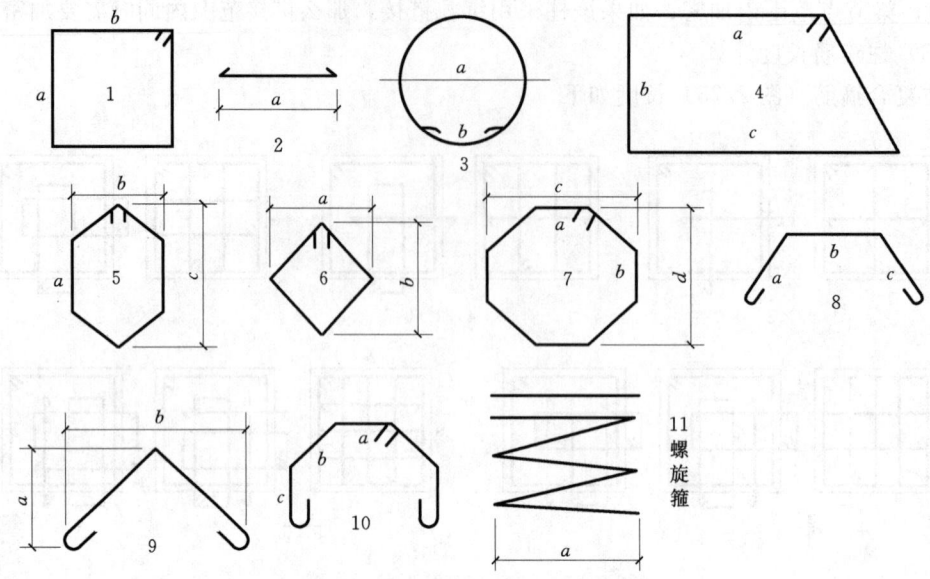

图 2.76　柱非复合箍筋形状示意图

5) 箍筋长 $=2\times a+\sqrt{(C-a)^2+b^2}+2\times$ 弯钩长 $+6d$。

6) 箍筋长 $=2\times\sqrt{a^2+b^2}+2\times$ 弯钩长 $+4d$。

7) 箍筋长 $=2\times(a+b)+\sqrt{(C-a)^2+(d-b)^2}+2\times$ 弯钩长 $+8d$。

8) 箍筋长 $=a+b+C+2\times$ 弯钩长 $+3d$。

9) 箍筋长 $=2\times\sqrt{a^2+b^2}+2\times$ 弯钩长 $+2d$。

10) 箍筋长 $=a+2\times(b+C)+2\times$ 弯钩长 $+5d$。

11) 箍筋长 $=\sqrt{[3.14\times(a+b)]^2+b^2}+$（柱高/螺距 b）。

2.8.7　板

在实际工程中，我们知道板分为预制板和现浇板，这里主要分析现浇板的布筋情况。板筋主要有：受力筋（单向或双向，单层或双层）、支座负筋、分布筋、附加钢筋（角部附加放射筋、洞口附加钢筋）、撑脚钢筋（双层钢筋时支撑上下层）。

2.8.7.1　受力筋

板钢筋如图 2.77 所示。

板底受力筋长度＝板净跨长＋两端锚固长度(伸进长度)＋两端弯钩长度

（1）锚固长度的取值分四种情况：

1) 端部支座为梁：锚固长度为 max (1/2 梁宽，$5d$)。

2) 端部支座为砌体墙的圈梁：锚固长度为 max (1/2 圈梁宽，$5d$)。

3) 端部支座为砌体墙：锚固长度为 max (120，板厚，墙厚/2)。

4) 端部支座为剪力墙：锚固长度为 max (1/2 墙厚，$5d$)。

板面受力筋长度＝板净跨长＋两端锚固长度

（2）锚固长度的取值分四种情况：

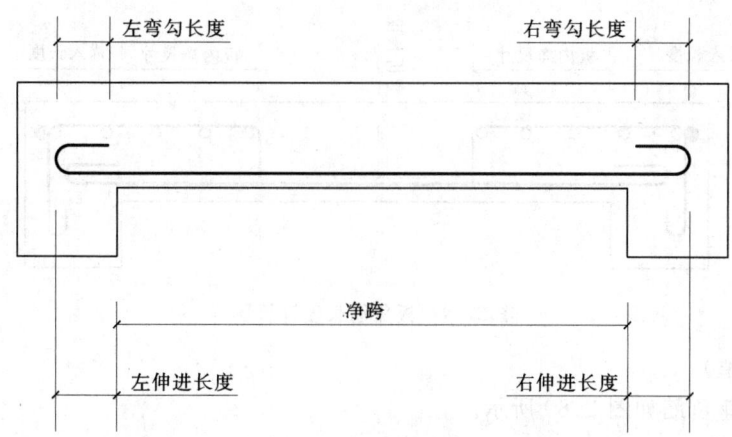

图 2.77 板钢筋长度计算图

1) 端部支座为梁：锚固长度为 $0.35l_{ab}+15d$（充分利用钢筋的抗拉强度时取 $0.65l_{ab}+15d$）。

2) 端部支座为砌体墙的圈梁：锚固长度为 $0.35l_{ab}+15d$（充分利用钢筋的抗拉强度时取 $0.65l_{ab}+15d$）。

3) 端部支座为砌体墙：锚固长度为 $0.35l_{ab}+15d$。

4) 端部支座为剪力墙：锚固长度为 $0.4l_{ab}+15d$。

（3）板底钢筋根数计算如图 2.78 所示。

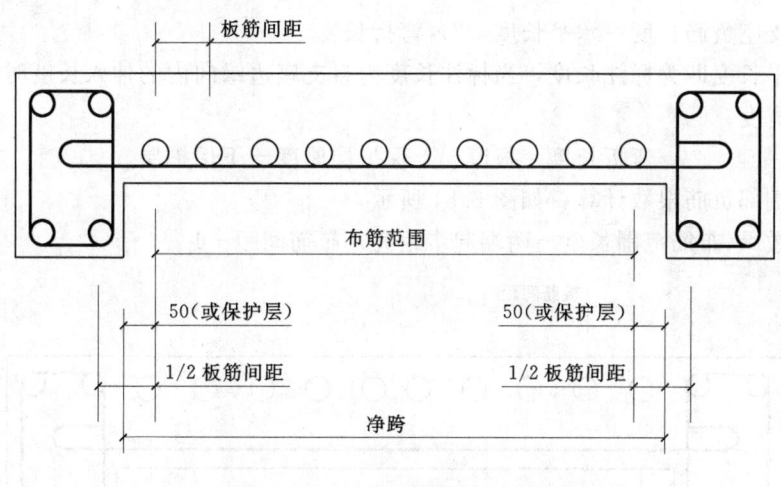

图 2.78 板底钢筋根数计算图

板底受力筋根数＝(布筋范围长度－两端起步距离)/布筋间距＋1

板面受力筋根数＝(布筋范围长度－两端起步距离)/布筋间距＋1

起步距离＝第一根钢筋距离梁或墙边 50mm

2.8.7.2 负筋

（1）板负筋长度计算如图 2.79 所示。

板边支座负筋长度＝伸入跨内的板内净尺寸＋弯折长度＋伸入支座的锚入长度（同板

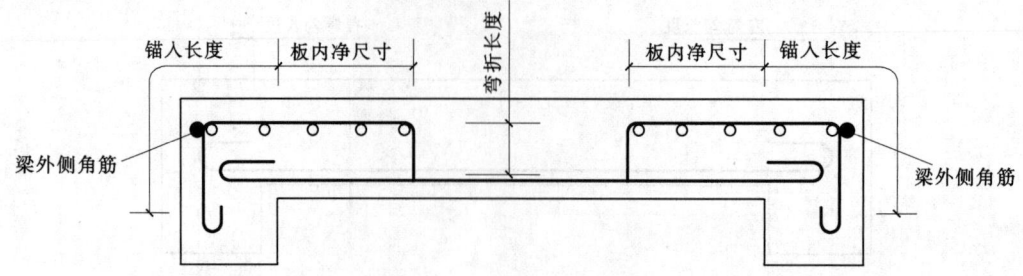

图2.79 板负筋长度计算图

面钢筋锚固取值)

板中间支座负筋如图2.80所示。

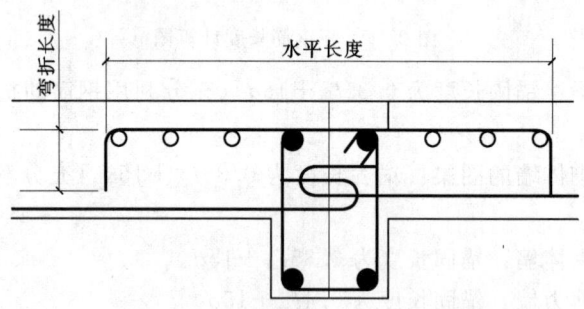

图2.80 板中间支座负筋长度计算图

板中间支座负筋长度＝水平长度＋2×弯折长度

注：水平长度即为标注长度，当标注长度为自支座边缘向内的伸入长度时，水平长度还要加支座宽度。

弯折长度＝板厚－上保护层厚度－下保护层

(2) 板端部负筋根数计算，如图2.81所示。

负筋根数＝(布筋范围长度－两端起步距离)/布筋间距＋1

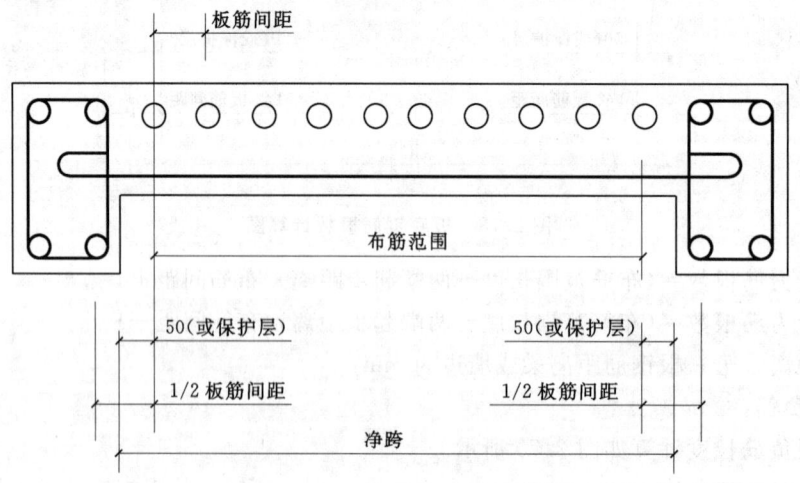

图2.81 板端部负筋根数计算图

2.8.7.3 负筋分布筋

(1) 负筋分布筋长度，如图 2.82 所示。

负筋分布筋长度＝两端支座负筋净距＋2×150

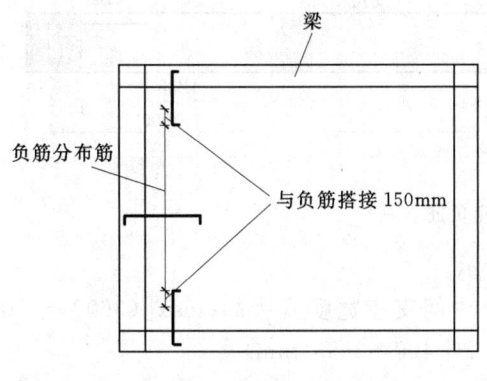

图 2.82 负筋分布筋

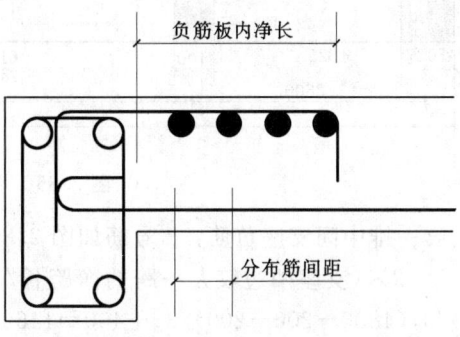

图 2.83 负筋分布筋根数计算图

(2) 负筋分布筋根数，如图 2.83 所示。

负筋分布筋根数＝负筋板内净长/分布筋间距＋1

计算图 2.84～图 2.97 所示梁钢筋，说明：抗震等级为一级抗震，混凝土强度等级为 C30。

$$\text{HPB300 级钢筋基本锚固长度 } L_{aE}=\xi_{aE}L_a=1.15\times35d$$

$$\text{HRB335 级钢筋基本锚固长度 } L_{aE}=\xi_{aE}L_a=1.15\times33d$$

上部通长筋：1 号筋，如图 2.84 所示。

$L=$ 通跨净跨长＋$2\times\max(L_{aE}, 0.4L_{abE}+15d, h_c-c+15d)=12500-500-500+2\times\max(1.15\times33\times25, 0.4\times33\times25+15\times25, 500-20+15\times25)=11500+2\times\max(949, 705, 855)=11500+1898=13398(\text{mm})$

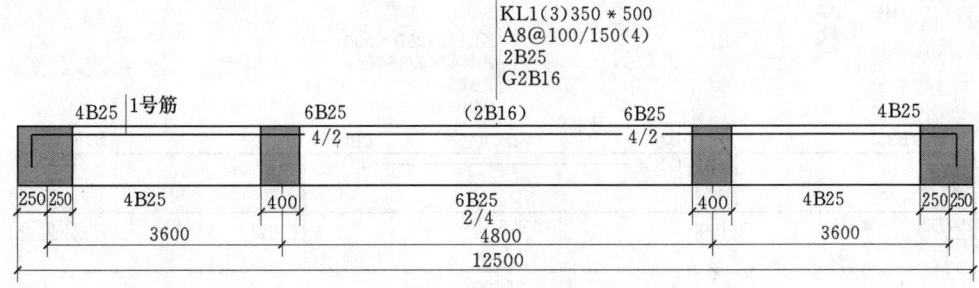

图 2.84 上部通长筋

第一排端支座负筋：2 号筋，如图 2.85 所示。

$L=$ 净跨长$/3+\max(L_{aE}, 0.4L_{abE}+15d, h_c-c+15d)=(3600-250-200)/3+\max(1.15\times33\times25, 0.4\times33\times25+15\times25, 500-20+15\times25)=3150/3+\max(949, 705, 855)=1050+949=1999(\text{mm})$

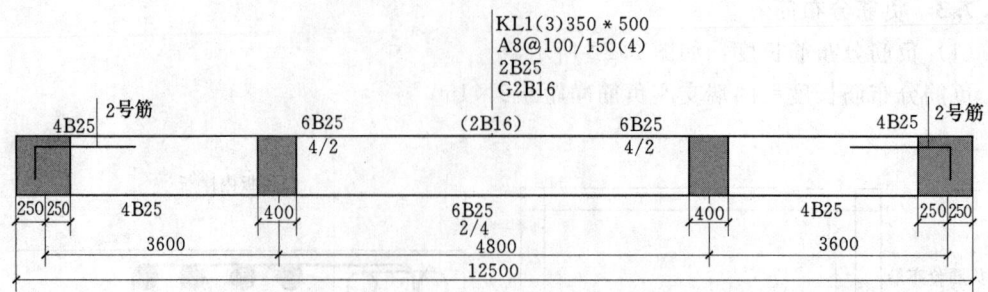

图 2.85　端支座负筋（一）

第一排中间支座负筋：3 号筋如图 2.86 所示。

$L = 2 \times$（支座两边较大一跨的净跨长/3）+ 中间支座宽度值 = $2 \times \max[(3600-250-200)/3,(4800-200-200)/3] + 400 = 1466.6 \times 2 + 400 = 3333(\text{mm})$

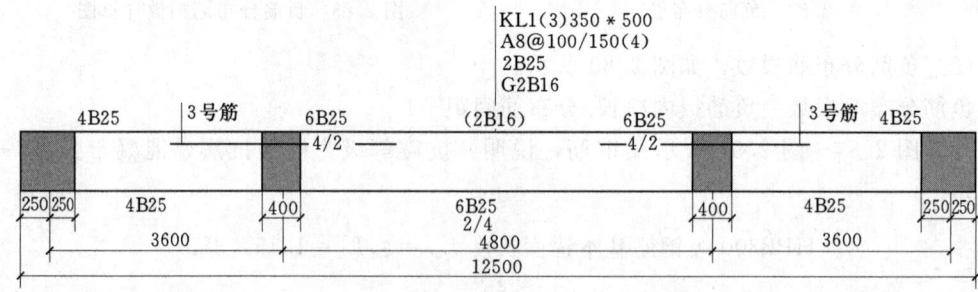

图 2.86　中间支座负筋（一）

架立筋：4 号筋，如图 2.87 所示。

$L =$ 第二跨净跨长 − 左侧 3 号筋伸入第二跨内长度 − 右侧 3 号筋伸入第二跨内长度 + $2 \times$ 搭接长度 = $(4800-400)-(4800-400)/3 \times 2 + 2 \times 150 = 4400 - 1467 \times 3 + 300 = 4400 - 2934 + 300 = 1766(\text{mm})$

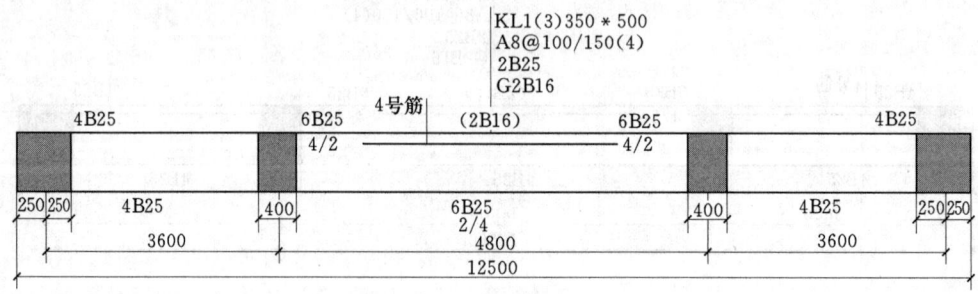

图 2.87　架立筋

第二排中间支座负筋：5 号筋，如图 2.88 所示。

$L = 2 \times$ 支座两边较大一跨的净跨长/4 + 中间支座宽度值 = $2 \times \max[(3600-250-200)/4,(4800-200-200)/4] + 400 = 2 \times 1100 + 400 = 2600(\text{mm})$

下部通长筋：6 号筋，如图 2.89 所示。

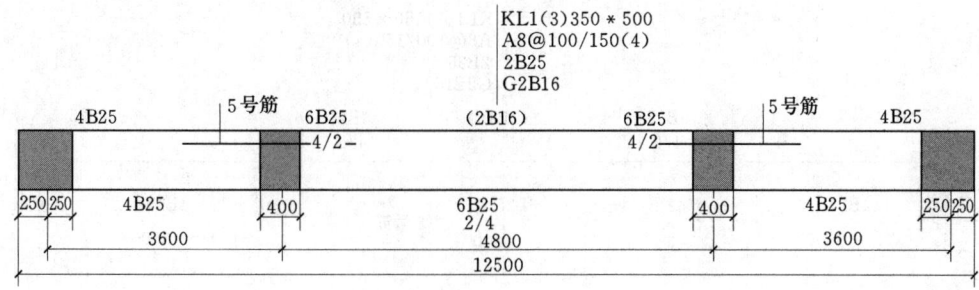

图 2.88 中间支座负筋（二）

$L=$ 通跨净跨长 $+2\times\max(L_{aE},0.4L_{abE}+15d,h_c-c+15d)$
$=12500-500-500+2\times\max(1.15\times33\times25,0.4\times33\times25+15\times25,500-20+15\times25)=11500+2\times\max(949,705,855)=11500+949\times2=13398$（mm）

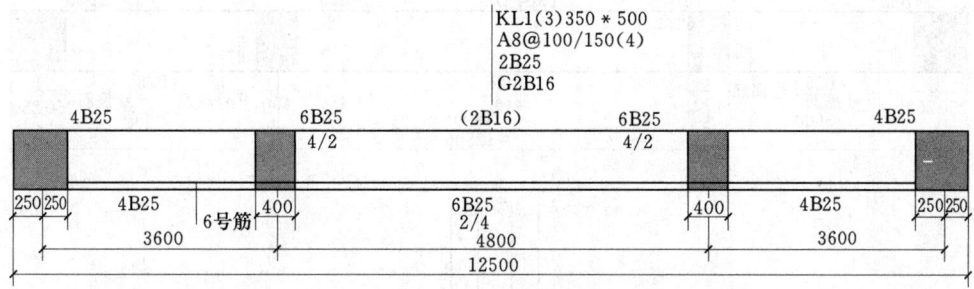

图 2.89 下部通长筋

第二跨下部纵筋：7号筋，如图 2.90 所示。

$L=$ 第二跨净跨长 $+2\times\max(L_{aE},0.5h_c+5d)=4800-400+2\times\max(1.15\times33\times25,0.5\times400+5\times25)=4400+2\times\max(949,325)=4400+1898=6298$(mm)

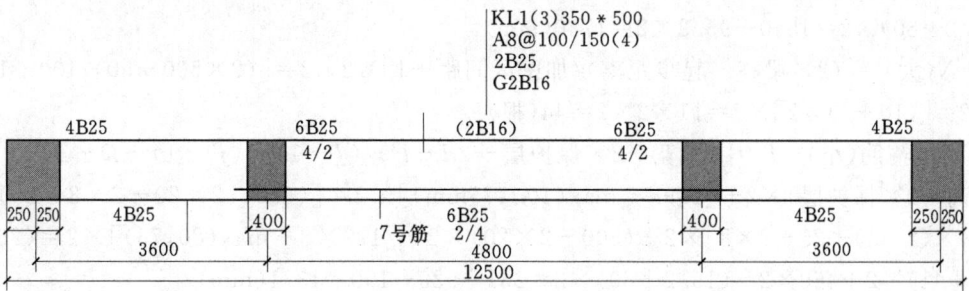

图 2.90 下部纵筋

构造钢筋：8号筋，如图 2.91 所示。

$L=$ 通跨净跨长 $+2\times15d=12500-500-500+2\times15\times16=11500+2\times240=11980$（mm）

加密区箍筋：9号箍筋，如图 2.92 所示。

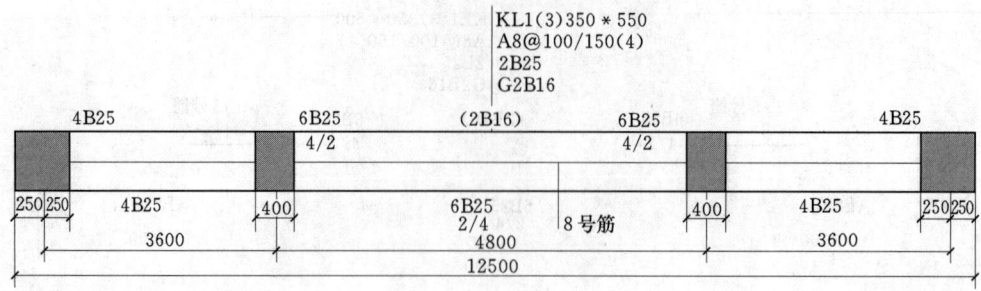

图 2.91 构造钢筋

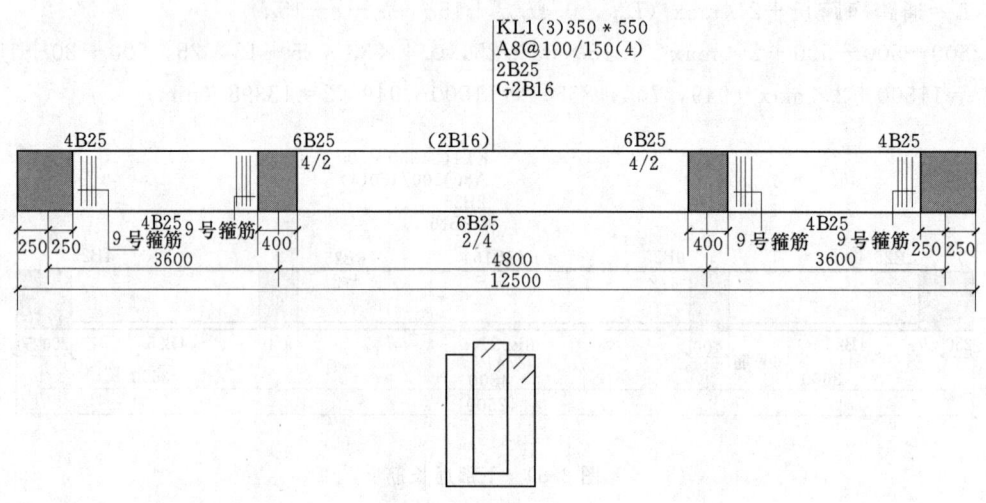

图 2.92 箍筋（一）

9号箍筋（大）　$L=(梁宽-2\times 保护层+梁高-2\times 保护层)\times 2+[1.9d+\max(10d,75mm)]\times 2=(350-2\times 20+500-2\times 20)\times 2+[1.9\times 8+\max(10\times 8,75)]\times 2=770\times 2+(15.2+80)\times 2=1540+95.2\times 2=1730(mm)$

$N(大)=[(2\times 梁高-起步距离)/加密区间距+1]\times 2\times 2=[(2\times 500-50)/100+1]\times 2\times 2=[(10+1)\times 2]\times 2=11\times 2\times 2=44(根)$

9号箍筋（小）　$L=[(梁宽-2\times 保护层-2d-D)/(J-1)\times (j'-1)+D+2d]\times 2+(梁高-2\times 保护层)\times 2+[1.9d+\max(10d,75mm)]\times 2=[(350-2\times 20-2\times 8-25)/(4-1)\times (2-1)+25+2\times 8]\times 2+(500-2\times 20)\times 2+[1.9\times 8+\max(80,75)]\times 2=(269/3\times 1+41)\times 2+460\times 2+(15.2+80)\times 2=261+920+190=1371(mm)$

$N（小）$同 $N（大）=44$ 根

式中　J、j——大箍和小箍中所含的受力筋根数；

　　　D——受力筋直径。

非加密区箍筋：10号箍筋，如图2.93所示。

10号箍筋（大）同9号箍筋（大）$L=1730mm$

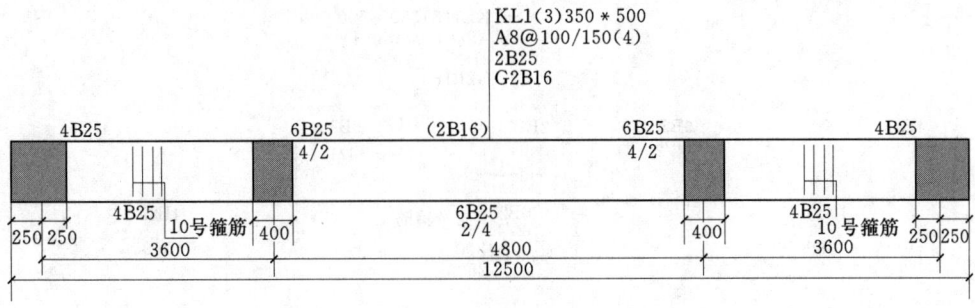

图 2.93 非密区箍筋

$N(大)=\{[净跨长-左加密区长度-右加密区长度]/非加密区间距-1\}\times 2=\{[(3600-250-200)-500\times 2-500\times 2]/150-1\}\times 2=(1150/150-1)\times 2=(8-1)\times 2=14(根)$

10 号箍筋（小）同 9 号箍筋（小）$L=1371mm$

N（小）同 N（大）$=14$ 根

11 号箍筋如图 2.94 所示。

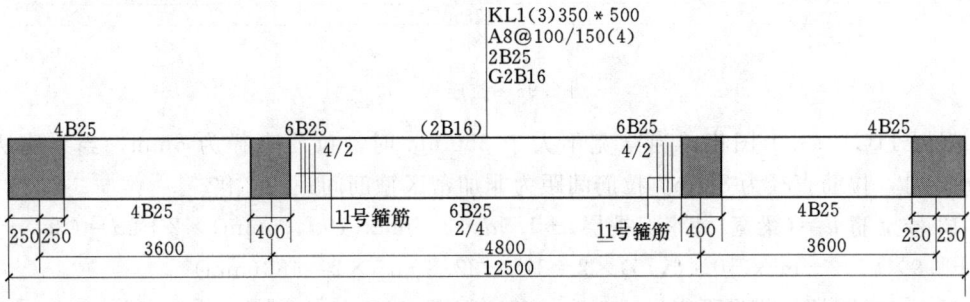

图 2.94 箍筋（二）

11 号箍筋（大）同 9 号箍筋（大）$L=1730mm$

$N(大)=\{[(梁高\times 2-起步距离)/加密区间距+1]\times 2\}\times 2=\{[(500\times 2-50)/100+1]\times 2\}\times 2=[(10+1)\times 2]\times 2=(11\times 2)\times 2=44(根)$

11 号箍筋（小）同 9 号箍筋（小）$L=1371mm$

N（小）同 N（大）$=44$ 根

12 号箍筋如图 2.95 所示。

12 号箍筋（大）同 9 号箍筋（大）$L=1730mm$

$N(大)=[净跨长-左加密区长度-右加密区长度]/非加密区间距-1=[(4800-200-200)-500\times 2-500\times 2]/150-1=2400/150-1=16-1=15(根)$

12 号箍筋（小）同 9 号箍筋（小）$L=1371mm$

N（小）同 N（大）$=15$ 根

13 号拉筋如图 2.96 所示。

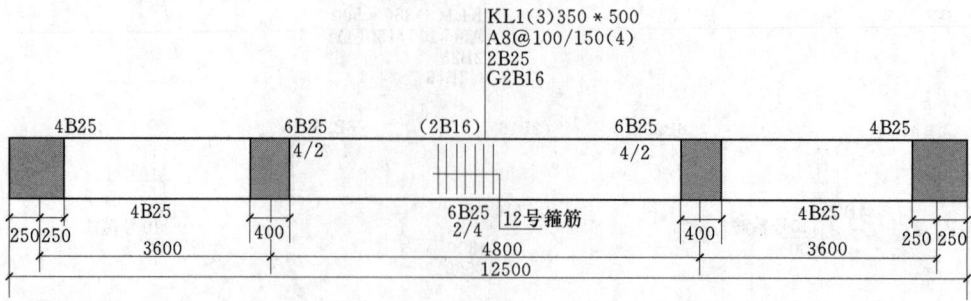

图2.95 箍筋(三)

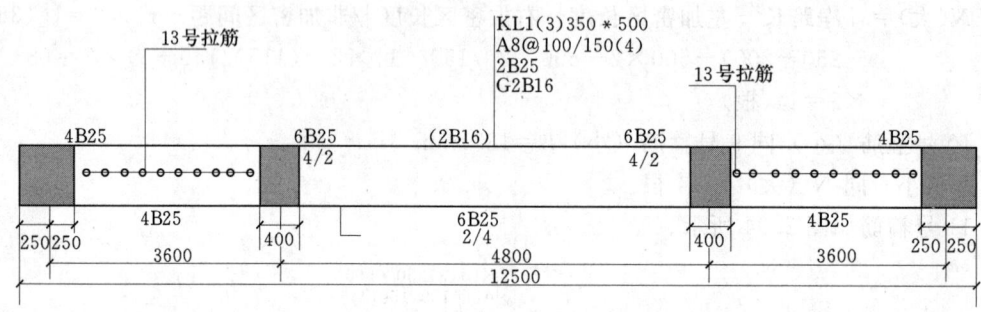

图2.96 拉筋(一)

根据11G101-1图集,当梁宽不大于350mm时,拉筋直径为6mm;当梁宽大于350mm时,拉筋直径为8mm。拉筋间距为非加密区箍筋间距的2倍。

13号拉筋 $L=$(梁宽$-2\times$保护层)$+1.9d\times2+\max(10d,75\text{mm})\times2+2d=(350-2\times20)+1.9\times6\times2+\max(10\times6,75)\times2=310+22.8+75\times2=483(\text{mm})$

$N=$[(净跨长$-$起步距离$\times2)/$(非加密区间距$\times2)+1]\times$排数$=$[(3600$-$250$-$200$-$50$\times2)/(150\times2)+1]\times2=$[3050/300$+1]\times2=$[10$+1]\times2=22$(根)

14号拉筋如图2.97所示。

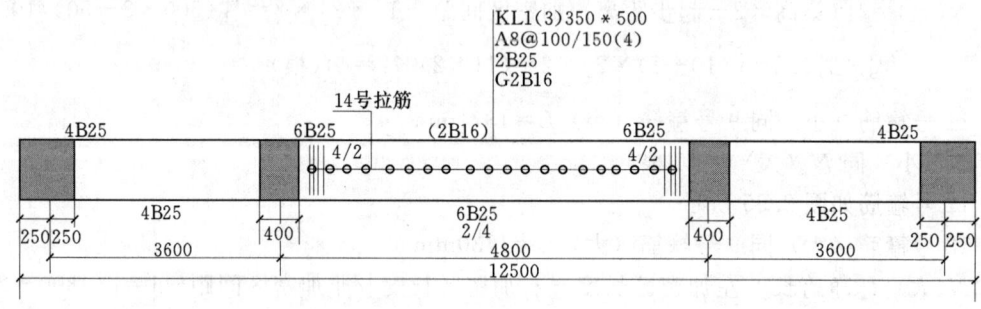

图2.97 拉筋(二)

14号拉筋同13号拉筋 $L=483$mm

$N=$(净跨长$-$起步距离$\times2)/$(非加密区间距$\times2)+1=(4800-200-200-50\times2)/(150\times2)+1=4300/300+1=15+1=16$(根)

学习单元 2.8 钢 筋 工 程

【例 2.21】 如图 2.98 所示为某房屋标准层的结构平面图,已知板的混凝土强度等级 C25,板厚 100mm,正常环境下使用,①Φ10@200,②Φ8@200,③Φ10@150,梁截面 300mm×500mm,分别求①、②、③号钢筋的长度。

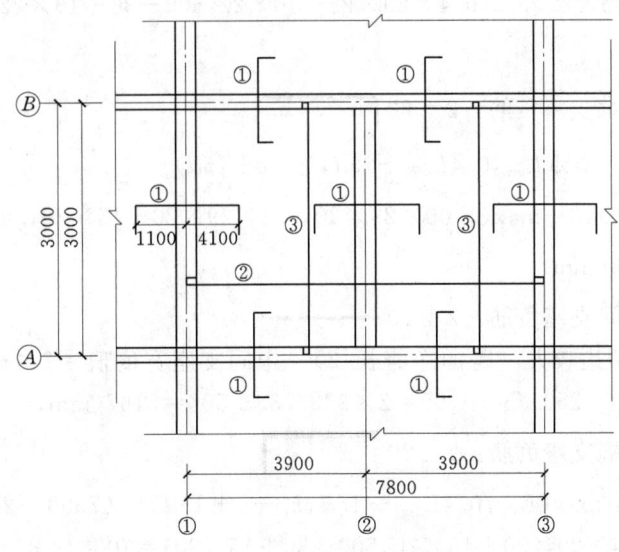

图 2.98 某房屋标准层的结构平面图

解:①号钢筋:$L=$水平长度$+2\times$弯折长度$=(1100+1100)+2\times(100-15)=2200+2\times 85=2200+170=2370$(mm)

②号钢筋:$L=$板净跨长$+$两端锚固长度(伸进长度)$+$两端弯钩长度$=(7800-300)+2\times\max(1/2$梁宽$,5d)=7500+2\times\max(1/2\times 300,5\times 10)=7500+2\times 150=7800$(mm)

③号钢筋:$L=$板净跨长$+$两端锚固长度$=(3000-300)+2\times 0.35l_{ab}+15d=2700+2\times 0.35\times 39d+15\times 10=2700+0.35\times 39\times 10+150=2700+136.5+150=2987$(mm)

【例 2.22】 根据学习单元 2.1 某学院综合楼局部二层楼面梁结构图,试计算 KL5 的钢筋的长度。

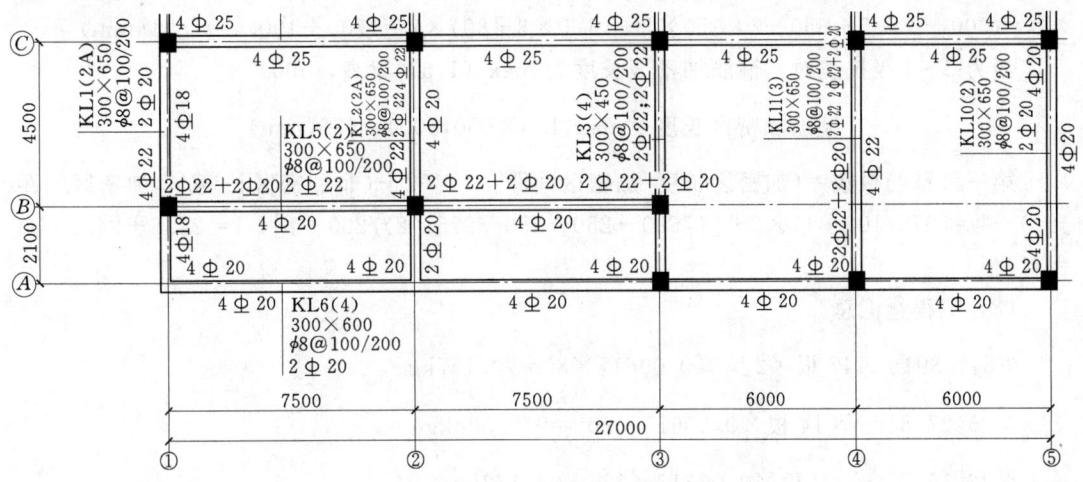

图 2.99 某学院综合楼局部二层楼面梁结构图

147

解：(1) 上部通长筋：2⊈22。

L＝通跨净跨长＋$2\times\max(L_{aE}, 0.4L_{abE}+15d, h_c-c+15d)$＝$(7500-250)+(7500-250)+2\times\max(1.00\times29\times22, 0.4\times29\times22+15\times22, 500-30+15\times22)$＝$7250+7250+2\times638$＝$15776$(mm)

(2) 第一排左端支座负筋：2⊈20。

L＝净跨长/3＋$\max(L_{aE}, 0.4L_{abE}+15d, h_c-c+15d)$
＝$(7500-250-250)/3+\max(1.00\times29\times20, 0.4\times29\times20+15\times20, 500-30+15\times20)$＝$7000/3+580$＝$2913$(mm)

(3) 第一排中间支座负筋：2⊈20。

L＝$2\times$(支座两边较大一跨的净跨长/3)＋中间支座宽度值＝$2\times\max[(7500-250-250)/3, (7500-250-250)/3]+500$＝$2\times2333.33+500$＝$5167$(mm)

(4) 第一排右端支座负筋：2⊈20。

L＝净跨长/3＋$\max(L_{aE}, 0.4L_{abE}+15d, h_c-c+15d)$＝$(7500-250-250)/3+\max(1.00\times29\times20, 0.4\times29\times20+15\times20, 500-30+15\times20)$＝$7000/3+580$＝$2913$(mm)

(5) 第一跨下部纵筋：(非通长筋) 4⊈20。

L＝第一跨净跨长＋$2\times\max(L_{aE}, 0.5h_c+5d)$＝$7500-250+2\times\max(1.00\times29\times20, 0.5\times500+5\times20)$＝$7250+2\times580$＝$8410$(mm)

(6) 第二跨下部纵筋：(非通长筋) 4⊈20。

L＝第二跨净跨长＋$2\times\max(L_{aE}, 0.5h_c+5d)$＝$7500-250+2\times\max(1.00\times29\times20, 0.5\times500+5\times20)$＝$7250+2\times580$＝$8410$(mm)

(7) 矩形箍筋：Φ8@100/200。

箍筋长度＝(梁宽－$2\times$保护层＋梁高－$2\times$保护层)$\times2+[1.9d+\max(10d, 75mm)]\times2$＝$(300-2\times25+650-2\times25)\times2+(1.9\times8+80)\times2$＝$1700+190.4$＝$1891$(mm)

当为2～4级抗震时，箍筋加密区长度为$\max(1.5\times$梁高，$500)$。

箍筋加密区长度＝$\max(1.5\times650, 500)$＝975(mm)

第一跨箍筋根数＝(加密区长度/加密区间距＋1)$\times2+$(非加密区长度/非加密区间距－1)＋1＝$(975/100+1)\times2+[(7500-250-250-975\times2)/200-1]+1$＝$21.5+24.25+1$＝$47$(根)

(8) 工程量汇总。

Φ8：$1.891m\times47$根$\times2$跨$\times0.00617\times8^2$＝70.157kg。

⊈20：$27.813m\times14$根$\times0.00617\times20^2$＝960.528kg。

⊈22：$15.776m\times2$根$\times0.00617\times22^2$＝94.177kg。

(9) KL5 钢筋的工程量清单与计价表见表 2.66。

表 2.66 分部分项工程量清单与计价表（KL5）

序号	项目编码	项目名称	项目特征	计量单位	工程量
1	010515001001	现浇构件钢筋	钢筋种类、规格：Ⅰ级圆钢、Φ8	t	0.070
2	010515001002	现浇构件钢筋	钢筋种类、规格：Ⅱ级螺纹钢、Φ20	t	0.961
3	010515001003	现浇构件钢筋	钢筋种类、规格：Ⅱ级螺纹钢、Φ22	t	0.094

学习单元 2.9 门 窗 工 程

门窗工程包括木门，金属门，金属卷帘（闸）门，厂库房大门、特种门，其他门，木窗，金属窗，门窗套，窗台板，窗帘、窗帘盒、轨项目。

2.9.1 木门（编码 010801）

木门包括木质门、木质门带套、木质连窗门、木质防火门、木门框、门锁安装 6 个清单项目。

木门工程量清单项目设置、项目特征描述、计量单位及工程量计算规则应按表 2.67 的规定执行。

表 2.67 木门（编码 010801）

项目编码	项目名称	项目特征	计量单位	工程量计算规则	工程内容
010801001	木质门	1. 门代号及洞口尺寸 2. 镶嵌玻璃品种、厚度	1. 樘 2. m²	1. 以樘计量，按设计图示数量计算 2. 以平方米计量，按设计图示洞口尺寸以面积计算	1. 门安装 2. 五金、玻璃安装 3. 刷防护材料、油漆
010801002	木质门带套				
010801003	木质连窗门				
010801004	木质防火门				
010801005	木门框	1. 门代号及洞口尺寸 2. 框截面尺寸 3. 防护材料种类	1. 樘 2. m²	1. 以樘计量，按设计图示数量计算 2. 以平方米计量，按设计图示框的中心线以延长米计算	1. 木门框制作、安装 2. 运输 3. 刷防护材料
010801006	门锁安装	1. 锁品种 2. 锁规格	个（套）	按设计图示数量计算	安装

2.9.2 金属门（编码 010802）

金属门包括金属（塑钢）门、彩板门、钢质防火门、防盗门 4 个清单项目。

金属门工程量清单项目设置、项目特征描述、计量单位及工程量计算规则应按表 2.68 的规定执行。

学习情境 2 建筑工程量计算

表 2.68　　　　　　　　　　金属门（编码 010802）

项目编码	项目名称	项目特征	计量单位	工程量计算规则	工程内容
010802001	金属（塑钢）门	1. 门代号及洞口尺寸 2. 门框或扇外围尺寸 3. 门框、扇材质 4. 玻璃品种、厚度	1. 樘 2. m²	1. 以樘计量，按设计图示数量计算 2. 以平方米计量，按设计图示洞口尺寸以面积计算	1. 门安装 2. 五金安装 3. 玻璃安装
010802002	彩板门	1. 门代号及洞口尺寸 2. 门框或扇外围尺寸			
010802003	钢质防火门	1. 门代号及洞口尺寸 2. 门框或扇外围尺寸 3. 门框、扇材质			1. 门安装 2. 五金安装
010802004	防盗门				

2.9.3 金属卷帘（闸）门（编码 010803）

金属卷帘（闸）门包括金属卷帘（闸）门、防火卷帘（闸）门 2 个清单项目。

金属卷帘（闸）门工程量清单项目设置、项目特征描述、计量单位及工程量计算规则应按表 2.6.9 的规定执行。

表 2.69　　　　　　　　　金属卷帘（闸）门（编码 010803）

项目编码	项目名称	项目特征	计量单位	工程量计算规则	工程内容
010803001	金属卷帘（闸）门	1. 门代号及洞口尺寸 2. 门材质 3. 启动装置品种、规格、品牌	1. 樘 2. m²	1. 以樘计量，按设计图示数量计算 2. 以平方米计量，按设计图示洞口尺寸以面积计算	1. 门运输、安装 2. 启动装置、活动小门、五金安装
010803003	防火卷帘（闸）门				

2.9.4 厂库房大门、特种门

厂库房大门、特种门包括木板大门、钢木大门、全钢板大门、防护铁丝门、金属格栅门、钢质花饰大门、特种门 7 个清单项目。

2.9.5 其他门

其他门包括电子感应门、旋转门、电子对讲门、电动伸缩门、全玻自由门、镜面不锈钢饰面门、复合材料门 7 个清单项目。

2.9.6 木窗（编码 010806）

木窗包括木质窗、木飘（凸）窗、木橱窗、木纱窗 4 个清单项目。

木窗工程量清单项目设置、项目特征描述、计量单位及工程量计算规则应按表 2.70 的规定执行。

2.9.7 金属窗（编码 010807）

金属窗包括金属（塑钢、断桥）窗、金属防火窗、金属百叶窗、金属纱窗、金属格栅窗、金属（塑钢、断桥）橱窗、金属（塑钢、断桥）飘（凸）窗、彩板窗、复合材料窗 9 个清单项目。

表 2.70　　　　　　　　　　　　　　木窗（编码 010806）

项目编码	项目名称	项目特征	计量单位	工程量计算规则	工作内容
010806001	木质窗	1. 窗代号及洞口尺寸 2. 玻璃品种、厚度	1. 樘 2. m²	1. 以樘计量，按设计图示数量计算 2. 以平方米计量，按设计图示洞口尺寸以面积计算	1. 窗安装 2. 五金、玻璃安装
010806002	木飘（凸）窗	1. 窗代号 2. 框截面及外围展开面积 3. 玻璃品种、厚度 4. 防护材料种类		1. 以樘计量，按设计图示数量计算 2. 以平方米计量，按设计图示尺寸以框外围展开面积计算	1. 窗制作、运输、安装 2. 五金、玻璃安装 3. 刷防护材料
010806003	木橱窗				
010806004	木纱窗	1. 窗代号及框的外围尺寸 2. 窗纱材料品种、规格		1. 以樘计量，按设计图示数量计算 2. 以平方米计量，按框的外围尺寸以面积计算	1. 窗安装 2. 五金安装

金属窗工程量清单项目设置、项目特征描述、计量单位及工程量计算规则应按表 2.71 的规定执行。

表 2.71　　　　　　　　　　　　　　金属窗（编码 010807）

项目编码	项目名称	项目特征	计量单位	工程量计算规则	工程内容
010807001	金属（塑钢、断桥）窗	1. 窗代号及洞口尺寸 2. 框、扇材质 3. 玻璃品种、厚度	1. 樘 2. m²	1. 以樘计量，按设计图示数量计算 2. 以平方米计量，按设计图示洞口尺寸以面积计算	1. 窗制作、运输、安装 2. 五金、玻璃安装
010807002	金属防火窗				
010807003	金属百叶窗	1. 窗代号及洞口尺寸 2. 框、扇材质 3. 玻璃品种、厚度		1. 以樘计量，按设计图示数量计算 2. 以平方米计量，按框的外围尺寸以面积计算	
010807004	金属纱窗	1. 窗代号及框的外围尺寸 2. 框材质 3. 窗纱材料品种、规格		1. 以樘计量，按设计图示数量计算 2. 以平方米计量，按框的外围尺寸以面积计算	1. 窗制作、运输、安装 2. 五金安装
010807005	金属格栅窗	1. 窗代号及洞口尺寸 2. 框外围尺寸 3. 框、扇材质		1. 以樘计量，按设计图示数量计算 2. 以平方米计量，按设计图示洞口尺寸以面积计算	

项目编码	项目名称	项目特征	计量单位	工程量计算规则	工程内容
010807006	金属（塑钢、断桥）橱窗	1. 窗代号 2. 框外围展开面积 3. 框、扇材质 4. 玻璃品种、厚度 5. 防护材料种类	1. 樘 2. m²	1. 以樘计量，按设计图示数量计算 2. 以平方米计量，按设计尺寸以框外围展开面积计算	1. 窗制作、运输、安装 2. 五金、玻璃安装 3. 刷防护材料
010807007	金属（塑钢、断桥）飘（凸）窗	1. 窗代号 2. 框外围展开面积 3. 框、扇材质 4. 玻璃品种、厚度			1. 窗制作、运输、安装 2. 五金、玻璃安装
010807008	彩板窗	1. 窗代号及洞口尺寸 2. 框外围尺寸 3. 框、扇材质 4. 玻璃品种、厚度		1. 以樘计量，按设计图示数量计算 2. 以平方米计量，按设计图示洞口尺寸或框外围以面积计算	
010807009	复合材料窗				

2.9.8 门窗套、窗台板、窗帘盒、轨

门窗套、窗台板、窗帘盒、轨这些项目在本教材中不详细介绍，具体内容详见《房屋建筑与装饰工程工程量计算规范》（GB 50854—2013）。

【例 2.23】

图 2.100 是某住宅的平面布置图，已知 M-1 是钢防盗门，尺寸为 1200mm×2100mm，M-2 是实木装饰门，尺寸为 900mm×2100mm，C-1 是塑钢窗，尺寸为 1500mm×1500mm，试计算门窗工程量，并编制门窗工程量清单。

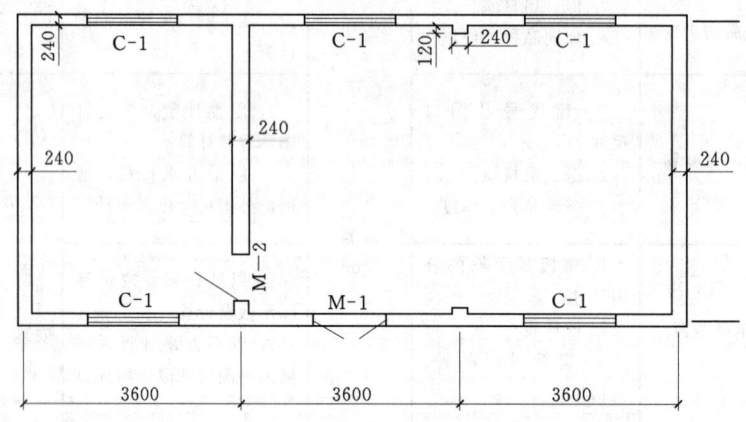

图 2.100 某住宅的平面布置图

分析：根据木门、防盗门工程量的计算规则，均以樘计量，按设计图示数量计算或以平方米计量，按设计尺寸以框外围展开面积计算。

解：M-1 的工程量=1.2×2.1=2.52（m²）
M-2 的工程量=0.9×2.1=1.89（m²）
C-1 的工程量=1.5×1.5×5=11.25（m²）
工程量清单见表 2.72。

表 2.72　　　　　　　　　　门窗工程量清单

序号	项目编码	项目名称	项目特征	计量单位	工程量
1	010801001001	木质门	实木装饰门 900mm×2100mm	m²	1.89
2	010802004002	防盗门	钢防盗门 1200mm×2100mm	m²	2.52
3	010807001003	金属窗	塑钢窗 1500mm×1500mm	m²	11.25

学习单元 2.10　屋面及防水工程

屋面的基本结构形式如下。

屋面按结构形式划分，通常分为坡屋面和平屋面两种形式。屋面工程主要是指屋面结构层（屋面板）或屋面木基层以上的工作内容。

常见的坡屋面结构分两坡水和四坡水。根据所用材料又有青瓦屋面、平瓦屋面、石棉水泥瓦屋面、玻璃钢波形瓦屋面等。

平屋面按照屋面的防水做法不同分为卷材防水屋面、刚性防水屋面、涂料防水屋面等。其结构层以上主要由找坡层、保温隔热层、找平层、防水层等构成。其中，又以找坡层和防水层为最基本的功能层，其他层可根据不同地区的要求设置。

2.10.1　瓦、型材及其他屋面（编码 010901）

瓦、型材及其他屋面项目包括瓦屋面（编码 010901001）、型材屋面（编码 010901002）、阳光板屋面（编码 010901003）、玻璃钢屋面（编码 010901004）和膜结构屋面（编码 010901005）5 个清单项目，见表 2.73。

表 2.73　　　　　　　　　瓦、型材及其他屋面（编码 010901）

项目编码	项目名称	项目特征	计量单位	工程量计算规则	工作内容
010901001	瓦屋面	1. 瓦品种、规格 2. 黏结层砂浆的配合比	m²	按设计图示尺寸以斜面积计算。 不扣除房上烟囱、风帽底座、风道、小气窗、斜沟等所占面积。小气窗的出檐部分不增加面积	1. 砂浆制作、运输、摊铺、养护 2. 安瓦、作瓦脊
010901002	型材屋面	1. 型材品种、规格 2. 金属檩条材料品种、规格 3. 接缝、嵌缝材料种类			1. 檩条制作、运输、安装 2. 屋面型材安装 3. 接缝、嵌缝

续表

项目编码	项目名称	项目特征	计量单位	工程量计算规则	工作内容
010901003	阳光板屋面	1. 阳光板品种、规格 2. 骨架材料品种、规格 3. 接缝、嵌缝材料种类 4. 油漆品种、刷漆遍数	m²	按设计图示尺寸以斜面积计算。 不扣除屋面积≤0.3m² 孔洞所占面积	1. 骨架制作、运输、安装、刷防护材料、油漆 2. 阳光板安装 3. 接缝、嵌缝
010901004	玻璃钢屋面	1. 玻璃钢品种、规格 2. 骨架材料品种、规格 3. 玻璃钢固定方式 4. 接缝、嵌缝材料种类 5. 油漆品种、刷漆遍数			1. 骨架制作、运输、安装、刷防护材料、油漆 2. 玻璃钢制作、安装 3. 接缝、嵌缝
010901005	膜结构屋面	1. 膜布品种、规格 2. 支柱（网架）钢材品种、规格 3. 钢丝绳品种、规格 4. 锚固基座做法 5. 油漆品种、刷漆遍数		按设计图示尺寸以需要覆盖的水平投影面积计算	1. 膜布热压胶接 2. 支柱（网架）制作、安装 3. 膜布安装 4. 穿钢丝绳、锚头、锚固 5. 锚固基座、挖土、回填 6. 刷防护材料、油漆

注 1. 瓦屋面若是在木基层上铺瓦，项目特征不必描述黏结层砂浆的配合比，瓦屋面铺防水层，按屋面防水及其他中相关项目编码列项。
  2. 型材屋面、阳光板屋面、玻璃钢屋面的柱、梁、屋架，按金属结构工程，木结构工程中相关项目编码列项。

2.10.1.1 瓦屋面（编码 010901001）

瓦屋面项目适用于用小青瓦、平瓦、筒瓦、石棉水泥瓦、玻璃钢波形瓦等材料做的屋面。

注意：瓦屋面基层包括檩条、椽子、木屋面板、顺水条、挂瓦条等，其费用应包含在报价内。

2.10.1.2 型材屋面（编码 010901002）

（1）型材屋面项目适用于压型钢板、金属压型夹心板、阳光板、玻璃钢等屋面。

注意：型材屋面的钢檩条或木檩条以及骨架、螺栓、挂钩等应包括在报价内，即为完成型材屋面实体所需的一切人工、材料、机械费用都应包括在型材屋面的报价内。

（2）瓦屋面、型材屋面工程量按设计图示尺寸斜面积以 m² 计算。

（3）斜屋面工程量＝屋面水平投影面积×屋面坡度系数，式中，屋面水平投影面积＝水平投影长度×水平投影宽度。

2.10.1.3 膜结构屋面（编码 010901003）

膜结构也称索膜结构，是一种以膜布与支撑（柱、网架等）和拉结构（拉杆、钢丝绳等）组成的屋盖、篷顶结构，膜结构屋面项目适用于膜布屋面。

注意：

（1）索膜结构中支撑和拉结构件应包括在膜结构屋面的报价内。

（2）支撑柱的钢筋混凝土柱基、锚固的钢筋混凝土基础以及地脚螺栓等按混凝土及钢筋混凝土相关项目编码列项。

（3）瓦屋面、型材屋面、膜结构屋面的钢檩条、钢支撑（柱、网架等）和拉结结构需刷防护材料时，可按相关项目单独编码列项，也可包括在瓦屋面、型材屋面、膜结构屋面项目的报价内。

2.10.2 屋面防水及其他（编码010902）

屋面防水项目包括屋面卷材防水，屋面涂膜防水，屋面刚性层，屋面排水管，屋面排（透）气管，屋面（廊、阳台）泄（吐）水管，屋面天沟、檐沟，屋面变形缝8个清单项目。

表2.74　　　　　　　　屋面防水及其他（编码010902）

项目编码	项目名称	项目特征	计量单位	工程量计算规则	工作内容
010902001	屋面卷材防水	1. 卷材品种、规格、厚度 2. 防水层数 3. 防水层做法	m²	按设计图示尺寸以面积计算。 1. 斜屋顶（不包括平屋顶找坡）按斜面积计算，平屋顶按水平投影面积计算 2. 不扣除房上烟囱、风帽底座、风道、屋面小气窗和斜沟所占面积 3. 屋面的女儿墙、伸缩缝和天窗等处的弯起部分，并入屋面工程量内	1. 基层处理 2. 刷底油 3. 铺油毡卷材、接缝
010902002	屋面涂膜防水	1. 防水膜品种 2. 涂膜厚度、遍数 3. 增强材料种类			1. 基层处理 2. 刷基层处理剂 3. 铺布、喷涂防水层
010902003	屋面刚性层	1. 刚性层厚度 2. 混凝土种类 3. 混凝土强度等级 4. 嵌缝材料种类 5. 钢筋规格、型号		按设计图示尺寸以面积计算。不扣除房上烟囱、风帽底座、风道等所占面积	1. 基层处理 2. 混凝土制作、运输、铺筑、养护 3. 钢筋制作、安装
010902004	屋面排水管	1. 排水管品种、规格 2. 雨水斗、山墙出水口品种、规格 3. 接缝、嵌缝材料种类 4. 油漆品种、刷漆遍数	m	按设计图示尺寸以长度计算。如设计未标注尺寸，以檐口至设计室外散水上表面垂直距离计算	1. 排水管及配件安装、固定 2. 雨水斗、山墙出水口、雨水算子安装 3. 接缝、嵌缝 4. 刷漆
010902005	屋面排（透）气管	1. 排（透）气管品种、规格 2. 接缝、嵌缝材料种类 3. 油漆品种、刷漆遍数		按设计图示尺寸以长度计算	1. 排（透）气管及配件安装、固定 2. 铁件制作、安装 3. 接缝、嵌缝 4. 刷漆

续表

项目编码	项目名称	项目特征	计量单位	工程量计算规则	工作内容
010902006	屋面（廊、阳台）泄（吐）水管	1. 吐水管品种、规格 2. 接缝、嵌缝材料种类 3. 吐水管长度 4. 油漆品种、刷漆遍数	根（个）	按设计图示数量计算	1. 水管及配件安装、固定 2. 接缝、嵌缝 3. 刷漆
010902007	屋面天沟、檐沟	1. 材料品种、规格 2. 接缝、嵌缝材料种类	m²	按设计图示尺寸以展开面积计算	1. 天沟材料铺设 2. 天沟配件安装 3. 接缝、嵌缝 4. 刷防护材料
010902008	屋面变形缝	1. 嵌缝材料种类 2. 止水带材料种类 3. 盖缝材料 4. 防护材料种类	m	按设计图示以长度计算	1. 清缝 2. 填塞防水材料 3. 止水带安装 4. 盖缝制作、安装 5. 刷防护材料

注 1. 屋面刚性层无钢筋，其钢筋项目特征不必描述。
  2. 屋面找平层按本楼地面装饰工程"平面砂浆找平层"项目编码列项。
  3. 屋面防水搭接及附加屋用量不另行计算，在综合单价中考虑。
  4. 屋面保温找坡屋按保温、隔热、防腐工程"保温隔热屋面"项目编码列项。

2.10.2.1 屋面卷材防水（编码 010902001）

屋面卷材防水项目适用于利用胶结材料粘贴卷材进行防水的屋面，如高聚物改性沥青防水卷材屋面。

注意：

（1）屋面找平层、基层处理（清理修补、刷基层处理剂）；檐沟、天沟、水落口、泛水收头、变形缝等处的卷材附加层；浅色、反射涂料保护层、绿豆砂保护层、细砂、云母及蛭石保护层等费用应包括在报价内。

（2）水泥砂浆保护层、细石混凝土保护层的费用可包含在报价内，也可按相关项目编码列项。

（3）屋面找坡层（如1：6水泥炉渣）的费用可包括在屋面防水项目内，也可包括在屋面保温项目内。清单编制人在项目特征描述中要注意描述找坡层的种类、厚度。

【例 2.24】 已知某工程女儿墙厚 240mm，屋面卷材在女儿墙处卷起 250mm，如图 2.101 所示为其屋顶平面图，屋面做法为

1）4mm 厚高聚物改性沥青卷材防水层 1 道。

2）20mm 厚 1：3 水泥砂浆找平层。

3）1：6 水泥焦渣找 2％坡，最薄处 30mm 厚。

4）60mm 厚聚苯乙烯泡沫塑料板保温层。

5）现浇钢筋混凝土板。试计算其屋面工程的防水工程量。

解：（1）计算工程量。根据前述，屋面卷材防水项目包括抹找平层，也可以包括找坡

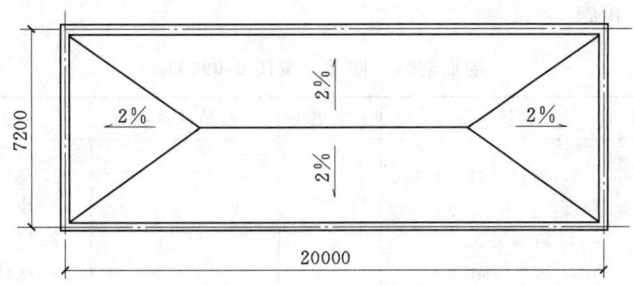

图 2.101 屋顶平面图

层和屋面保温层。

屋面面积=屋面净长×屋面净宽=(20-0.12×2)×(7.2-0.12×2)=137.53(m²)

女儿墙弯起部分面积=女儿墙内周长×卷材弯起高度=(20-0.12×2+7.2-0.12×2)×2×0.25=53.44×0.25=13.36(m²)

屋面卷材防水层工程量=屋面面积+在女儿墙处弯起的部分面积=137.53+13.36=150.89(m²)

(2) 防水工程量清单见表 2.75。

表 2.75 屋面工程量清单

序号	项目编码	项目名称	项目特征描述	计量单位	工程数量
1	010902001001	屋面卷材防水	4mm 厚高聚物改性沥青卷材防水层一道,20mm 厚 1:3 水泥砂浆找平层,1:6 水泥焦渣找 2%坡,最薄处 30mm 厚,60mm 厚聚苯乙烯泡沫塑料板保温层	m²	150.89

注 聚苯乙烯泡沫塑料板保温层也可按保温隔热屋面(编码 010803001)单独列项。

2.10.2.2 屋面涂膜防水(编码 010902002)

涂膜防水是指在基层上涂刷防水涂料,经固化后形成具有防水效果的薄膜。屋面涂膜防水项目适用于厚质涂料、薄质涂料和有加增强材料或无加增强材料的涂膜防水屋面。

2.10.2.3 屋面刚性层(编码 010902003)

屋面刚性防水项目适用于细石混凝土、补偿收缩混凝土、块体混凝土、预应力混凝土和钢纤维混凝土等刚性防水屋面。

注意:刚性防水屋面的分格缝、泛水、变形缝部位的防水卷材、密封材料、背衬材料、沥青麻丝等费用应包括在刚性防水屋面的报价内。

2.10.2.4 屋面排水管(编码 010902004)

屋面排水管项目适用于各种排水管材(PVC 管、玻璃钢管、铸铁管等)项目。

注意:雨水口、水斗、箅子板、安装排水管的卡箍等都应包括在排水管项目报价内。

2.10.2.5 屋面天沟、檐沟(编码 010902007)

屋面天沟、檐沟项目适用于屋面各种形式的天沟、檐沟。

2.10.3 墙、地面防水、防潮(编码 010903)

墙、地面防水、防潮项目包括卷材防水、涂膜防水、砂浆防水(潮)、变形缝 4 个清单项目,见表2.76和表2.77。

表2.76　　　　　　　　　墙面防水、防潮（编码010903）

项目编码	项目名称	项目特征	计量单位	工程量计算规则	工 作 内 容
010903001	墙面卷材防水	1. 卷材品种、规格、厚度 2. 防水层数 3. 防水层做法	m²	按设计图示尺寸以面积计算	1. 基层处理 2. 刷黏结剂 3. 铺防水卷材 4. 接缝、嵌缝
010903002	墙面涂膜防水	1. 防水膜品种 2. 涂膜厚度、遍数 3. 增强材料种类			1. 基层处理 2. 刷基层处理剂 3. 铺布、喷涂防水层
010903003	墙面砂浆防水（防潮）	1. 防水层做法 2. 砂浆厚度、配合比 3. 钢丝网规格			1. 基层处理 2. 挂钢丝网片 3. 设置分格缝 4. 砂浆制作、运输、摊铺、养护
010903004	墙面变形缝	1. 嵌缝材料种类 2. 止水带材料种类 3. 盖缝材料 4. 防护材料种类	m	按设计图示以长度计算	1. 清缝 2. 填塞防水材料 3. 止水带安装 4. 盖缝制作、安装 5. 刷防护材料

注　1. 墙面防水搭接及附加层用量不另行计算,在综合单价中考虑。
　　 2. 墙面变形缝,若做双面,工程量乘系数2。
　　 3. 墙面找平层按墙、柱面装饰与隔断、幕墙工程"立面砂浆找平层"项目编码列项。

表2.77　　　　　　　　　楼（地）面防水、防潮（编码010904）

项目编码	项目名称	项目特征	计量单位	工程量计算规则	工 作 内 容
010904001	楼（地）面卷材防水	1. 卷材品种、规格、厚度 2. 防水层数 3. 防水层做法 4. 反边高度	m²	按设计图示尺寸以面积计算。 1. 楼（地）面防水：按主墙间净空面积计算,扣除凸出地面的构筑物、设备基础等所占面积,不扣除间壁墙及单个面积≤0.3m²柱、梁、烟囱和孔洞所占面积 2. 楼（地）面防水反边高度≤300mm算作地面防水,反边高度>300mm按墙面防水计算	1. 基层处理 2. 刷黏结剂 3. 铺防水卷材 4. 接缝、嵌缝
010904002	楼（地）面涂膜防水	1. 防水膜品种 2. 涂膜厚度、遍数 3. 增强材料种类 4. 反边高度			1. 基层处理 2. 刷基层处理剂 3. 铺布、喷涂防水层
010904003	楼（地）面砂浆防水（防潮）	1. 防水层做法 2. 砂浆厚度、配合比 3. 反边高度			1. 基层处理 2. 砂浆制作、运输、摊铺、养护

续表

项目编码	项目名称	项目特征	计量单位	工程量计算规则	工 作 内 容
010904004	楼（地）面变形缝	1. 嵌缝材料种类 2. 止水带材料种类 3. 盖缝材料 4. 防护材料种类	m	按设计图示以长度计算	1. 清缝 2. 填塞防水材料 3. 止水带安装 4. 盖缝制作、安装 5. 刷防护材料

注 1. 楼（地）面防水找平层按楼地面装饰工程"平面砂浆找平层"项目编码列项。
　2. 楼（地）面防水搭接及附加层用量不另行计算，在综合单价中考虑。

2.10.3.1　卷材防水（编码010903001）、涂膜防水（编码010903002）

卷材防水、涂膜防水项目适用于基础、楼地面、墙面等部位的防水。

注意：

（1）工程量计算按设计图示尺寸以面积计算，计量单位 m^2。

1）地面防水。按主墙间净空面积计算，扣除凸出地面的构筑物、设备基础等所占面积，不扣除间壁墙（厚度在120mm以内的墙可视为间壁墙）及单个 $0.3m^2$ 以内的柱、垛、烟囱和孔洞所占面积。

2）墙基防水。外墙按中心线长，内墙按净长乘以宽度计算。

3）墙身防水。外墙面按外墙外边线长，内墙面按内墙面净长乘以高度计算。

（2）抹找平层、刷基础处理剂、刷胶粘剂、胶粘卷材防水、特殊处理部位的嵌缝材料、附加卷材垫衬的费用应包含在报价内。

（3）永久性保护层（如砖墙、混凝土地坪等）应按相关项目编码列项。

（4）地面、墙基、墙身的防水应分别编码列项。

2.10.3.2　砂浆防水（潮）（编码010903003）

墙、地面砂浆防水（潮）项目适用于地下、基础、楼地面、墙面等部位的防水防潮。

注意：防水、防潮层的外加剂费用应包含在报价中。

2.10.3.3　变形缝（编码010903004）

变形缝项目适用于基础、墙体、屋面等部位的抗震缝、伸缩缝、沉降缝的处理。

学习单元2.11　保温、隔热、防腐工程

保温、隔热、防腐工程适用于工业与民用建筑的基础、地面、墙面防腐，楼地面、墙体、屋盖的保温、隔热工程。包括保温、隔热，其他防腐，防腐面层3节14个清单项目。

2.11.1　保温、隔热（编码011001）

保温、隔热项目包括保温隔热屋面，保温隔热天棚，保温隔热墙面，保温柱、梁，保温隔热楼地面，其他保温隔热6个清单项目，见表2.78。

2.11.1.1　保温隔热屋面（编码011001001）

保温隔热屋面项目适用于各种保温隔热材料屋面。

注意：

表 2.78　　　　　　　　　　保温、隔热（编码 011001）

项目编码	项目名称	项目特征	计量单位	工程量计算规则	工 作 内 容
011001001	保温隔热屋面	1. 保温隔热材料品种、规格、厚度 2. 隔气层材料品种、厚度 3. 黏结材料种类、做法 4. 防护材料种类、做法	m²	按设计图示尺寸以面积计算。扣除面积＞0.3m² 孔洞及占位面积	1. 基层清理 2. 刷黏结材料 3. 铺粘保温层 4. 铺、刷（喷）防护材料
011001002	保温隔热天棚	1. 保温隔热面层材料品种、规格、性能 2. 保温隔热材料品种、规格及厚度 3. 黏结材料种类及做法 4. 防护材料种类及做法		按设计图示尺寸以面积计算。扣除面积＞0.3m² 上柱、垛、孔洞所占面积，与天棚相连的梁按展开面积，计算并入天棚工程量内	
011001003	保温隔热墙面	1. 保温隔热部位 2. 保温隔热方式 3. 踢脚线、勒脚线保温做法		按设计图示尺寸以面积计算。扣除门窗洞口以及面积＞0.3m² 梁、孔洞所占面积；门窗洞口侧壁以及与墙相连的柱，并入保温墙体工程量内	1. 基层清理 2. 刷界面剂 3. 安装龙骨 4. 填贴保温材料 5. 保温板安装 6. 粘贴面层 7. 铺设增强格网、抹抗裂、防水砂浆面层 8. 嵌缝 9. 铺、刷（喷）防护材料
011001004	保温柱、梁	4. 龙骨材料品种、规格 5. 保温隔热面层材料品种、规格、性能 6. 保温隔热材料品种、规格及厚度 7. 增强网及抗裂防水砂浆种类 8. 黏结材料种类及做法 9. 防护材料种类及做法		按设计图示尺寸以面积计算。 1. 柱按设计图示柱断面保温层中心线展开长度乘保温层高度以面积计算，扣除面积＞0.3m² 梁所占面积 2. 梁按设计图示梁断面保温层中心线展开长度乘保温层长度以面积计算	
011001005	保温隔热楼地面	1. 保温隔热部位 2. 保温隔热材料品种、规格、厚度 3. 隔气层材料品种、厚度 4. 黏结材料种类、做法 5. 防护材料种类、做法		按设计图示尺寸以面积计算。扣除面积＞0.3m² 柱、垛、孔洞等所占面积。门洞、空圈、暖气包槽、壁龛的开口部分不增加面积	1. 基层清理 2. 刷黏结材料 3. 铺粘保温层 4. 铺、刷（喷）防护材料

续表

项目编码	项目名称	项目特征	计量单位	工程量计算规则	工 作 内 容
011001006	其他保温隔热	1. 保温隔热部位 2. 保温隔热方式 3. 隔气层材料品种、厚度 4. 保温隔热面层材料品种、规格、性能 5. 保温隔热材料品种、规格及厚度 6. 黏结材料种类及做法 7. 增强网及抗裂防水砂浆种类 8. 防护材料种类及做法	m²	按设计图示尺寸以展开面积计算，扣除面积>0.3m²孔洞及占位面积	1. 基层清理 2. 刷界面剂 3. 安装龙骨 4. 填贴保温材料 5. 保温板安装 6. 粘贴面层 7. 铺设增强格网、抹抗裂防水砂浆面层 8. 嵌缝 9. 铺、刷（喷）防护材料

注 1. 保温隔热装饰面层，按装饰工程中相关项目编码列项；仅做找平层按楼地面装饰工程"平面砂浆找平层"或墙、柱面装饰与隔断、幕墙工程"立面砂浆找平层"项目编码列项。
2. 柱帽保温隔热应并入天棚保温隔热工程量内。
3. 池槽保温隔热应按其他保温隔热项目编码列项。
4. 保温隔热方式：指内保温、外保温、夹心保温。
5. 保温柱、梁适用于不与墙、天棚相连的独立柱、梁。

（1）屋面保温隔热层上的防水层应按屋面的防水项目单独编码列项。

（2）预制隔热板屋面的隔热板与砖墩分别按混凝土及钢筋混凝土工程和砌筑工程的相关项目编码列项。

（3）屋面保温隔热的找坡、找平层应包括在保温隔热项目的报价内（在项目特征中描述其找坡、找平材料品种、厚度），如果屋面防水层项目包括找坡、找平，屋面保温隔热不再计算，以免重复。

2.11.1.2 保温隔热天棚（编码 011001002）

保温隔热天棚项目适用于各种材料的下贴式或吊顶上搁置式的保温隔热天棚。

注意：

（1）下贴式如需底层抹灰时，应在项目特征中描述抹灰材料的种类、厚度，其费用包括在保温隔热天棚项目报价内。

（2）保温隔热材料需加药物防虫剂时，清单编制人应在清单中进行描述。

（3）柱帽保温隔热应并入天棚保温隔热工程量内。

（4）保温面层外的装饰面层按装饰工程相关项目编码列项。

2.11.1.3 保温隔热墙面（编码 011001003）

保温隔热墙面项目适用于工业与民用建筑物外墙、内墙保温隔热工程。

注意：

（1）外墙外保温和内保温的面层应包括在保温隔热墙面项目报价内，其装饰层应按装饰工程的有关项目编码列项。

（2）外墙内保温的内墙保温踢脚线应包括在保温隔热墙项目报价内。

（3）外墙外保温、内保温、内墙保温的基层抹灰或刮腻子应包括在该项目的报价内。

2.11.1.4 保温柱、梁(编码 011001004)

保温柱项目适用于各种材料的柱保温。其工程量按设计图示以保温层中心线展开长度乘以保温层厚度(高度)以 m² 计算,其他内容同墙保温项目。

2.11.1.5 保温隔热楼地面(编码 011001005)

保温隔热楼地面项目适用于各种材料(沥青贴软木、聚苯乙烯泡沫塑料板等)的楼地面隔热保温。

注意:池槽保温隔热,池壁、池底应分别编码列项,其中池壁按墙面保温隔热项目编码列项,池底按地面保温隔热项目编码列项。

2.11.2 防腐面层(编码 011002)

防腐面层项目包括防腐混凝土面层、防腐砂浆面层、防腐胶泥面层、玻璃钢防腐面层、聚氯乙烯板面层、块料防腐面层、池槽块料防腐面层 7 个清单项目,见表 2.79。

表 2.79　　　　　　　　　　防腐面层(编码 011002)

项目编码	项目名称	项目特征	计量单位	工程量计算规则	工 作 内 容
011002001	防腐混凝土面层	1. 防腐部位 2. 面层厚度 3. 混凝土种类 4. 胶泥种类、配合比	m²	按设计图示尺寸以面积计算。 1. 平面防腐:扣除凸出地面的构筑物、设备基础等以及面积>0.3m² 孔洞、柱、垛等所占面积,门洞、空圈、暖气包槽、壁龛的开口部分不增加面积。 2. 立面防腐:扣除门、窗、洞口以及面积>0.3m² 孔洞、梁所占面积,门、窗、洞口侧壁、垛突出部分按展开面积并入墙面积内	1. 基层清理 2. 基层刷稀胶泥 3. 混凝土制作、运输、摊铺、养护
011002002	防腐砂浆面层	1. 防腐部位 2. 面层厚度 3. 砂浆、胶泥种类、配合比			1. 基层清理 2. 基层刷稀胶泥 3. 砂浆制作、运输、摊铺、养护
011002003	防腐胶泥面层	1. 防腐部位 2. 面层厚度 3. 胶泥种类、配合比			1. 基层清理 2. 胶泥调制、摊铺
011002004	玻璃钢防腐面层	1. 防腐部位 2. 玻璃钢种类 3. 贴布材料的种类、层数 4. 面层材料品种			1. 基层清理 2. 刷底漆、刮腻子 3. 胶浆配制、涂刷 4. 粘布、涂刷面层
011002005	聚氯乙烯板面层	1. 防腐部位 2. 面层材料品种、厚度 3. 黏结材料种类			1. 基层清理 2. 配料、涂胶 3. 聚氯乙烯板铺设
011002006	块料防腐面层	1. 防腐部位 2. 块料品种、规格 3. 黏结材料种类 4. 勾缝材料种类			1. 基层清理 2. 铺贴块料 3. 胶泥调制、勾缝
011002007	池、槽块料防腐面层	1. 防腐池、槽名称、代号 2. 块料品种、规格 3. 黏结材料种类 4. 勾缝材料种类		按设计图示尺寸以展开面积计算	1. 基层清理 2. 铺贴块料 3. 胶泥调制、勾缝

注　防腐踢脚线,应按本规范附录 L 楼地面装饰工程"踢脚线"项目编码列项。

学习单元 2.11 保温、隔热、防腐工程

2.11.2.1 防腐混凝土面层（编码 011002001）、防腐砂浆面层（编码 011002002）、防腐胶泥面层（编码 011002003）

防腐混凝土（砂浆、胶泥）面层项目适用于平面或立面的水玻璃混凝土（砂浆、胶泥）、沥青混凝土（砂浆、胶泥）、树脂混凝土（砂浆、胶泥）以及聚合物水泥砂浆等防腐工程。

注意：

（1）因防腐材料不同，带来的价格差异就会很大，因而清单项目中必须列出混凝土、砂浆、胶泥的材料种类，如水玻璃混凝土、沥青混凝土等。

（2）如遇池槽防腐，池底、池壁可合并列项，也可分别编码列项。

（3）防腐工程中需酸化处理、养护的费用应包含在报价中。

2.11.2.2 玻璃钢防腐面层（编码 011002004）

玻璃钢防腐面层项目适用于平面或立面用玻璃钢防腐面层的工程。其包括环氧酚醛玻璃钢、酚醛玻璃钢、环氧煤焦油玻璃钢等。

2.11.2.3 聚氯乙烯板面层（编码 011002005）、块料防腐面层（编码 011002006）、池槽块料防腐面层（编码 011002007）

聚氯乙烯板面层、块料防腐面层项目分别适用于平面或立面用聚氯乙烯板、块料作防腐面层的工程。计算工程量时应注意：平面和立面工程量计算规则与上面 4 个清单项目规则一致，而踢脚板防腐工程量应扣除门洞所占面积并相应增加门洞侧壁面积。

2.11.3 其他防腐（编码 011003）

其他防腐项目包括隔离层、砌筑沥青浸渍砖、防腐涂料 3 个清单项目，见表 2.80。

表 2.80　　　　　　　　其他防腐（编码 011003）

项目编码	项目名称	项目特征	计量单位	工程量计算规则	工作内容
011003001	隔离层	1. 隔离层部位 2. 隔离层材料品种 3. 隔离层做法 4. 粘贴材料种类	m²	按设计图示尺寸以面积计算。 1. 平面防腐：扣除凸出地面的构筑物、设备基础等以及面积>0.3m² 孔洞、柱、垛等所占面积，门洞、空圈、暖气包槽、壁龛的开口部分不增加面积 2. 立面防腐：扣除门、窗、洞口以及面积>0.3m² 孔洞、梁所占面积，门、窗、洞口侧壁、垛突出部分按展开面积并入墙面积内	1. 基层清理、刷油 2. 煮沥青 3. 胶泥调制 4. 隔离层铺设
011003002	砌筑沥青浸渍砖	1. 砌筑部位 2. 浸渍砖规格 3. 胶泥种类 4. 浸渍砖砌法	m³	按设计图示尺寸以体积计算	1. 基层清理 2. 胶泥调制 3. 浸渍砖铺砌
011003003	防腐涂料	1. 涂刷部位 2. 基层材料类型 3. 刮腻子的种类、遍数 4. 涂料品种、刷涂遍数	m²	按设计图示尺寸以面积计算。 1. 平面防腐：扣除凸出地面的构筑物、设备基础等以及面积>0.3m² 孔洞、柱、垛等所占面积，门洞、空圈、暖气包槽、壁龛的开口部分不增加面积 2. 立面防腐：扣除门、窗、洞口以及面积>0.3m² 孔洞、梁所占面积，门、窗、洞口侧壁、垛突出部分按展开面积并入墙面积内	1. 基层清理 2. 刮腻子 3. 刷涂料

注　浸渍砖砌法指平砌、立砌。

2.11.3.1　隔离层（编码 011003001）

隔离层项目适用于楼地面的沥青类、树脂玻璃钢类防腐工程的隔离层。

2.11.3.2　砌筑沥青浸渍砖（编码 011003002）

砌筑沥青浸渍砖项目适用于砌筑沥青浸渍砖的防腐工程。

2.11.3.3　防腐涂料（编码 011003003）

防腐涂料项目适用于建筑物、构筑物以及钢结构的防腐工程。

能 力 训 练

1. 某住宅标准层，如图 2.102 所示，墙厚均为 240mm，外墙皮至阳台外皮 1.5m，轴线为墙中心线，阳台不封闭，试计算标准层建筑面积。

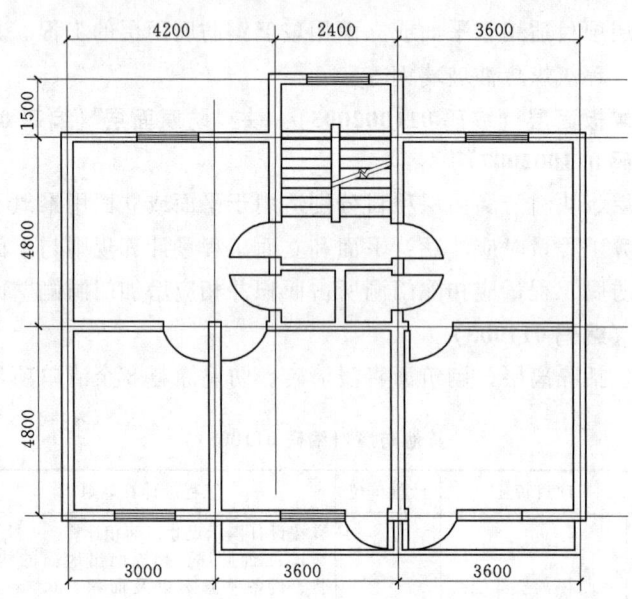

图 2.102　某住宅标准层

2. 根据图 2.103 计算回廊面积。

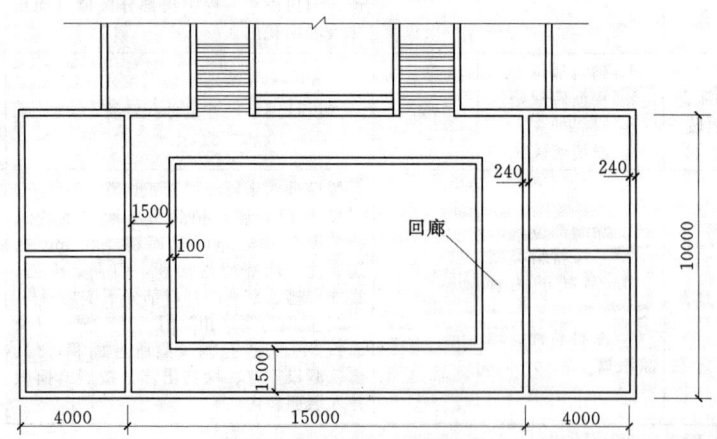

图 2.103　某办公楼

能 力 训 练

3. 某工程±0.00以下基础工程建设方已完成三通一平，土壤类别及填土均为三类土，均属天然密实土，室内外标高均为±0.00。本基础工程土方为人工放坡开挖，非桩基工程，不考虑开挖时排地表水及基底钎探，工作面为0.3m，放坡系数为0.33。独立基础平面、剖面图如图2.104所示，此独立基础及柱共10个。根据图2.104计算挖基础土方的清单工程量。

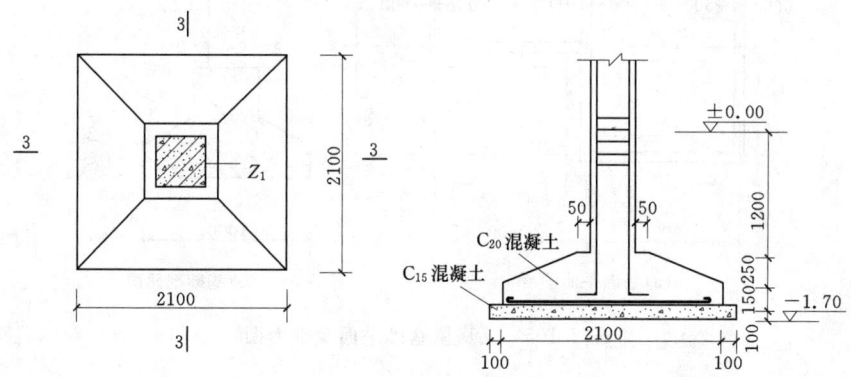

图2.104　某基础工程

4. 如图2.105所示为某房屋平面及基础剖面图。已知砖基础M7.5水泥砂浆砌筑，C10混凝土垫层200mm厚；墙体计算高度为3m，M5混合砂浆砌筑；外墙基础钢筋混凝土地梁体积为2.64m^3，内墙基础钢筋混凝土地梁体积为0.37m^3；墙体内埋件及门窗洞口尺寸见表2.81。试计算基础及墙体的清单工程量，并编制其工程量清单。

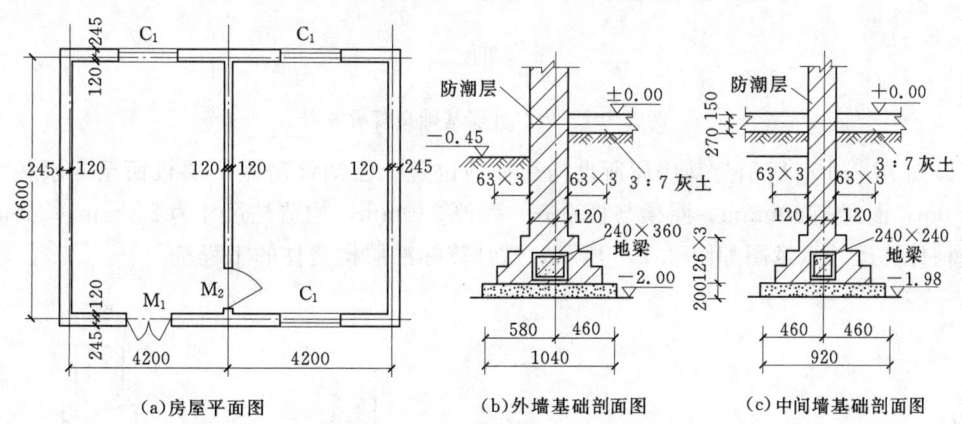

(a) 房屋平面图　　(b) 外墙基础剖面图　　(c) 中间墙基础剖面图

图2.105　某房屋平面及基础剖面图

表2.81　　　　　　　　门窗洞口尺寸及墙体埋件体积表

门窗名称	洞口尺寸（长×宽）/(mm×mm)	构件名称过梁		构件体积/m^3
M_1	1200×2100	过梁	外墙	0.51
M_2	1000×2100		内墙	0.06
C_1	1500×1500	圈梁	外墙	2.23
			内墙	0.31

5. 如图 2.106 所示为某房屋基础平面及剖面图，如图 2.107 所示为内、外墙基础交接示意图。试计算其基础工程量。

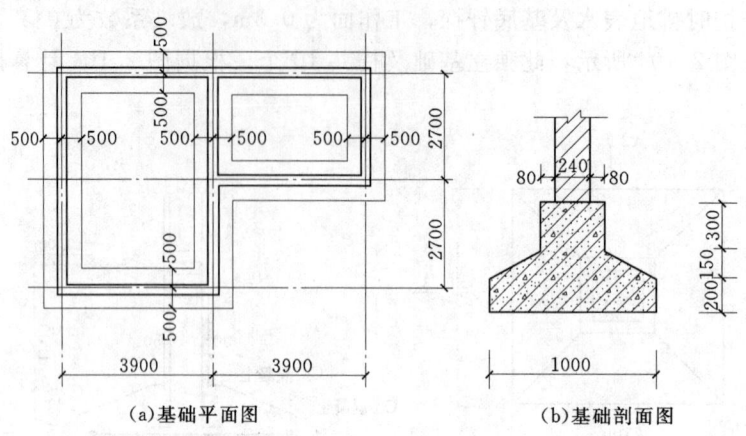

(a)基础平面图　　　　　(b)基础剖面图

图 2.106　某房屋基础平面及剖面图

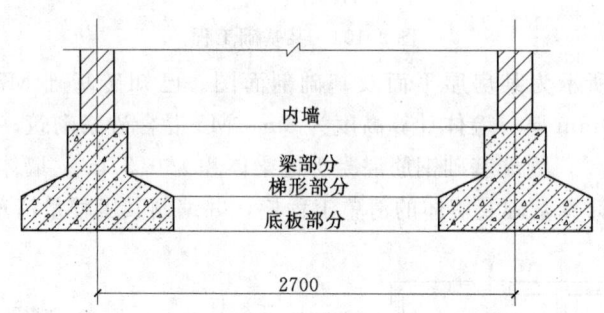

图 2.107　内、外墙基础交接示意图

6. 如图 2.108 所示为某房屋所设构造柱的位置。已知该房屋 2 层板面至 3 层板面高为 3.0m，圈梁高 300mm，圈梁与板平齐，墙厚 240mm，构造柱尺寸为 240mm×240mm，构造柱计算尺寸示意图如图 2.109 所示，试计算标准层构造柱的工程量。

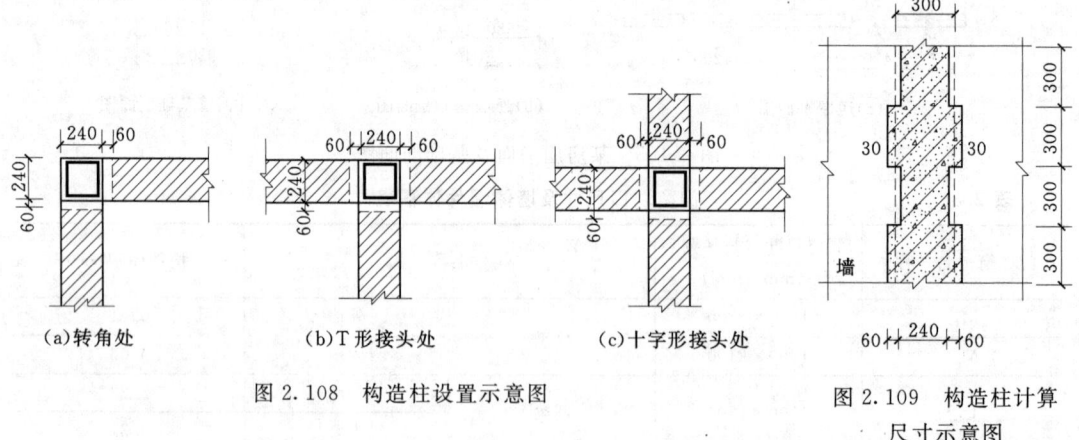

(a)转角处　　(b)T形接头处　　(c)十字形接头处

图 2.108　构造柱设置示意图

图 2.109　构造柱计算
尺寸示意图

学习情境 3 装饰工程量计算

学习目标：能够按照《房屋建筑与装饰工程工程量计算规范》（GB 50854—2013）编制装饰工程量清单。

学习任务：熟悉楼地面工程，墙、柱面工程，天棚工程，油漆、涂料工程等的工程量计算规则，掌握楼地面工程，墙、柱面工程，天棚工程，油漆、涂料工程，其他工程的工程量计算，并能够编制出相应的工程量清单。

学习单元 3.1 楼地面装饰工程

楼地面装饰工程包括整体面层及找平层、块料面层、橡塑面层、其他材料面层、踢脚线、楼梯面层、台阶装饰、零星装饰项目。

3.1.1 整体面层及找平层（编码 011101）

整体面层及找平层项目包括水泥砂浆楼地面、现浇水磨石楼地面、细石混凝土地面、菱苦土楼地面、自流坪楼地面、平面砂浆找平层 6 个清单项目。

整体面层及找平层工程量清单项目的设置、项目特征描述的内容、计量单位及工程量计算规则应按表 3.1 的规定执行。

表 3.1　　　　　　　　　　整体面层及找平层（编码 011101）

项目编码	项目名称	项目特征	计量单位	工程量计算规则	工程内容
011101001	水泥砂浆楼地面	1. 垫层材料种类、厚度 2. 找平层厚度、砂浆配合比 3. 防水层厚度、材料种类 4. 面层厚度、砂浆配合比	m^2	按设计图示尺寸以面积计算。扣除凸出地面构筑物、设备基础、室内铁道、地沟等所占面积，不扣除间壁墙及≤0.3m^2柱、垛、附墙烟囱及孔洞所占面积。门洞、空圈、暖气包槽、壁龛的开口部分不增加面积	1. 基层清理 2. 抹找平层 3. 抹面层 4. 材料运输
011101002	现浇水磨石楼地面	1. 找平层厚度、砂浆配合比 2. 面层厚度、水泥石子浆配合比 3. 嵌条材料种类、规格 4. 石子种类、规格、颜色 5. 颜料种类、颜色 6. 图案要求 7. 磨光、酸洗、打蜡要求			1. 基层清理 2. 抹找平层 3. 面层铺设 4. 嵌缝条安装 5. 磨光、酸洗、打蜡 6. 材料运输
011101003	细石混凝土地面	1. 找平层厚度、砂浆配合比 2. 面层厚度、混凝土强度等级			1. 基层清理 2. 抹找平层 3. 面层铺设 4. 材料运输

续表

项目编码	项目名称	项目特征	计量单位	工程量计算规则	工程内容
011101004	菱苦土楼地面	1. 找平层厚度、砂浆配合比 2. 面层厚度 3. 打蜡要求	m²	按设计图示尺寸以面积计算。扣除凸出地面构筑物、设备基础、室内铁道、地沟等所占面积,不扣除间壁墙及≤0.3m²柱、垛、附墙烟囱及孔洞所占面积。门洞、空圈、暖气包槽、壁龛的开口部分不增加面积	1. 基层清理 2. 抹找平层 3. 面层铺设 4. 打蜡 5. 材料运输
011101005	自流坪楼地面	1. 找平层砂浆配合比、厚度 2. 界面剂材料种类 3. 中层漆材料种类、厚度 4. 面层材料种类、厚度 5. 面层材料种类	m²		1. 基层清理 2. 抹找平层 3. 涂界面剂 4. 涂刷中层漆 5. 打磨、吸尘 6. 馒自流平面漆(浆) 7. 拌合自流平浆料 8. 面层铺设
011101006	平面砂浆找平层	找平层厚度、砂浆配合比		按设计图示尺寸以面积计算	1. 基层清理 2. 抹找平层 3. 材料运输

楼地面抹灰工程量的计算公式:

$$S = A \times B - S_a \tag{3.1}$$

式中 S——整体面层及找平层面积,m²;

A——主墙间的净长,m;

B——主墙间的净宽,m;

S_a——应扣除的面积,扣除凸出地面构筑物、设备基础、室内铁道、地沟等所占面积和大于 0.3m² 的柱、垛、附墙烟囱及孔洞所占面积,m²。

【例 3.1】 图 3.1 所示为某住宅室内的水泥砂浆楼地面的平面图,其做法为面层 20mm 厚 1∶2 水泥砂浆地面压光;垫层 80mm 厚 C10 素混凝土垫层(中砂,砾石粒径 5~40mm);垫层下为素土夯实。试编制水泥砂浆地面工程量清单。

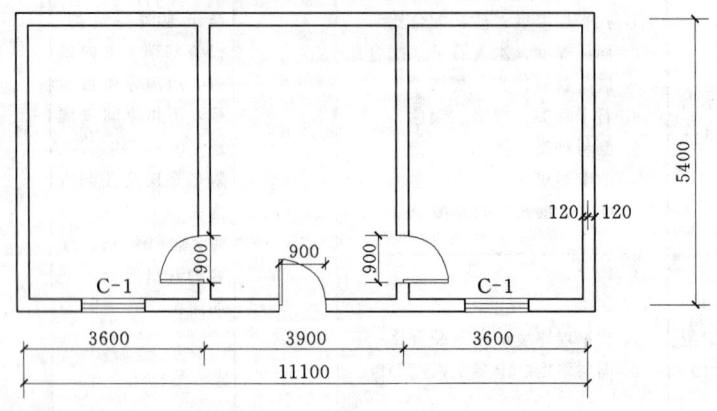

图 3.1 水泥砂浆楼地面的平面图

分析：根据整体面层及找平层工程量的计算规则，门洞开口部分不增加面积。

解：（1）水泥砂浆地面工程量＝(11.1－0.24×3)×(5.4－0.24)＝53.56（m²）

（2）编制工程量清单。水泥砂浆地面工程量清单见表 3.2。

表 3.2　　　　　　　　　　水泥砂浆地面工程量清单

项目编码	项目名称	项目特征	计量单位	工程量
011101001001	水泥砂浆楼地面	1. 垫层材料种类、厚度：C10 素混凝土、80mm 厚 2. 面层厚度、砂浆配合比：20mm 厚 1∶2 水泥砂浆	m²	53.56

【例 3.2】 图 3.2 为某商铺的楼地面做成水磨石面层，其做法为底层 1∶3 水泥砂浆厚 25mm，面层 1∶2.5 水泥白石子浆厚 20mm，嵌玻璃条。试编制水磨石楼地面的工程量清单。

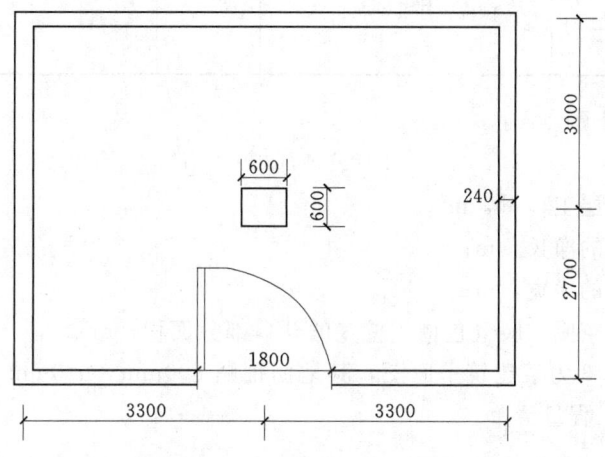

图 3.2　水磨石地面平面图

分析：根据整体面层及找平层的计算规则，应该扣除大于 0.3m² 柱所占的面积，不扣除门洞所占的面积。

解：（1）水磨石面层的工程量＝(3.3×2－0.24)×(2.7＋3－0.24)－0.6×0.6＝34.37(m²)

（2）编制工程量清单。水磨石地面工程量清单见表 3.3。

表 3.3　　　　　　　　　　水磨石地面工程量清单

项目编码	项目名称	项目特征	计量单位	工程量
011101002001	现浇水磨石楼地面	1. 垫层材料种类、厚度：1∶3 水泥砂浆厚 25mm 2. 面层厚度、砂浆配合比：20mm 厚 1∶2.5 水泥白石子浆，嵌玻璃条	m²	34.37

3.1.2　块料面层（编码 011102）

块料面层是用一定规格的块状材料，采用相应的胶结材料或水泥砂浆结合层镶铺而成的面层，如：大理石、花岗石、地砖、等材料做成的面层。

块料面层项目包括石材楼地面、碎石材楼地面、块料楼地面 3 个清单项目。

块料面层工程量清单项目的设置、项目特征描述的内容、计量单位及工程量计算规则应按表 3.4 的规定执行。

表 3.4　　　　　　　　　　块料面层（编码 011102）

项目编码	项目名称	项目特征	计量单位	工程量计算规则	工程内容
011102001	石材楼地面	1. 找平层厚度、砂浆配合比 2. 结合层厚度、砂浆配合比 3. 面层材料品种、规格、品牌、颜色 4. 嵌缝材料种类 5. 防护层材料种类 6. 酸洗、打蜡要求	m^2	按设计图示尺寸以面积计算。门洞、空圈、暖气包槽、壁龛的开口部分并入相应的工程量	1. 基层清理 2. 抹找平层 3. 面层铺设 4. 嵌缝 5. 刷防护材料 6. 酸洗、打蜡 7. 材料运输
011102002	碎石材楼地面				
011102003	块料楼地面				

块料楼地面的计算公式：

$$S = A \times B + S_b \qquad (3.2)$$

式中　S——块料面层工程量，m^2；

　　　A——主墙间的净长，m；

　　　B——主墙间的净宽，m；

　　　S_b——门洞、空圈、暖气包槽、壁龛的开口部分面积，m^2。

【例 3.3】　图 3.3 为某建筑平面图，其地面铺贴 600mm×600mm 白色大理石板。试编制大理石地面的工程量清单。

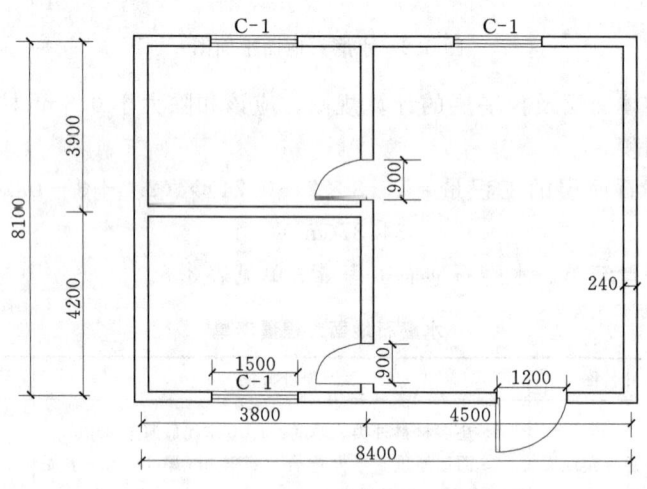

图 3.3　某建筑平面图（1）

分析：按照工程量计算规则，按设计图示尺寸以面积计算，门洞开口部分并入相应的工程量内。

解：（1）大理石地面的工程量＝(4.5－0.24)×(8.1－0.24)＋(3.9－0.24＋4.2－

$0.24)\times(3.9-0.24)+(0.9+0.9+1.2)\times0.24=62.09(m^2)$

(2) 编制工程量清单，见表3.5。

表3.5 石材楼地面工程工程量清单

项目编码	项目名称	项目特征	计量单位	工程量
011102001001	石材楼地面	面层材料颜色、品种、规格：白色大理石 600mm×600mm	m^2	62.09

3.1.3 橡塑面层（编码011103）

橡塑面层包括橡胶板楼地面、橡胶卷材楼地面、塑料板楼地面、塑料卷材楼地面4个清单项目。

橡塑面层工程量清单项目设置、项目特征描述、计量单位及工程量计算规则应按表3.6的规定执行。

表3.6 橡塑面层（编码011103）

项目编码	项目名称	项目特征	计量单位	工程量计算规则	工程内容
011103001	橡胶板楼地面	1. 粘贴层厚度、材料种类 2. 面层材料品种、规格、品牌、颜色 3. 压线条种类	m^2	按设计图示尺寸以面积计算。门洞、空圈、暖气包槽、壁龛的开口部分并入相应的工程量内	1. 基层清理 2. 面层铺贴 3. 压缝条装钉 4. 材料运输
011103002	橡胶卷材楼地面				
011103003	塑料板楼地面				
011103004	塑料卷材楼地面				

3.1.4 其他材料面层（编码011104）

其他材料面层包括地毯楼地面，竹、木地板，金属复合地板，防静电活动地板。

其他材料面层工程量清单项目设置、项目特征描述、计量单位及工程量计算规则应按表3.7的规定执行。

表3.7 其他材料面层（编码011104）

项目编码	项目名称	项目特征	计量单位	工程量计算规则	工程内容
011104001	地毯楼地面	1. 面层材料品种、规格、品牌、颜色 2. 防护材料种类 3. 粘贴材料种类 4. 压线条种类	m^2	按设计图示尺寸以面积计算。门洞、空圈、暖气包槽、壁龛的开口部分并入相应的工程量内	1. 基层清理 2. 铺贴面层 3. 刷防护材料 4. 装钉压条 5. 材料运输

续表

项目编码	项目名称	项目特征	计量单位	工程量计算规则	工程内容
011104002	竹木地板	1. 龙骨材料种类、规格、设间距 2. 基层材料种类、规格 3. 面层材料品种、规格、品牌、颜色 4. 防护材料种类	m^2	按设计图示尺寸以面积计算。门洞、空圈、暖气包槽、壁龛的开口部分并入相应的工程量内	1. 基层清理 2. 龙骨铺设 3. 基层铺设 4. 面层铺贴 5. 刷防护材料 6. 材料运输
011104003	金属复合地板	1. 龙骨材料种类、规格、铺设间距 2. 基层材料种类、规格 3. 面层材料品种、规格、品牌 4. 防护材料种类			
011104004	防静电活动地板	1. 支架高度、材料种类 2. 面层材料品种、规格、品牌、颜色 3. 防护材料种类			1. 清理基层 2. 固定支架安装 3. 活动面层安装 4. 刷防护材料 5. 材料运输

【例 3.4】 某住宅的卧室全部铺设木地板,卧室的净面积为 60m^2,卧室门洞开口部分 0.9m×0.24m,共 3 处,试计算木地板的工程量。

分析: 根据计算规则,木地板的工程量应该是房屋的净面积和并入的门洞工程量之和。

解: 木地板的工程量=60+0.9×0.24×3=60.65(m^2)

3.1.5 踢脚线(编码 011105)

踢脚线,顾名思义就是脚踢得着的墙面区域,所以较易受到冲击。做踢脚线可以更好地使墙体和地面之间结合牢固,减少墙体变形,避免外力碰撞造成破外。另外,踢脚线也比较容易擦洗,如果拖地溅上脏水,擦洗非常方便。踢脚线除了它本身的保护墙面的功能之外,在家居美观的比重上也占有相当比例。踢脚线起着视觉的平衡作用,利用他们的线性感觉及材质、色彩等在室内相互呼应,可以起到较好的美化装饰效果。

踢脚线项目包括水泥砂浆踢脚线、石材踢脚线、块料踢脚线、塑料踢脚线、木质踢脚线、金属踢脚线、防静电踢脚线 7 个清单项目。

踢脚线工程量清单项目设置、项目特征描述、计量单位及工程量计算规则应按表 3.8 的规定执行。

表 3.8　　　　　　　　　　踢脚线(编码 011105)

项目编码	项目名称	项目特征	计量单位	工程量计算规则	工程内容
011105001	水泥砂浆踢脚线	1. 踢脚线高度 2. 底层厚度、砂浆配合比 3. 面层厚度、砂浆配合比	1. m^2 2. m	1. 按设计图示长度乘以高度以面积计算。 2. 以延长米计算	1. 基层清理 2. 底层和面层抹灰 3. 材料运输

续表

项目编码	项目名称	项目特征	计量单位	工程量计算规则	工程内容
011105002	石材踢脚线	1. 踢脚线高度 2. 粘贴层厚度、材料种类 3. 面层材料品种、规格、颜色 4. 防护材料种类	1. m² 2. m	1. 按设计图示长度乘以高度以面积计算。 2. 以延长米计算	1. 基层清理 2. 底层抹灰 3. 面层铺贴、磨边 4. 擦缝 5. 磨光、酸洗、打蜡 6. 刷防护材料 7. 材料运输
011105003	块料踢脚线				
011105004	塑料踢脚线	1. 踢脚线高度 2. 粘贴层厚度、材料种类 3. 面层材料种类、规格、品牌、颜色			1. 基层清理 2. 基层铺贴 3. 面层铺贴 4. 材料运输
011105005	木质踢脚线	1. 踢脚线高度 2. 基层材料种类、规格 3. 面层材料品种、规格、颜色			
011105006	金属踢脚线				
011105007	防静电踢脚线				

【例 3.5】 图 3.4 所示为某建筑平面图，室内水泥砂浆粘贴 150mm 高的石材踢脚线，墙体厚度 240mm，试编制踢脚线的工程量清单。

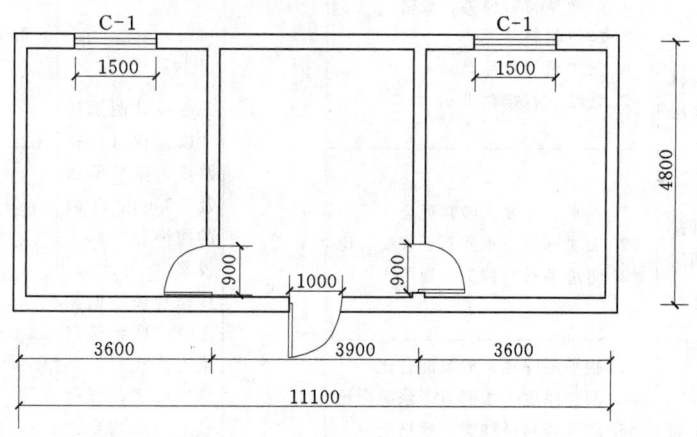

图 3.4 某建筑平面图（2）

分析：根据工程量计算规则，踢脚线可以按长度乘以高度以面积计算或以延长米计算，不考虑门洞两侧的部分。

解：(1) 线工程量 = [(3.6-0.24+4.8-0.24)×4+(3.9-0.24+4.8-0.24)×2-0.9×4-1×1]×0.15 = 6.53(m²)

(2) 编制工程量清单，见表 3.9。

学习情境 3　装饰工程量计算

表 3.9　　　　　　　　　建筑物分部分项工程量清单

项目编码	项目名称	项目特征	计量单位	工程量
01110501002	石材踢脚线	踢脚线高度：150mm	m²	6.53

3.1.6　楼梯面层

楼梯在建筑物中作为楼层间垂直交通用的构件。用于楼层之间和高差较大时的交通联系。在设有电梯、自动梯作为主要垂直交通手段的多层和高层建筑中也要设置楼梯。高层建筑尽管采用电梯作为主要垂直交通工具，但仍然要保留楼梯供火灾时逃生之用。楼梯由连续梯级的梯段（又称梯跑）、平台（休息平台）和围护构件等组成。

楼梯面层项目包括石材楼梯面层、块料楼梯面层、拼碎块料楼梯面层、水泥砂浆楼梯面层、现浇水磨石楼梯面层、地毯楼梯面层、木板楼梯面层、塑胶板楼梯面层、塑料板楼梯面层 9 个清单项目。

楼梯面层工程量清单项目设置、项目特征描述、计量单位及工程量计算规则应按表3.10 的规定执行。

表 3.10　　　　　　　　　　楼梯面层（011106）

项目编码	项目名称	项目特征	计量单位	工程量计算规则	工程内容
011106001	石材楼梯面层	1. 找平层厚度、砂浆配合比 2. 粘贴层厚度、材料种类 3. 面层材料品种、规格、品牌、颜色 4. 防滑条材料种类、规格 5. 勾缝材料种类 6. 防护层材料种类 7. 酸洗、打蜡要求	m²	按设计图示尺寸以楼梯（包括踏步、休息平台及 500mm 以内的楼梯井）水平投影面积计算。楼梯与楼地面相连时，算至梯口梁内侧边沿；无梯口梁者，算至最上一层踏步边沿加 300mm	1. 基层清理 2. 抹找平层 3. 面层铺贴 4. 贴嵌防滑条 5. 勾缝 6. 刷防护材料 7. 酸洗、打蜡 8. 材料运输
011106002	块料楼梯面层				
011106003	拼碎块料楼梯面层				
020106004	水泥砂浆楼梯面层	1. 找平层厚度、砂浆配合比 2. 面层厚度、水泥石子浆配合比 3. 防滑条材料种类、规格			1. 基层清理 2. 抹找平层 3. 抹面层 4. 贴嵌防滑条 5. 材料运输
011106005	现浇水磨石楼梯面层	1. 找平层厚度、砂浆配合比 2. 面层厚度、水泥石子浆配合比 3. 防滑条材料种类、规格 4. 石子种类、规格、颜色 5. 颜料种类、颜色 6. 磨光、酸洗、打蜡要求			1. 基层清理 2. 抹找平层 3. 抹面层 4. 贴嵌防滑条 5. 磨光、酸洗、打蜡 6. 材料运输
011106006	地毯楼梯面层	1. 基层种类 2. 面层材料品种、规格、颜色 3. 防护材料种类 4. 粘贴材料种类 5. 固定配件材料种类、规格			1. 基层清理 2. 铺贴面层 3. 固定配件安装 4. 刷防护材料 5. 材料运输

续表

项目编码	项目名称	项目特征	计量单位	工程量计算规则	工程内容
011106007	木板楼梯面层	1. 基层材料种类、规格 2. 面层材料品种、规格、颜色 3. 粘贴材料种类 4. 防护材料种类	m²	按设计图示尺寸以楼梯（包括踏步、休息平台及500mm以内的楼梯井）水平投影面积计算。楼梯与楼地面相连时，算至梯口梁内侧边沿；无梯口梁者，算至最上一层踏步边沿加300mm	1. 基层清理 2. 基层铺贴 3. 面层铺贴 4. 刷防护材料、油漆 5. 材料运输
011106008	塑胶板楼梯面层	1. 粘贴层厚度、材料种类 2. 面层材料品种、规格、颜色 3. 压线条种类			1. 基层清理 2. 面层铺贴 3. 压缝条装订 4. 材料运输
011106009	塑料板楼梯面层				

【例3.6】 图3.5所示为某住宅示意图，楼梯（无梯口梁）为水磨石面层，试计算水磨石楼梯工程量，并编制工程量清单。

分析：根据楼梯面层的工程量按设计图示尺寸以楼梯（包括踏步、休息平台及500mm以内的楼梯井）水平投影面积计算。此图中楼梯井的宽度小于500mm。

解：(1) 水磨石的工程量 $=(2.4-0.24)\times(3.63+0.3)=8.49(m^2)$

(2) 工程量清单见表3.11。

表3.11　　　　分部分项工程量清单

项目编码	项目名称	项目特征	计量单位	工程量
011106005001	水磨石楼梯面层	水磨石面层	m²	8.49

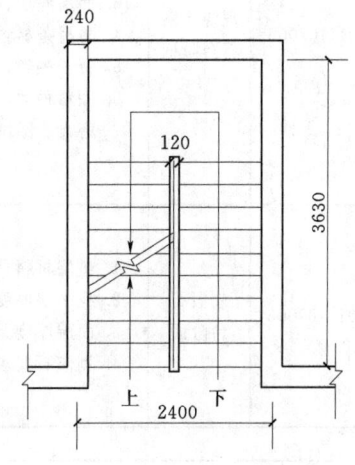

图3.5　某住宅楼梯

3.1.7　台阶装饰（编码011107）

台阶由平台和踏步两部分组成，其平面形式可根据建筑的功能及周围基础的情况选择。

台阶装饰项目包括石材台阶面、块料台阶面、拼碎块料台阶面、水泥砂浆台阶面、现浇水磨石台阶面、剁假石台阶面6个清单项目。

台阶工程量清单项目设置、项目特征描述、计量单位及工程量计算规则应按表3.12的规定执行。

表 3.12　　　　　　　　　　台阶装饰（编码 011107）

项目编码	项目名称	项目特征	计量单位	工程量计算规则	工程内容
011107001	石材台阶面	1. 找平层厚度、砂浆配合比 2. 粘贴层材料种类 3. 面层材料品种、规格、品牌、颜色 4. 勾缝材料种类 5. 防滑条材料种类、规格 6. 防护材料种类	m²	按设计图示尺寸以台阶（包括最上层踏步边沿加 300mm）水平投影面积计算	1. 基层清理 2. 抹找平层 3. 面层铺贴 4. 贴嵌防滑条 5. 勾缝 6. 刷防护材料 7. 材料运输
011107002	块料台阶面				
011107003	拼碎块料台阶面				
011107004	水泥砂浆台阶面	1. 垫层材料种类、厚度 2. 找平层厚度、砂浆配合比 3. 面层厚度、砂浆配合比 4. 防滑条材料种类			1. 清理基层 2. 铺设垫层 3. 抹找平层 4. 抹面层 5. 贴嵌防滑条 6. 材料运输
011107005	现浇水磨石台阶面	1. 垫层材料种类、厚度 2. 找平层厚度、砂浆配合比 3. 面层厚度、砂浆配合比 4. 防滑条材料种类 5. 石子种类、规格、颜色 6. 颜料种类、规格、颜色 7. 磨光、酸洗、打蜡要求			1. 垫层材料种类、厚度 2. 找平层厚度、砂浆配合比 3. 面层厚度、水泥石子浆配合比 4. 防滑条材料种类、规格 5. 石子种类、规格、颜色 6. 颜料种类、颜色 7. 磨光、酸洗、打蜡要求
011107006	剁假石台阶面	1. 垫层材料种类、厚度 2. 找平层厚度、砂浆配合比 3. 面层厚度、砂浆配合比 4. 剁假石要求			1. 清理基层 2. 铺设垫层 3. 抹找平层 4. 抹面层 5. 剁假石 6. 材料运输

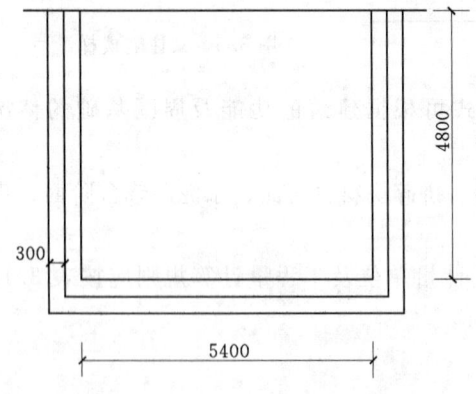

图 3.6　某教学楼门前台阶示意图

【例 3.7】　图 3.6 所示为某教学楼门前台阶示意图，采用大理石台阶面层，试计算工程量，并编制工程量清单。

分析：台阶装饰的工程量按设计图示尺寸以台阶（包括最上层踏步边沿加 300mm）水平投影面积计算。

解：（1）台阶面层的工程量＝(5.4＋0.3×4)×0.3×3＋(4.8－0.3)×0.3×3×2＝14.04 (m²)

（2）工程量清单见表 3.13。

表 3.13　　　　　　　　　　　分部分项工程量清单

项目编码	项目名称	项目特征	计量单位	工程量
011107001001	石材台阶面	大理石台阶面	m²	14.04

3.1.8　零星装饰项目（编码 011108）

零星装饰项目包括石材零星项目、拼碎石材零星项目、块料零星项目、水泥砂浆零星项目 4 个清单项目。

零星装饰项目工程量清单项目设置、项目特征描述、计量单位及工程量计算规则应按表 3.14 的规定执行。

表 3.14　　　　　　　　　零星装饰项目（编码 011108）

项目编码	项目名称	项目特征	计量单位	工程量计算规则	工程内容
011108001	石材零星项目	1. 工程部位 2. 找平层厚度、砂浆配合比 3. 粘贴层厚度、材料种类 4. 面层材料品种、规格、品牌、颜色 5. 勾缝材料种类 6. 防护材料种类 7. 酸洗、打蜡要求	m²	按设计图示尺寸以面积计算	1. 清理基层 2. 抹找平层 3. 面层铺贴 4. 勾缝 5. 刷防护材料 6. 酸洗、打蜡 7. 材料运输
011108002	拼碎石材零星项目				
011108003	块料零星项目				
011108004	水泥砂浆零星项目	1. 工程部位 2. 找平层厚度、砂浆配合比 3. 面层厚度、砂浆厚度			1. 清理基层 2. 抹找平层 3. 抹面层 4. 材料运输

学习单元 3.2　墙、柱面装饰与隔断、幕墙工程

本学习单元中的墙、柱面工程包括墙面抹灰、柱（梁）面抹灰、零星项目抹灰、墙面块料面层、柱（梁）面镶贴块料、镶贴零星块料、墙饰面、柱（梁）饰面、幕墙工程、隔断工程。

抹灰工程是用灰浆抹涂在房屋建筑的墙、地、天棚表面的一种传统做法的装饰工程，其通常分为内抹灰与外抹灰两种。

3.2.1　墙面抹灰（编码 011201）

墙面抹灰包括墙面一般抹灰、墙面装饰抹灰、墙面勾缝、立面砂浆找平层 4 个清单项目。

墙面一般抹灰是指以石灰或水泥为胶凝材料的一般墙面抹灰。

墙面抹灰一般有石灰砂浆抹灰、混合砂浆抹灰、麻刀灰、纸浆灰、石膏浆罩面等。

墙面装饰抹灰包括水刷石、斩假石、干粘石、假面砖墙面抹灰等。

墙面抹灰工程量清单项目的设置、项目特征描述的内容、计量单位及工程量计算规则应按表 3.15 的规定执行。

表 3.15　　　　　　　　　　　　　墙面抹灰（编码 011201）

项目编码	项目名称	项目特征	计量单位	工程量计算规则	工程内容
011201001	墙面一般抹灰	1. 墙体类型 2. 底层厚度、砂浆配合比 3. 面层厚度、砂浆配合比 4. 装饰面材料种类 5. 分格缝宽度、材料种类	m²	按设计图示尺寸以面积计算。扣除墙裙、门窗洞口及单个 0.3m² 以外的孔洞面积，不扣除踢脚线、挂镜线和墙与构件交接处的面积，门窗洞口和孔洞的侧壁及顶面不增加面积。附墙柱、梁、垛、烟囱侧壁并入相应的墙面面积内。 1. 外墙抹灰面积按外墙垂直投影面积计算。 2. 外墙裙抹灰面积按其长度乘以高度计算 3. 内墙抹灰面积按主墙间的净长乘以高度计算 （1）无墙裙的，高度按室内楼地面至天棚底面计算 （2）有墙裙的，高度按墙裙顶至天棚底面计算 （3）有吊顶天棚抹灰的，高度算至天棚底 4. 内墙裙抹灰面按内墙净长乘以高度计算	1. 基层清理 2. 砂浆制作、运输 3. 底层抹灰 4. 抹面层 5. 抹装饰面 6. 勾分格缝
011201002	墙面装饰抹灰				
011201003	墙面勾缝	1. 勾缝类型 2. 勾缝材料种类			1. 基层清理 2. 砂浆制作、运输 3. 勾缝
0110201004	立面砂浆找平层	1. 基础类型 2. 找平层砂浆厚度、配合比			1. 基层清理 2. 砂浆制作、运输 3. 抹灰找平

【例 3.8】 某工程的平面图如图 3.7 所示，墙体的厚度是 240mm，层高 3.6m，室内墙面采用 1∶3 的水泥砂浆抹灰，门窗的尺寸分别为 M-1 900mm×2000mm、M-2 1200mm×2000mm、M-3 1000mm×2000mm、C-1 1500mm×1500mm、C-2 1800mm×1500mm、C-3 3000mm×1500mm。试计算内墙抹灰工程量，并编制相应的工程量清单。

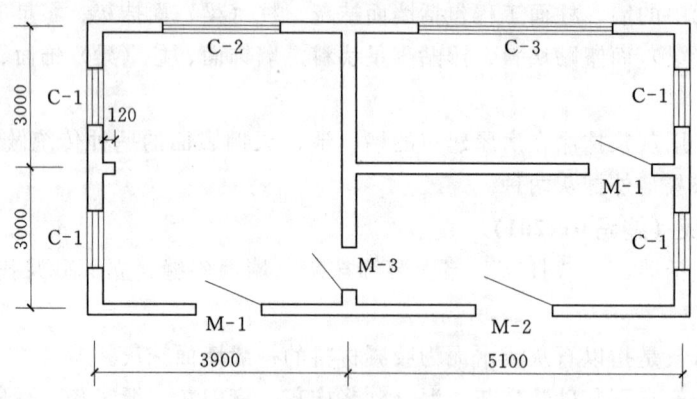

图 3.7　某工程的平面图

分析：墙面抹灰工程量按设计图示尺寸以面积计算。扣除墙裙、门窗洞口及单个 0.3m² 以外的孔洞面积，不扣除踢脚线、挂镜线和墙与构件交接处的面积，门窗洞口和孔洞的侧壁及顶面不增加面积(墙柱、梁、垛、烟囱侧壁并入相应的墙面面积内)。

解：(1) 抹灰工程量 $=[(3.9+5.1-0.24\times2+0.12\times2+5.1-0.24)\times2+(3+3)\times4]\times3.6-3\times0.9\times2-1.2\times2-2\times1\times2-4\times1.5\times1.5-1.8\times1.5-3\times1.5=156.46$ (m^2)

(2) 工程量清单见表3.16。

表3.16　　　　　　　　　室内一般抹灰工程量清单

项目编码	项目名称	项目特征	计量单位	工程量
011201001001	室内一般抹灰	1∶3的水泥砂浆	m^2	156.46

3.2.2　柱(梁)面抹灰(编码011202)

柱(梁)面抹灰包括柱(梁)面一般抹灰、柱(梁)面装饰抹灰、柱(梁)面砂浆找平、柱面勾缝4个清单项目。

柱(梁)面抹灰工程量清单项目的设置、项目特征描述的内容、计量单位及工程量计算规则应按表3.17的规定执行。

表3.17　　　　　　　　　柱(梁)面抹灰(编码011202)

项目编码	项目名称	项目特征	计量单位	工程量计算规则	工程内容
011202001	柱(梁)面一般抹灰	1. 柱(梁)体类型 2. 底层厚度、砂浆配合比 3. 面层厚度、砂浆配合比 4. 装饰面材料种类 5. 分格缝宽度、材料种类	m^2	1. 柱面抹灰：按设计图示柱断面周长乘以高度以面积计算 2. 梁面抹灰：按设计图示梁断面周长乘以高度以面积计算	1. 基层清理 2. 砂浆制作、运输 3. 底层抹灰 4. 抹面层 5. 勾分格缝
011202002	柱(梁)面装饰抹灰				
011202003	柱(梁)面砂浆找平	1. 柱(梁)体类型 2. 找平的砂浆厚度、配合比			1. 基层清理 2. 砂浆制作、运输 3. 抹灰找平
011202004	柱面勾缝	1. 勾缝类型 2. 勾缝材料种类		按设计图示柱断面周长乘高度以面积计算	1. 基层清理 2. 砂浆制作、运输 3. 勾缝

【例3.9】 某学校门口有两根柱子,高度为4m,截面尺寸为800mm×800mm,试计算抹灰工程量。

分析：柱面抹灰工程量按设计图示柱断面周长乘以高度以面积计算。

解：柱抹灰工程量 $=0.8\times4\times4\times2=25.6$ (m^2)

3.2.3　零星抹灰(编码011203)

零星抹灰包括零星项目一般抹灰、零星项目装饰抹灰、零星项目砂浆找平3个清单项目。

零星项目一般抹灰包括墙裙、里窗台抹灰、阳台抹灰、挑檐抹灰等。

零星抹灰工程量清单项目的设置、项目特征描述的内容、计量单位及工程量计算规则应按表3.18的规定执行。

表 3.18　　　　　　　　　　零星抹灰（编码 011203）

项目编码	项目名称	项目特征	计量单位	工程量计算规则	工程内容
011203001	零星项目一般抹灰	1. 墙体类型 2. 底层厚度、砂浆配合比 3. 面层厚度、砂浆配合比 4. 装饰面材料种类 5. 分格缝宽度、材料种类	m²	按设计图示尺寸以面积计算	1. 基层清理 2. 砂浆制作、运输 3. 底层抹灰 4. 抹面层 5. 抹装饰面 6. 勾分格缝
011203002	零星项目装饰抹灰				
011203003	零星项目砂浆找平	1. 基层类型、部位 2. 找平的砂浆厚度、配合比			1. 基层清理 2. 砂浆制作、运输 3. 抹灰找平

3.2.4　墙面块料面层（编码 011204）

墙面块料面层包括石材墙面、拼碎石材墙面、块料墙面、干挂石材钢骨架 4 个清单项目。

石材镶贴块料常用的材料有天然大理石、花岗石、人造石饰面材料等。

拼碎石材镶贴是指使用裁切石材剩下的边角余料经过分类加工作为填充材料，由水泥为胶粘剂，经搅拌成型、研磨、抛光等工序组合而成的装饰项目。

块料镶贴一般采用釉面砖和陶瓷锦砖。

干挂石材是采用金属挂件将石材饰面直接悬挂在主体结构上，形成一种完整的围护结构体系。

墙面块料面层工程量清单项目的设置、项目特征描述的内容、计量单位及工程量计算规则应按表 3.19 的规定执行。

表 3.19　　　　　　　　　　墙面块料面层（编码 011204）

项目编码	项目名称	项目特征	计量单位	工程量计算规则	工程内容
011204001	石材墙面	1. 墙体类型 2. 安装方式 3. 面层材料品种、规格、品牌、颜色 4. 缝宽、嵌缝材料种类 5. 防护材料种类 6. 磨光、酸洗、打蜡要求	m²	按镶贴表面积计算	1. 基层清理 2. 砂浆制作、运输 3. 粘贴层铺贴 4. 面层安装 5. 嵌缝 6. 刷防护材料 7. 磨光、酸洗、打蜡
011204002	碎拼石材				
011204003	块料墙面				
011204004	干挂石材钢骨架	1. 骨架种类、规格 2. 防锈漆品种遍数	t	按设计图示尺寸以质量计算	1. 骨架制作、运输、安装 2. 骨架油漆

【例 3.10】　某工程平面图如图 3.8 所示，层高 3m，门尺寸 1800mm×2400mm，外墙面贴瓷砖。试计算瓷砖工程量。

分析：墙面块料面层工程量按镶贴表面积计算。

解：外墙面砖工程量 = (3.3+3.3+0.24+2.7+3+0.24)×2×3−1.8×2.4 = 72.36（m²）

3.2.5 柱（梁）面镶贴块料（编码011205）

柱（梁）面镶贴块料包括石材柱面、块料柱面、拼碎块柱面、石材梁面、块料梁面5个清单项目。

柱（梁）面镶贴块料工程量清单项目的设置、项目特征描述的内容、计量单位及工程量计算规则应按表3.20的规定执行。

3.2.6 镶贴零星块料（编码011206）

镶贴零星块料包括石材零星项目、块料零星项目、拼碎零星项目3个清单项目。

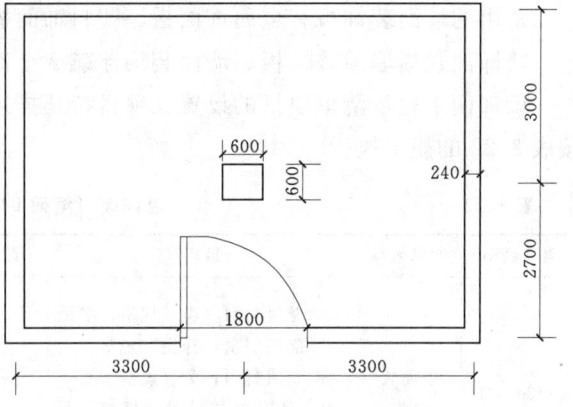

图3.8 某工程平面图示意图

镶贴零星块料工程量清单项目的设置、项目特征描述的内容、计量单位及工程量计算规则应按表3.21的规定执行。

表3.20　　　　　　　柱（梁）面镶贴块料（编码011205）

项目编码	项目名称	项目特征	计量单位	工程量计算规则	工程内容
011205001	石材柱面	1. 柱截面类型、尺寸 2. 安装方式 3. 面层材料品种、规格、品牌、颜色 4. 缝宽、嵌缝材料种类 5. 防护材料种类 6. 磨光、酸洗、打蜡要求	m²	按镶贴表面积计算	1. 基层清理 2. 砂浆制作、运输 3. 粘贴层铺贴 4. 面层安装 5. 嵌缝 6. 刷防护材料 7. 磨光、酸洗、打蜡
011205002	块料柱面	^			
011205003	拼碎石材柱面	^			
011205004	石材梁面	1. 安装方式 2. 面层材料品种、规格、品牌、颜色 3. 缝宽、嵌缝材料种类 4. 防护材料种类 5. 磨光、酸洗、打蜡要求			
011205005	块料梁面	^			

表3.21　　　　　　　镶贴零星块料（编码011206）

项目编码	项目名称	项目特征	计量单位	工程量计算规则	工程内容
011206001	石材零星项目	1. 基层类型、部位 2. 安装方式 3. 面层材料品种、规格、颜色 4. 缝宽、嵌缝材料种类 5. 防护材料种类 6. 磨光、酸洗、打蜡要求	m²	按镶贴表面积计算	1. 基层清理 2. 砂浆制作、运输 3. 面层安装 4. 嵌缝 5. 刷防护材料 6. 磨光、酸洗、打蜡
011206002	块料零星项目	^			
011206003	拼碎石材零星项目	^			

学习情境3 装饰工程量计算

3.2.7 墙饰面（编码011207）

常用的墙面装饰板有金属饰面板、塑料饰面板、镜面玻璃装饰板等。

墙饰面包括墙面装饰板、墙面装饰浮雕2个清单项目。

墙饰面工程量清单项目的设置、项目特征描述的内容、计量单位及工程量计算规则应按表3.22的规定执行。

表3.22　　　　　　　　　墙饰面（编码011207）

项目编码	项目名称	项目特征	计量单位	工程量计算规则	工程内容
011207001	墙面装饰板	1. 龙骨材料种类、规格、中距 2. 隔离层材料种类、规格 3. 基层材料种类、规格 4. 面层材料品种、规格、品牌、颜色 5. 压条材料种类、规格	m^2	按设计图示墙净长乘以净高以面积计算。扣除门窗洞口及单个0.3m^2以上的孔洞所占面积	1. 基层清理 2. 龙骨制作、运输、安装 3. 钉隔离层 4. 基层铺钉 5. 面层铺贴
011207002	墙面装饰浮雕	1. 基层类型 2. 浮雕材料种类 3. 浮雕样式	m^2	按设计图示尺寸以面积计算	1. 基层清理 2. 材料制作、运输 3. 安装成型

3.2.8 柱（梁）饰面（编码011208）

柱（梁）饰面包括柱（梁）饰面装饰、成品装饰柱2个清单项目。

柱（梁）饰面工程量清单项目的设置、项目特征描述的内容、计量单位及工程量计算规则应按表3.23的规定执行。

表3.23　　　　　　　　　柱（梁）饰面（编码011208）

项目编码	项目名称	项目特征	计量单位	工程量计算规则	工程内容
011208001	柱（梁）面装饰	1. 龙骨材料种类、规格、中距 2. 隔离层材料种类 3. 基层材料种类、规格 4. 面层材料品种、规格、品种、颜色 5. 压条材料种类、规格	m^2	按设计图示饰面外围尺寸以面积计算。柱帽、柱墩并入相应柱饰面工程量内	1. 清理基层 2. 龙骨制作、运输、安装 3. 钉隔离层 4. 基层铺钉 5. 面层铺贴
011208002	成品装饰柱	1. 柱截面、高度尺寸 2. 柱材质	1. 根 2. m	1. 以根计量，按设计数量计算 2. 以米计量，按设计长度计算	柱运输、固定、安装

3.2.9 幕墙工程、隔断工程

幕墙隔断、工程，这些项目在本书中不详细介绍，具体内容详见《房屋建筑与装饰工程工程量计算规范》（GB 50854—2013）。

学习单元 3.3 天 棚 工 程

天棚亦称顶棚,在室内是占有人们较大视域的一个空间界面,其装饰处理对于整个室内装饰效果有相当大的影响,同时对于改善室内物理环境也有显著作用。

天棚工程包括天棚抹灰、天棚吊顶、采光天棚、天棚其他装饰工程。

3.3.1 天棚抹灰（编码 011301）

天棚抹灰工程是用灰浆涂抹在天棚表面上的一种传统做法的装饰工程。从抹灰级别上可分为普、中、高三个等级。

天棚抹灰工程量清单项目的设置、项目特征描述的内容、计量单位及工程量计算规则应按表 3.24 的规定执行。

表 3.24　　　　　　　　天棚抹灰（编码 011301）

项目编码	项目名称	项目特征	计量单位	工程量计算规则	工程内容
011301001	天棚抹灰	1. 基层类型 2. 抹灰厚度、材料种类 3. 砂浆配合比	m²	按设计图示尺寸以水平投影面积计算。不扣除间壁墙、垛、柱、附墙烟囱、检查口和管道所占的面积,带梁天棚、梁两侧抹灰面积并入天棚面积内,板式楼梯底面抹灰按斜面积计算,锯齿形楼梯底板抹灰按展开面积计算	1. 基层清理 2. 底层抹灰 3. 抹面层

【例 3.11】 图 3.9 所示为某现浇井字梁天棚示意图,采用麻刀石灰浆面层。试计算天棚抹灰工程量,并编制工程量清单。

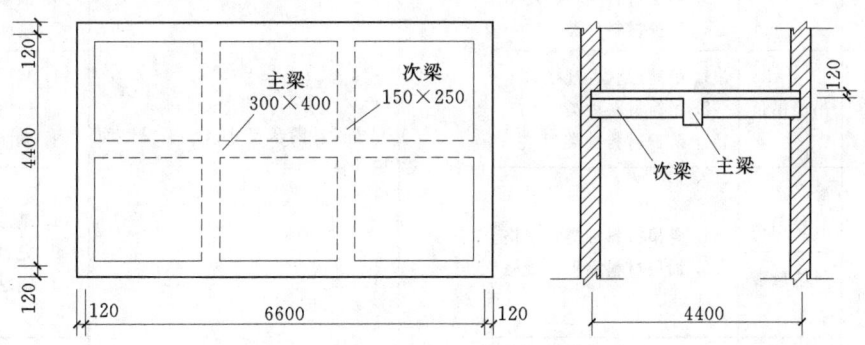

图 3.9　某现浇井字梁天棚示意图

分析：天棚抹灰按设计图示尺寸以水平投影面积计算,带梁天棚、梁两侧抹灰面积并入天棚面积内。

解：天棚抹灰 $= (6.6-0.24) \times (4.4-0.24) + (0.4-0.12) \times (6.6-0.24-0.15 \times 2) \times 2 + (0.25-0.12) \times (4.4-0.3-0.24) \times 2 \times 2 + (0.4-0.25) \times 0.15 \times 4 = 31.95 (m^2)$

工程量清单见表 3.25。

表 3.25　　　　　　　　　　天棚抹灰工程量清单

项目编码	项目名称	项目特征	计量单位	工程量
011301001001	天棚抹灰	麻刀石灰浆	m²	31.95

3.3.2　天棚吊顶（编码 011302）

天棚吊顶从形式可以分为直接式和悬吊式两种，目前悬吊式吊顶的应用最为广泛。

天棚吊顶包括吊顶天棚、格栅吊顶、吊筒吊顶、藤条造型悬挂吊顶、织物软雕吊顶、装饰网架吊顶6个清单项目。

天棚吊顶工程量清单项目的设置、项目特征描述的内容、计量单位及工程量计算规则应按表3.26的规定执行。

表 3.26　　　　　　　　　　天棚吊顶（编码 011302）

项目编码	项目名称	项目特征	计量单位	工程量计算规则	工程内容
011302001	天棚吊顶	1. 吊顶形式、吊杆规格、高度 2. 龙骨材料种类、规格、中距 3. 基层材料种类、规格 4. 面层材料品种、规格 5. 压条材料种类、规格 6. 嵌缝材料种类 7. 防护材料种类	m²	按设计图示尺寸以水平投影面积计算。天棚面中的灯槽及跌级、锯齿形、吊挂式、藻井式天棚面积不展开计算。不扣除间壁墙、检查口、附墙烟囱、柱垛和管道所占面积，扣除单个>0.3m²孔洞、独立柱及与天棚相连的窗帘盒所占的面积	1. 基层清理、吊杆安装 2. 龙骨安装 3. 基层板铺贴 4. 面层铺贴 5. 嵌缝 6. 刷防护材料
011302002	格栅吊顶	1. 龙骨材料种类、规格、中距 2. 基层材料种类、规格 3. 面层材料品种、规格 4. 防护材料种类			1. 基层清理 2. 安装龙骨 3. 基层板铺贴 4. 面层铺贴 5. 刷防护材料
011302003	吊筒吊顶	1. 吊筒形状、规格 2. 吊筒材料种类 3. 防护材料种类		按设计图示尺寸以水平投影面积计算	1. 基层清理 2. 吊筒制作安装 3. 刷防护材料
011302004	藤条造型悬挂吊顶	1. 骨架材料种类、规格 2. 面层材料品种、规格			1. 基层清理 2. 龙骨安装 3. 铺贴面层
011302005	组物软雕吊顶				
011302006	装饰网架吊顶	网架材料品种、规格			1. 基层清理 2. 网架制作安装

【**例 3.12**】　图 3.10 所示的天棚，采用的是轻钢龙骨石膏板吊顶。试计算天棚吊顶的工程量，并编制工程量清单。

分析：天棚吊顶的工程量按设计图示尺寸以水平投影面积计算。

吊顶天棚的工程量＝主墙间的净长×主墙间的净宽－单个0.3m²以外的孔洞、独立柱及与天棚相连的窗帘盒所占的面积。

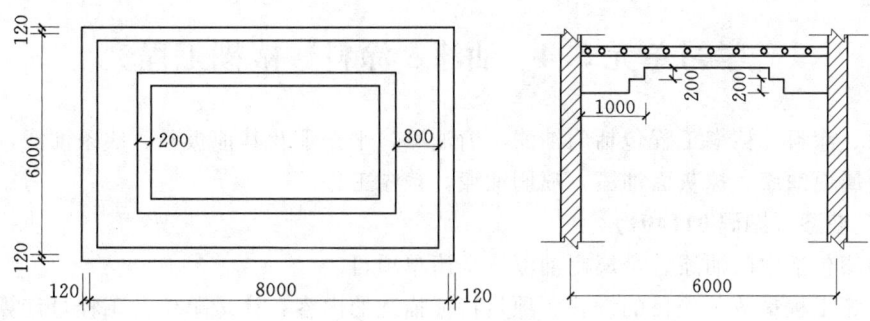

图 3.10 天棚示意图

解：吊顶天棚的工程量 $=(8-0.24)\times(6-0.24)=44.7(m^2)$

工程量清单见表 3.27。

表 3.27　　　　　　　　　吊顶天棚工程量清单

项目编码	项目名称	项目特征	计量单位	工程量
011302001001	吊顶天棚	轻钢龙骨石膏板	m²	44.7

3.3.3 采光天棚（编码 011103）

采光天棚工程量清单项目的设置、项目特征描述的内容、计量单位及工程量计算规则应按表 3.28 的规定执行。

表 3.28　　　　　　　　　采光天棚（编码 011303）

项目编码	项目名称	项目特征	计量单位	工程量计算规则	工程内容
011303001	采光天棚	1. 骨架类型 2. 固定类型、固定材料品种、规格 3. 面层材料品种、规格 4. 嵌缝、塞口材料种类	m²	按框外围展开面积计算	1. 清理基层 2. 面层制作 3. 嵌缝、塞口 4. 清洗

3.3.4 天棚其他装饰（编码 011304）

天棚其他装饰包括灯带，送风口、回风口 2 个清单项目。

天棚其他装饰工程量清单项目的设置、项目特征描述的内容、计量单位及工程量计算规则应按表 3.29 的规定执行。

表 3.29　　　　　　　　　天棚其他装饰（编码 011304）

项目编码	项目名称	项目特征	计量单位	工程量计算规则	工程内容
011304001	灯带	1. 灯带型式、尺寸 2. 格栅片材料品种、规格 3. 安装固定方式	m²	按设计图示尺寸以框外围面积计算	安装、固定
011304002	送风口、回风口	1. 风口材料品种、规格 2. 安装固定方式 3. 防护材料种类	个	按设计图示数量计算	1. 安装、固定 2. 刷防护材料

学习单元3.4 油漆、涂料、裱糊工程

油漆、涂料、裱糊工程包括门油漆,窗油漆,木扶手及其他板条、线条油漆,木材面油漆,金属面油漆,抹灰面油漆,喷刷油漆,裱糊工程。

3.4.1 门油漆(编码011401)

门油漆包括木门油漆、金属门油漆2个清单项目。

门油漆工程量清单项目的设置、项目特征描述的内容、计量单位及工程量计算规则应按表3.30的规定执行。

表3.30　　　　　　　门油漆(编码011401)

项目编码	项目名称	项目特征	计量单位	工程量计算规则	工程内容
011401001	木门油漆	1. 门类型 2. 门代号及洞口尺寸 3. 腻子种类 4. 刮腻子要求 5. 防护材料种类 6. 油漆品种、刷漆遍数	1. 樘 2. m²	1. 以樘计算,按设计图示数量 2. 以平方米计算,按设计图示洞口尺寸以面积计算	1. 基层清理 2. 刮腻子 3. 刷防护材料、油漆
011401002	金属门油漆				1. 除锈、基层清理 2. 刮腻子 3. 刷防护材料、油漆

3.4.2 窗油漆(编码011402)

窗油漆包括木窗油漆、金属窗油漆2个清单项目。

窗油漆工程量清单项目的设置、项目特征描述的内容、计量单位及工程量计算规则应按表3.31的规定执行。

表3.31　　　　　　　窗油漆(编码011402)

项目编码	项目名称	项目特征	计量单位	工程量计算规则	工程内容
011402001	木窗油漆	1. 窗类型 2. 窗代号及洞口尺寸 3. 腻子种类 4. 刮腻子要求 5. 防护材料种类 6. 油漆品种、刷漆遍数	1. 樘 2. m²	1. 以樘计算,按设计图示数量 2. 以平方米计算,按设计图示洞口尺寸以面积计算	1. 基层清理 2. 刮腻子 3. 刷防护材料、油漆
011402002	金属窗油漆				1. 除锈、基层清理 2. 刮腻子 3. 刷防护材料、油漆

3.4.3 抹灰面油漆(编码011406)

抹灰面油漆包括抹灰面油漆、抹灰线条油漆、满刮腻子3个清单项目。

抹灰面油漆工程量清单项目的设置、项目特征描述的内容、计量单位及工程量计算规则应按表3.32的规定执行。

表 3.32　抹灰面油漆（编码 011406）

项目编码	项目名称	项目特征	计量单位	工程量计算规则	工程内容
011406001	抹灰面油漆	1. 基层类型 2. 腻子种类 3. 刮腻子遍数 4. 防护材料种类 5. 油漆品种、刷漆遍数 6. 部位	m²	按设计图示尺寸以面积计算	1. 基层清理 2. 刮腻子 3. 刷防护材料、油漆
011406002	抹灰线条油漆	1. 线条宽度、道数 2. 腻子种类 3. 刮腻子遍数 4. 防护材料种类 5. 油漆品种、刷漆遍数	m	按设计图示尺寸以长度计算	
011406003	满刮腻子	1. 基层类型 2. 腻子种类 3. 刮腻子遍数	m²	按设计图示尺寸以面积计算	1. 基层清理 2. 刮腻子

【例 3.13】 某卧室的平面图如图 3.11 所示，室内抹灰面刷蓝色乳胶漆两遍，刷漆高度 3m，M-1 1200mm×2000mm，C-1 1500mm×1500mm，试计算油漆工程量并编制工程量清单。

分析： 抹灰面油漆按设计图示尺寸以面积计算。

解： 抹灰面油漆 = (4.5−0.24+3.6−0.24)×2×3−1.2×2−1.5×1.5 = 41.07(m²)

工程量清单见表 3.33。

表 3.33　抹灰面油漆工程量清单

项目编码	项目名称	项目特征	计量单位	工程量
011406001001	抹灰面油漆	乳胶漆两遍	m²	41.07

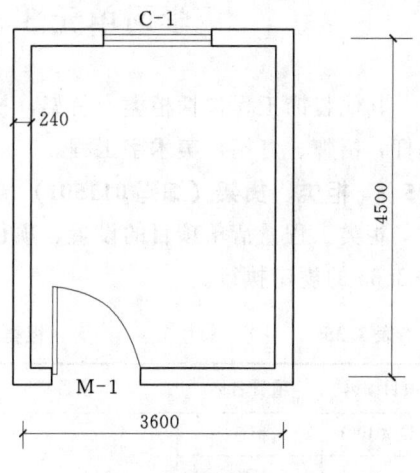

图 3.11　某卧室的平面图（1）

3.4.4　裱糊（编码 011408）

裱糊包括墙纸裱糊、纸锦缎裱糊 2 个清单项目。

裱糊工程量清单项目的设置、项目特征描述的内容、计量单位及工程量计算规则应按表 3.34 的规定执行。

学习情境3 装饰工程量计算

表 3.34　　　　　　　　　　裱糊（编码 011408）

项目编码	项目名称	项目特征	计量单位	工程量计算规则	工程内容
011408001	墙纸裱糊	1. 基层类型 2. 裱糊部位 3. 腻子种类 4. 刮腻子遍数 5. 黏结材料种类 6. 防护材料种类 7. 面层材料品种、规格、颜色	m²	按设计图示尺寸以面积计算	1. 基层清理 2. 刮腻子 3. 面层铺粘 4. 刷防护材料
011408002	织锦缎裱糊				

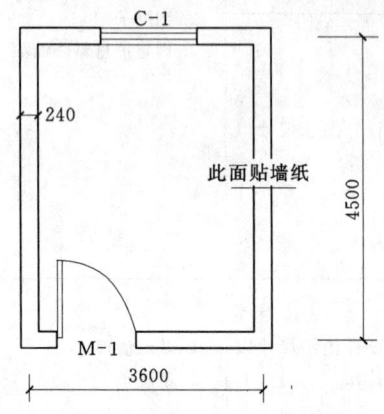

图 3.12　某卧室的平面图（2）

【例 3.14】 某卧室的平面图如图 3.12 所示，室内有 3 面刷乳胶漆，有一面贴墙纸，贴墙纸高度 3m，M-1 1200mm×2000mm，C-1 1500mm×1500mm，试计算墙纸工程量。

分析：墙纸裱糊按设计图示尺寸以面积计算。

解：墙纸工程量＝(4.5－0.24)×3＝12.78(m²)

3.4.5　其他项目

木扶手及其他板条、线条油漆，木材面油漆，金属面油漆，喷刷油漆，这些项目在本书中不详细介绍，具体内容详见《房屋建筑与装饰工程工程量计算规范》（GB 50854—2013）。

学习单元 3.5　其他装饰工程

其他装饰工程包括柜类、货架，扶手、栏杆、栏板装饰，暖气罩，浴厕配件，雨篷、旗杆，招牌、灯箱，美术字工程。

3.5.1　柜类、货架（编码 011501）

柜类工程量清单项目的设置、项目特征描述的内容、计量单位及工程量计算规则应按表 3.35 的规定执行。

表 3.35　　　　　　　　　　柜类、货架（编码 011501）

项目编码	项目名称	项目特征	计量单位	工程量计算规则	工程内容
011501001	柜台	1. 台柜规格 2. 材料种类、规格 3. 五金种类、规格 4. 防护材料种类 5. 油漆品种、刷漆遍数	1. 个 2. m 3. m³	1. 以个计量，按设计图示数量计算 2. 以米计量，按设计图示尺寸以延长米计算 3. 以立方米计量，按设计图示尺寸以体积计算	1. 台柜制作、运输、安装（安放） 2. 刷防护材料、油漆 3. 五金件安装
011501002	酒柜				
011501003	衣柜				
011501004	存包柜				
011501005	鞋柜				
011501006	书柜				
011501007	厨房壁柜				

续表

项目编码	项目名称	项目特征	计量单位	工程量计算规则	工程内容
011501008	木壁柜	1. 台柜规格 2. 材料种类、规格 3. 五金种类、规格 4. 防护材料种类 5. 油漆品种、刷漆遍数	1. 个 2. m 3. m³	1. 以个计量，按设计图示数量计算 2. 以米计量，按设计图示尺寸以延长米计算 3. 以立方米计量，按设计图示尺寸以体积计算	1. 台柜制作、运输、安装（安放） 2. 刷防护材料、油漆 3. 五金件安装
011501009	房吊低柜				
011501010	厨房吊柜				
011501011	矮柜				
011501012	吧台背柜				
011501013	酒吧吊柜				
011501014	酒吧台				
011501015	展台				
011501016	收银台				
011501017	试衣间				
011501018	货架				
011501019	书架				
011501020	服务台				

3.5.2 压条、装饰线（编码011502）

压条、装饰线工程量清单项目的设置、项目特征描述的内容、计量单位及工程量计算规则应按表3.36的规定执行。

表3.36　　　　　　压条、装饰线（编码011502）

项目编码	项目名称	项目特征	计量单位	工程量计算规则	工程内容
011502001	金属装饰线	1. 基层类型 2. 线条材料品种、规格、颜色 3. 防护材料种类	m	按设计图示尺寸以长度计算	1. 线条制作、安装 2. 刷防护材料、油漆
011502002	木质装饰线				
011502003	石材装饰线				
011502004	石膏装饰线				
011502005	镜面玻璃线				
011502006	铝塑装饰线				
011502007	塑料装饰线				
011502008	GRC装饰线条	1. 基层类型 2. 线条规格 3. 线条安装部位 4. 填充材料种类			线条制作安装

3.5.3 浴厕配件（编码011505）

浴厕配件工程量清单项目的设置、项目特征描述的内容、计量单位及工程量计算规则应按表3.37的规定执行。

表 3.37　　　　　　　　　　浴厕配件（编码 011505）

项目编码	项目名称	项目特征	计量单位	工程量计算规则	工程内容
011505001	洗漱台	1. 材料品种、规格、品牌、颜色 2. 支架、配件品种、规格、品牌 3. 油漆品种、刷漆遍数	1. m² 2. 个	1. 按设计图示尺寸以台面外接矩形面积计算。不扣除孔洞、挖弯、削角所占面积，挡板、吊沿板面积并入台面面积内 2. 按设计图示数量计算	1. 台面及支架运输、安装 2. 杆、环、盒、配件安装 3. 刷油漆
011505002	晒衣架		个	按设计图示数量计算	1. 台面及支架制作、运输、安装 2. 杆、环、盒、配件安装 3. 刷油漆
011505003	帘子杆				
011505004	浴缸拉手				
011505005	卫生间扶手				
011505006	毛巾杆（架）				
011505007	毛巾环		副		
011505008	卫生纸盒		个		
011505009	肥皂盒				
011505010	镜面玻璃	1. 镜面玻璃品种、规格 2. 框材质、断面尺寸 3. 基层材料种类 4. 防护材料种类	m²	按设计图示尺寸以边框外围面积计算	1. 基层安装 2. 玻璃及框制作、运输、安装
011505011	镜箱	1. 箱材质、规格 2. 玻璃品种、规格 3. 基层材料种类 4. 防护材料种类 5. 油漆品种、刷漆遍、数	个	按设计图示数量计算	1. 基层安装 2. 箱体制作、运输、安装 3. 玻璃安装 4. 刷防护材料、油漆

3.5.4　剩余其他工程

扶手、栏杆、栏板装饰、暖气罩、雨篷、旗杆、招牌、灯箱、美术字，这些项目在本教材中不详细介绍，具体内容详见《房屋建筑与装饰工程工程量计算规范》（GB 50854—2013）。

【例 3.15】　根据学习单元 2.1 中的某学院综合楼图纸计算出一层相应的门窗工程量，楼地面工程量，墙、柱面的装饰工程量，天棚工程的工程量，油漆工程的工程量并编制相应的工程量清单。

解：各项工程的工程量计算式及工程量清单见表 3.38。

学习单元 3.5 其他装饰工程

表 3.38　　　　　　　　　各项工程的工程量清单

序号	项目编码	项目名称	项目特征	计算式	计量单位	工程量
一			门　窗　工　程			
1	010802001001	铝合金门	1. 门代号及洞口尺寸：2400mm×3300mm 2. 门框、扇材质：铝合金	2.4×3.3	m²	7.92
2	010801001002	胶合板门	门代号及洞口尺寸：1800mm×2400mm	1.8×2.4×2	m²	8.64
3	010801001003	胶合板门	门代号及洞口尺寸：1500mm×2400mm	1.5×2.4	m²	3.6
4	010801001004	胶合板门	门代号及洞口尺寸：900mm×2400mm	0.9×2.4×2	m²	3.6
5	010807001005	铝合金窗 SC-1524	1. 窗代号及洞口尺寸：1500mm×2400mm 2. 框、扇材质：铝合金 3. 玻璃品种、厚度：蓝色玻璃	1.5×2.4×7	m²	25.2
6	010807001006	铝合金窗 SC-2124	1. 窗代号及洞口尺寸：2100mm×2400mm 2. 框、扇材质：铝合金 3. 玻璃品种、厚度：蓝色玻璃	2.1×2.4×4	m²	20.16
7	010807001007	铝合金窗 SC-1824	1. 窗代号及洞口尺寸：1800mm×2400mm 2. 框、扇材质：铝合金 3. 玻璃品种、厚度：蓝色玻璃	1.8×2.4	m²	4.32
8	010807001008	铝合金窗 SC-1224	1. 窗代号及洞口尺寸：1200mm×2400mm 2. 框、扇材质：铝合金 3. 玻璃品种、厚度：蓝色玻璃	1.2×2.4×4	m²	11.52
9	010807001009	铝合金窗 SC-0924	1. 窗代号及洞口尺寸：900mm×2400mm 2. 框、扇材质：铝合金 3. 玻璃品种、厚度：蓝色玻璃	0.9×2.4	m²	2.16

学习情境3 装饰工程量计算

续表

序号	项目编码	项目名称	项目特征	计算式	计量单位	工程量
一				门窗工程		
10	010807001010	TC1	1. 窗代号及洞口尺寸：1800mm×2000mm 2. 框、扇材质：铝合金 3. 玻璃品种、厚度：蓝色玻璃	1.8×2.0×2	m²	7.2
二				楼地面工程		
11	011102003011	地砖红色500mm×500mm（餐厅）	1. 找平层厚度、砂浆配合比：25厚1:4干硬性水泥砂浆，面上撒素水泥 2. 结合层厚度、砂浆配合比：素水泥结合层一遍 3. 面层材料品种、规格、品牌、颜色：8~10mm厚防滑地砖铺实拍平 4. 嵌缝材料种类：水泥砂浆	(7.5+7.5−0.05)×(12.5−0.3×2)+1.36×(3−0.05−0.09)+(2.4−0.09)×(6+6−0.05)+(0.09−0.06)×(6−0.05)−(3−0.05+3.03)×0.18+1.8×0.18−0.09×(4.5+2.1)−(0.5−0.3)×(1−0.3+1−0.5)−(0.5−0.3)×0.5×4−0.5×0.5×2−(0.5÷2−0.09)×0.5×6+2.4×0.3=207.33	m²	207.33
12	011102003012	地砖红色300mm×300mm（厨房、卫生间）	面层材料品种、规格、品牌、颜色：地砖红色300mm×300mm	(4.5+2.1−0.05−0.09)×(6+6−0.05−0.09)+1.8×0.3+(6−0.09−0.05−0.12)×(3−0.05−0.06)−[(0.5−0.3+(0.5÷2−0.09)×2]×0.5−(0.5−0.3)²×2+(0.5−0.3)×(0.5/2−0.18/2)×5+0.9×0.12×2=93.18	m²	93.18
13	011105003013	踢脚线（餐厅、过道）	1. 踢脚线高度：150mm 2. 面层材料品种、规格、颜色：黑色面砖	0.15×[(27−0.05×2+12.5−0.05×2)×2+3−0.05−0.09+(3.03−0.09)×2+0.5×4×2+(0.5−0.3)×7+(0.5/2−0.18/2)×12−2.4−1.8×2−1.5−0.9×2]=12.8	m²	12.8
14	011106002014	红色砖300mm×300mm（楼梯）	面层材料品种、规格、品牌、颜色：地砖红色300mm×300mm	(3.08+1.56)×3−0.5×0.5×0.5−0.05×(3.08+1.56−0.5/2)−(3−0.5+3.08+1.56−0.5/2)×0.09=12.96	m²	12.96

学习单元 3.5 其他装饰工程

续表

序号	项目编码	项目名称	项目特征	计算式	计量单位	工程量
三				墙、柱面装饰工程		
15	011201001015	墙面一般抹灰	1. 底层厚度、砂浆配合比：15mm厚1：3水泥砂浆 2. 面层厚度、砂浆配合比：5mm厚1：2水泥砂浆	卫生间：3×(3−0.05−0.06)×4+(6−0.09−0.05)×2=46.4 厨房：3.4×[(6+6−0.05−0.09)×2+(4.5+2.1−0.05−0.09)×2+(0.5−0.3)×2+(0.5/2−0.18/2)×2]=127.03 走道、餐厅：(3.4−0.15−1.5)×[(27−0.05×2+12.5−0.05×2)×2+(0.5−0.3)×6+(0.5/2−0.18/2)×11]+(1.5+0.15−0.9)×(1.5×3+1.8×2+2.1×4+1.2)+(1.5+0.15)×(1.8×1.5+0.9×2)=164.42 楼梯间：(8.35−0.15−4.15−1.5−0.15)×[(3.03+6−0.09−0.05)×2+(3−0.05−0.09)×2]=56.4 总：46.4+127.03+164.42+56.4−2.4×3.3−1.5×2.4×9−1.8×2×2−2.1×2.4×4−1.8×2.4×4−1.2×2.4×4−0.9×2.4−0.9×2×4=288.41	m²	288.41
16	011202001016	柱面一般抹灰	1. 底层厚度、砂浆配合比：15mm厚1：3水泥砂浆 2. 面层厚度、砂浆配合比：5mm厚1：2水泥砂浆	0.5×4×2=4	m²	4
17	011204003017	块料墙面（厨房、卫生间）	面层材料品种、规格、颜色：150mm×200mm	(8.35−0.15−0.15−4.15)×[(6×2−0.05−0.09+4.5+2.1−0.05−0.09)×2+(6−0.09−0.05−0.12)×2+(3−0.05−0.06)×4]−0.9×2×2−1.2×2.4×2−1.5×2.4×5−1.8×2.4×2=196.75	m²	196.75
18	011204003018	块料墙面（餐厅、过道）	面层材料品种、规格、颜色：200mm×300mm 白色暗花	1.5×[(27−0.05×2+12.5−0.05×2)×2+(0.5−0.3)×6+(0.5/2−0.18/2)×11−1.8−1.5−0.9×2]−(1.5+0.15−0.9)×(1.5×3+1.8×2+2.1×4+1.2)=101.42	m²	101.42
19	011205002019	块料柱面	面层材料品种、规格、颜色：200mm×300mm 白色暗花	0.5×4×2×1.5=6	m²	6

续表

序号	项目编码	项目名称	项目特征	计算式	计量单位	工程量
四				天 棚 工 程		
20	011301001020	天棚抹灰（楼梯间）	1. 抹灰厚度、材料种类：5mm 厚水泥砂浆 2. 砂浆配合比：1：2	$(3.03+6-0.18)\times(3-0.05-0.09)+(0.6-0.15)\times(6-0.5)+(0.65-0.15)\times(3-0.5+6-0.5)+(3-0.5)\times(0.45-0.15)=32.54$	m²	32.54
21	011302001021	吊顶天棚（餐厅、走道、厨房、卫生间）	1. 龙骨材料种类、规格、中距：轻钢龙骨，主龙骨中距 900～1000mm，次龙骨中距 500mm 或 605mm，横龙骨中距 605mm 2. 面层材料品种、规格：500mm×500mm 或 600mm×600mm 厚 10～13mm 石膏装饰板	$(27-0.05\times2)\times(12.5-0.3\times2)-0.5\times0.5\times2-0.18\times(3\times2+3.03+6+6\times2+4.5+2.1)-(3.03+6-0.18)\times(3-0.05-0.09)=288.25$	m²	288.25
五				油 漆 工 程		
22	011406001022	抹灰面油漆	油漆品种、刷漆遍数：乳胶漆两遍	天棚抹灰（楼梯间）+楼梯墙面+餐厅、过道墙面-门窗 = $32.54+56.4+164.42-1.8\times2.4-1.5\times2.4\times4-1.8\times2-2.1\times2.4\times4-1.2\times2.4-0.9\times2\times2=204.4$	m²	204.4

注 1. 门窗工程：飘窗的材质根其他的窗一样，尺寸按平面图计算的。
    2. 楼地面工程：①楼梯尺寸按平面图尺寸算；②走道地面时没考虑厕所外洗手盆所占的位置；③门厅处没尺寸按 3.03m 算；④卫生间没考虑卫生器具所占的面积。
    3. 墙柱面装饰工程：①墙面抹灰都只考虑了内墙抹灰；②块料墙面计算时，飘窗按距地面高度 900mm 算。
    4. 油漆工程：①没考虑楼梯间踢脚线所占的面积；②油漆也只考虑了内墙和天棚。

【例 3.16】 根据学习单元 2.1 中的某学院综合楼图纸计算出整个装饰工程的工程量并编制相应的工程量清单。

解：整个装饰工程的工程量及相应的工程量清单见表 3.39。

表 3.39   整个装饰工程的工程量清单

工程名称：某学院综合楼装饰工程

序号	项目编码	项目名称	项目特征描述	计量单位	工程量
			0108 门窗工程		
1	010801001001	胶合板门 M-0924	门代号及洞口尺寸：900mm×2400mm	m²	47.52
2	010801001002	胶合板门 M-1224	门代号及洞口尺寸：1200mm×2400mm	m²	5.76

学习单元 3.5 其他装饰工程

续表

序号	项目编码	项目名称	项目特征描述	计量单位	工程量
			0108 门窗工程		
3	010801001003	胶合板门 M-1227	门代号及洞口尺寸：1200mm×2700mm	m²	6.48
4	010801001004	胶合板门 M-1524	门代号及洞口尺寸：1500mm×2400mm	m²	10.8
5	010801001005	胶合板门 M-1824	门代号及洞口尺寸：1800mm×2400mm	m²	8.64
6	010807001006	铝合金窗 SC-0924	1. 窗代号及洞口尺寸：900mm×2400mm 2. 框、扇材质：铝合金 3. 玻璃品种：蓝色玻璃	m²	2.16
7	010807001007	铝合金窗 SC-0924	1. 窗代号及洞口尺寸：900mm×2400mm 2. 框、扇材质：铝合金 3. 玻璃品种：蓝色玻璃	m²	4.05
8	010807001008	铝合金窗 SC-1215	1. 窗代号及洞口尺寸：1200mm×1500mm 2. 框、扇材质：铝合金 3. 玻璃品种：蓝色玻璃	m²	21.6
9	010807001009	铝合金窗 SC-1224	1. 窗代号及洞口尺寸：1200mm×2400mm 2. 框、扇材质：铝合金 3. 玻璃品种：蓝色玻璃	m²	11.52
10	010807001010	铝合金窗 SC-1515	1. 窗代号及洞口尺寸：1500mm×1500mm 2. 框、扇材质：铝合金 3. 玻璃品种：蓝色玻璃	m²	45
11	010807001011	铝合金窗 SC-1524	1. 窗代号及洞口尺寸：1500mm×2400mm 2. 框、扇材质：铝合金 3. 玻璃品种：蓝色玻璃	m²	28.8
12	010807001012	铝合金窗 SC-1815	1. 窗代号及洞口尺寸：1800mm×1500mm 2. 框、扇材质：铝合金 3. 玻璃品种：蓝色玻璃	m²	21.6
13	010807001013	铝合金窗 SC-1824	1. 窗代号及洞口尺寸：1800mm×2400mm 2. 框、扇材质：铝合金 3. 玻璃品种：蓝色玻璃	m²	8.64
14	010807001014	铝合金窗 SC-2115	1. 窗代号及洞口尺寸：2100mm×1500mm 2. 框、扇材质：铝合金 3. 玻璃品种：蓝色玻璃	m²	31.5

续表

序号	项目编码	项目名称	项目特征描述	计量单位	工程量
\multicolumn{6}{c}{0108 门窗工程}					
15	010807001015	铝合金窗 SC-2124	1. 窗代号及洞口尺蓝色玻璃寸：2100mm×2400mm 2. 框、扇材质：铝合金 3. 玻璃品种：蓝色玻璃	m²	40.32
16	010802001016	铝合金门 M-1833	门代号及洞口尺寸：1800mm×3300mm	m²	5.94
17	010802001017	铝合金门 M-2433	1. 门代号及洞口尺寸 2400mm×3300mm 2 门框、扇材质：铝合金	m²	7.92
18	010807001018	飘窗 TC1	1. 窗代号及洞口尺寸：2160mm×2000mm 2. 框、扇材质：铝合金 3. 玻璃品种：蓝色玻璃	m²	8.64
19	010807001019	飘窗 TC2	1. 窗代号及洞口尺寸：2160mm×1500mm 2. 框、扇材质：铝合金 3. 玻璃品种：蓝色玻璃	m²	12.96
\multicolumn{6}{c}{0111 楼地面装饰工程}					
20	011102003020	块料楼地面（楼梯红色 300mm×300mm）	1. 面层材料品种、规格、品牌、颜色：地砖红色 300mm×300mm 2. 找平层：1：2.5 的水泥砂浆	m²	67
21	011102003021	块料楼地面（米色 500mm×500mm）	1. 找平层厚度、砂浆配合比：25mm 厚1：4 干硬性水泥砂浆，面上撒素水泥 2. 结合层厚度、砂浆配合比：素水泥结合层一遍 3. 面层材料品种、规格、品牌、颜色：8～10mm 厚防滑地砖铺实拍平，米色 500mm×500mm 4. 嵌缝材料种类：水泥砂浆	m²	758.68
22	011102003022	块料楼地面（红色 300mm×300mm）	1. 面层材料品种、规格、品牌、颜色：地砖红色 300mm×300mm 2. 找平层：1：2.5 的水泥砂浆	m²	66.32
23	011102003023	块料楼地面（红色 500mm×500mm）	1. 找平层厚度、砂浆配合比：25mm 厚1：4 干硬性水泥砂浆，面上撒素水泥 2. 结合层厚度、砂浆配合比：素水泥结合层一遍 3. 面层材料品种、规格、品牌、颜色：8～10mm 厚防滑地砖铺实拍平，红色 500mm×500mm 4. 嵌缝材料种类：水泥砂浆	m²	295.91
24	011106002024	块料楼梯面层	面层材料品种、规格、品牌、颜色：地砖红色 300mm×300mm	m²	36

续表

序号	项目编码	项目名称	项目特征描述	计量单位	工程量
\multicolumn{6}{c}{0111 楼地面装饰工程}
25	011105003025	块料踢脚线	1. 踢脚线高度：150mm 2. 找平层：1∶2.5 的水泥砂浆 3. 面层材料品种、规格、颜色：黑色面砖	m²	71.3
\multicolumn{6}{c}{0112 墙、柱面装饰与隔断、幕墙工程}
26	011204003026	块料墙面	1. 面层材料品种、规格、颜色：200mm×300mm 白色暗花 2. 17mm 厚 1∶3 的水泥砂浆 3. 1∶1 的水泥砂浆加 20%107 胶镶贴	m²	360.38
27	011204003027	块料墙面（卫生间）	面层材料品种、规格、颜色：150mm×200mm	m²	784
28	011205002028	块料柱面	面层材料品种、规格、颜色：200mm×300mm 白色暗花	m²	24
29	011201001029	墙面一般抹灰	1. 底层厚度、砂浆配合比：15mm 厚 1∶3 水泥砂浆 2. 面层厚度、砂浆配合比：5mm 厚 1∶2 水泥砂浆	m²	1458
30	011202001030	柱面一般抹灰	1. 底层厚度、砂浆配合比：15mm 厚 1∶3 水泥砂浆 2. 面层厚度、砂浆配合比：5mm 厚 1∶2 水泥砂浆	m²	16
\multicolumn{6}{c}{0113 天棚工程}
31	011302001031	吊顶天棚	1. 龙骨材料种类、规格、中距：轻钢龙骨，主龙骨中距 900～1000mm，次龙骨中距 500mm 或 605mm，横龙骨中距 605mm 2. 面层材料品种、规格：500mm×500mm 或 600mm×600mm 厚 10～13mm 石膏装饰板	m²	391.6
32	011301001032	天棚抹灰	1.5mm 厚 1∶2 水泥砂浆 2.7mm 厚 1∶3 水泥砂浆	m²	823
\multicolumn{6}{c}{0114 油漆、涂料、裱糊工程}
33	011406001033	抹灰面油漆	油漆品种、刷漆遍数：乳胶漆两遍	m²	2200

能 力 训 练

1. 某公司的办公室平面图如图 3.13 所示，M－1 是玻璃门，尺寸为 1500mm×2400mm；M－2 是实木装饰门，尺寸是 1500mm×2100mm；M－3 是实木装饰门，尺寸是 900mm×2100mm；窗都是塑钢窗，C－1 为 7200mm×1800mm，C－2 为 3600mm×1800mm，C－3 为 2400mm×1800mm。试计算门窗工程量，并编制工程量清单。

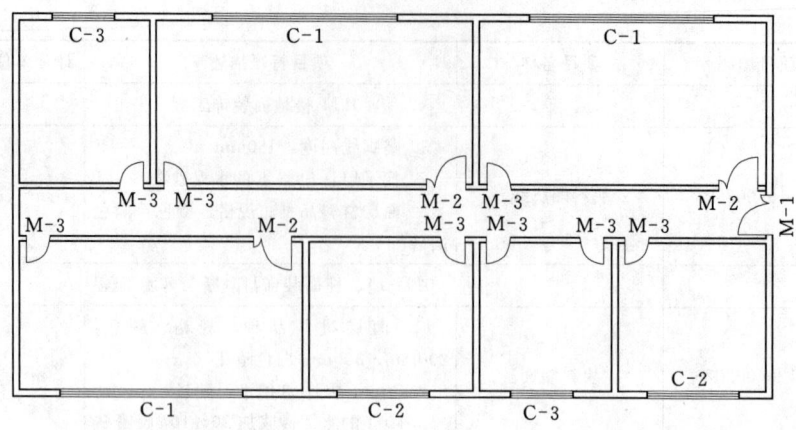

图 3.13　某公司的办公室平面图

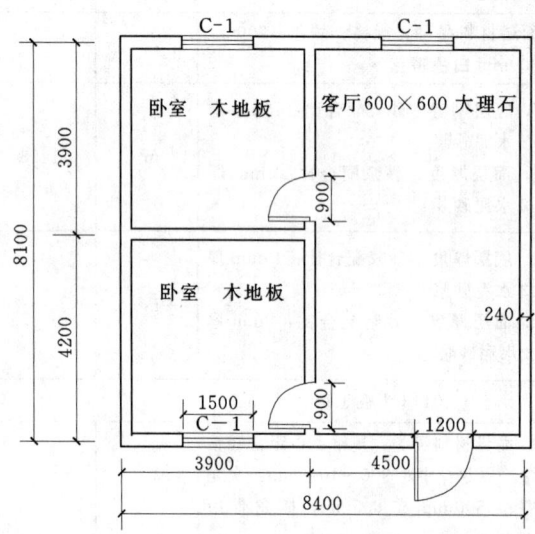

2. 某职工宿舍的平面布置图如图 3.14 所示，客厅采用的是 600mm×600mm 的大理石，卧室采用的是实木地板，客厅采用的是黑色的大理石踢脚线，卧室是木夹板踢脚线，踢脚线的高度都是 150mm。试计算楼地面面层、踢脚线的工程量，并编制出相应的工程量清单。

3. 某工程的平面图如图 3.15 所示，层高 2.9m，内外墙均采用 1∶2.5 的水泥砂浆抹灰。门窗尺寸分别为 M-1 1000mm×2000mm，M-2 900mm×2000mm，C-1 900mm×1500mm，C-2 1500mm×1500mm，C-3 1800mm×1500mm。试计算墙面抹灰工程量，并编制工程量清单。

图 3.14　某职工宿舍平面图

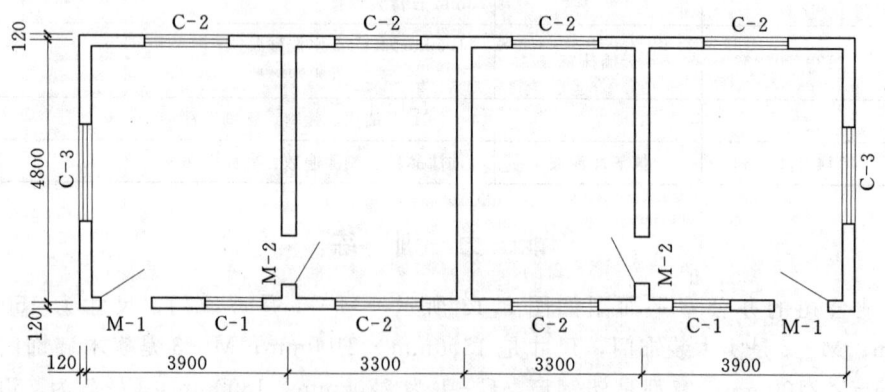

图 3.15　某工程的平面图

能 力 训 练

4. 按图 3.16 所示预制钢筋混凝土板底吊不上人型装配式 U 形轻钢龙骨，龙骨上铺钉中密度板，面层粘贴 6mm 厚铝塑板。试计算吊顶天棚工程的工程量，并编制工程量清单。

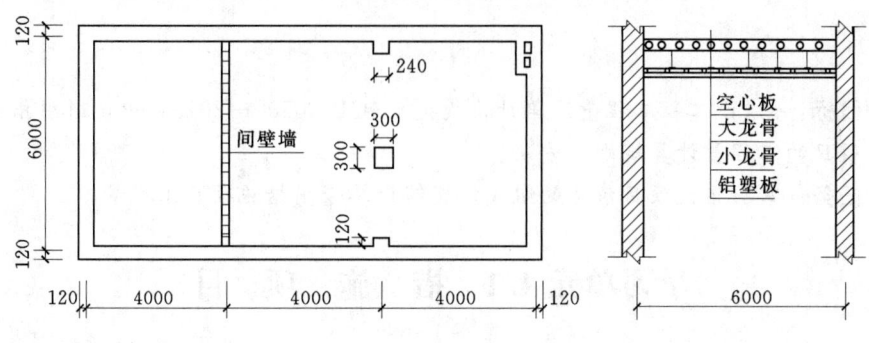

图 3.16 吊顶天棚示意图

5. 某住宅的平面图如图 3.17 所示，层高 3m，厨房和卫生间墙面贴瓷砖，卧室墙面和天棚均贴墙纸，客厅墙面和天棚都刷乳胶漆。已知门窗尺寸分别为 M-1 1200mm×2100mm，M-2 900mm×2100mm，C-1 2400mm×2100mm，C-2 3600mm×2700mm，C-3 1200mm×1500mm，C-4 900mm×1200mm。试计算墙纸、油漆的工程量，并编制工程量清单。

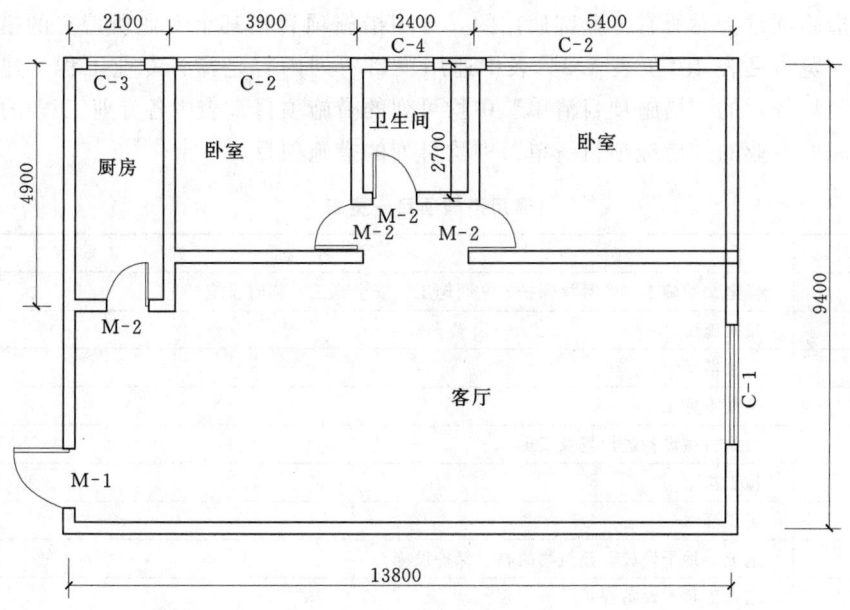

图 3.17 某住宅的平面图

学习情境 4　措施项目工程量计算

学习目标：《建设工程工程量清单计价规范》（GB 50500—2013）中，通用措施项目、专用措施项目的工程量计算规则及方法。

学习任务：掌握措施项目清单的组成，能够计算专用措施项目工程量。

学习单元 4.1　措　施　项　目

4.1.1　基本知识

4.1.1.1　措施项目清单概述

措施项目清单指为完成工程项目施工，发生于该工程施工准备和施工过程中的技术、生活、安全、环境保护等方面的非工程实体项目清单。

4.1.1.2　措施项目清单的分类

措施项目清单应根据拟建工程的实际情况列项，可分为通用措施项目和专用措施项目。通用措施项目指对所有专业都通用的，专用措施项目指某个专业所特有的措施项目。措施项目一览表见表 4.1～表 4.3。表中通用项目所列内容是指各专业工程（建筑装饰、管道、电气灯等）的"措施项目清单"中均可列的措施项目。表中各专业工程中所列的内容，是指相应专业的"措施项目清单"中均可列的措施项目。

表 4.1　　　　　　　　通用措施项目一览表

序号	项 目 名 称
1	安全文明施工（含环境保护、文明施工、安全施工、临时设施）
2	夜间施工
3	二次搬运
4	冬雨季施工
5	大型机械设备进出场及安拆
6	施工排水
7	施工降水
8	地上、地下设施，建筑物的临时保护设施
9	已完工程及设备保护

表 4.2　　　　　　　专用措施项目一览表（建筑工程）

序号	项 目 名 称
1	混凝土、钢筋混凝土模板及支架
2	脚手架
3	垂直运输机械

学习单元 4.1 措 施 项 目

表 4.3　　　　　　　　　　专用措施项目一览表（装饰工程）

序 号	项 目 名 称
1	脚手架
2	垂直运输机械
3	室内空气污染测试

4.1.2　措施项目清单的编制规则

措施项目中可以计算工程量的项目清单宜采用分部分项工程量清单的方式编制，列出项目编码、项目名称、项目特征、计量单位和工程量计算规则；不能计算工程量的项目清单，以"项"为计量单位，相应数量为 1。措施项目清单的编制应考虑多种因数，除工程本身因素外，还涉及水文、气象、环境、安全和施工企业的实际情况等，编制时力求全面。通用措施项目可按表 4.1 选择列项，专业工程的措施项目可按《建设工程工程量清单计价规范》（GB 50500—2013）附录中规定的项目选择列项。若出现 GB 50500—2013 未列的项目，可根据工程实际情况补充。

（1）一般措施项目。工程量清单项目设置、计量单位、工作内容及包含范围应按表 4.4 的规定执行。

表 4.4　　　　　　　　　　一般措施项目（编码 011701）

项目编码	项目名称	工作内容及包含范围
011701001	安全文明施工（含环境保护、文明施工、安全施工、临时设施）	1. 环境保护包含范围：现场施工机械设备降低噪声、防扰民措施费用；水泥和其他易飞扬细颗粒建筑材料密闭存放或采取覆盖措施等费用；工程防尘洒水费用；土石方、建渣外运车辆冲洗、防洒漏等费用；现场污染源的控制、生活垃圾清理外运、场地排水排污措施的费用；其他环境保护措施费用 2. 文明施工包含范围："五牌一图"的费用。现场围挡的墙面美化（包括内外粉刷、刷白、标语等）、压顶装饰费用；现场厕所便槽刷白、贴面砖，水泥砂浆地面或地砖费用，建筑物内临时便溺设施费用；其他施工现场临时设施的装饰装修、美化措施费用；现场生活卫生设施费用；符合卫生要求的饮水设备、淋浴、消毒等设施费用；生活用洁净燃料费用；防煤气中毒、防蚊虫叮咬等措施费用；施工现场操作场地的硬化费用；现场绿化费用、治安综合治理费用；现场配备医药保健器材、物品费用和急救人员培训费用；用于现场工人的防暑降温费、电风扇、空调等设备及用电费用；其他文明施工措施费用 3. 安全施工包含范围：安全资料、特殊作业专项方案的编制，安全施工标志的购置及安全宣传的费用；"三宝"（安全帽、安全带、安全网）、"四口"（楼梯口、电梯井口、通道口、预留洞口），"五临边"（阳台围边、楼板围边、屋面围边、槽坑围边、卸料平台两侧），水平防护架、垂直防护架、外架封闭等防护的费用；施工安全用电的费用，包括配电箱三级配电、两级保护装置要求、外电防护措施；起重机、塔吊等起重设备（含井架、门架）及外用电梯的安全防护措施（含警示标志）费用及卸料平台的临边防护、层间安全门、防护棚等设施费用；建筑工地起重机械的检验检测费用；施工机具防护棚及其围栏的安全保护设施费用；施工安全防护通道的费用；工人的安全防护用品、用具购置费用；消防设施与消防器材的配置费用；电气保护、安全照明设施费；其他安全防护措施费用

201

续表

项目编码	项目名称	工作内容及包含范围
011701001	安全文明施工（含环境保护、文明施工、安全施工、临时设施）	4. 临时设施包含范围：施工现场采用彩色、定型钢板、砖、混凝土砌块等围挡的安砌、维修、拆除费或摊销费；施工现场临时建筑物、构筑物的搭设、维修、拆除或摊销的费用；如临时宿舍、办公室、食堂、厨房、厕所、诊疗所、临时文化福利用房、临时仓库、加工厂、搅拌台、临时简易水塔、水池等。施工现场临时设施的搭设、维修、拆除或摊销的费用。如临时供水管道、临时供电管线、小型临时设施等；施工现场规定范围内临时简易道路铺设，临时排水沟、排水设施安砌、维修、拆除的费用；其他临时设施费搭设、维修、拆除或摊销的费用
011701002	夜间施工	1. 夜间固定照明灯具和临时可移动照明灯具的设置、拆除 2. 夜间施工时，施工现场交通标志、安全标牌、警示灯等的设置、移动、拆除 3. 包括夜间照明设备摊销及照明用电、施工人员夜班补助、夜间施工劳动效率降低等费用
011701003	非夜间施工照明	为保证工程施工正常进行，在如地下室等特殊施工部位施工时所采用的照明设备的安拆、维护、摊销及照明用电等费用
011701004	二次搬运	包括由于施工场地条件限制而发生的材料、成品、半成品等一次运输不能到达堆放地点，必须进行二次或多次搬运的费用
011701005	冬雨季施工	1. 冬雨（风）季施工时增加的临时设施（防寒保温、防雨、防风设施）的搭设、拆除 2. 冬雨（风）季施工时，对砌体、混凝土等采用的特殊加温、保温和养护措施 3. 冬雨（风）季施工时，施工现场的防滑处理、对影响施工的雨雪的清除 4. 包括冬雨（风）季施工时增加的临时设施的摊销、施工人员的劳动保护用品、冬雨（风）季施工劳动效率降低等费用
011701006	大型机械设备进出场及安拆	1. 大型机械设备进出场包括施工机械整体或分体自停放场地运至施工现场，或由一个施工地点运至另一个施工地点，所发生的施工机械进出场运输及转移费用，由机械设备的装卸、运输及辅助材料费等构成 2. 大型机械设备安拆费包括施工机械在施工现场进行安装、拆卸所需的人工费、材料费、机械费、试运转费和安装所需的辅助设施的费用
011701007	施工排水	包括排水沟槽开挖、砌筑、维修，排水管道的铺设、维修，排水的费用以及专人值守的费用等
011701008	施工降水	包括成井、井管安装、排水管道安拆及摊销、降水设备的安拆及维护的费用，抽水的费用以及专人值守的费用等
011701009	地上、地下设施，建筑物的临时保护设施	在工程施工过程中，对已建成的地上、地下设施和建筑物进行的遮盖、封闭、隔离等必要保护措施所发生的费用
011701010	已完工程及设备保护	对已完工程及设备采取的覆盖、包裹、封闭、隔离等必要保护措施所发生的费用

注 1. 安全文明施工费是指工程施工期间按照国家现行的环境保护、建筑施工安全、施工现场环境与卫生标准和有关规定，购置和更新施工安全防护用具及设施、改善安全生产条件和作业环境所需要的费用。
2. 施工排水是指为保证工程在正常条件下施工，所采取的排水措施所发生的费用。
3. 施工降水是指为保证工程在正常条件下施工，所采取的降低地下水位的措施所发生的费用。

（2）脚手架工程。工程量清单项目设置、项目特征描述的内容、计量单位及工程量计算规则应按表 4.5 的规定执行。

表 4.5　　　　　　　　　　　脚手架工程（编码 011702）

项目编码	项目名称	项目特征	计量单位	工程量计算规则	工作内容
011702001	综合脚手架	1. 建筑结构形式 2. 檐口高度	m²	按建筑面积计算	1. 场内、场外材料搬运 2. 搭、拆脚手架、斜道、上料平台 3. 安全网的铺设 4. 选择附墙点与主体连接 5. 测试电动装置、安全锁等 6. 拆除脚手架后材料的堆放
011702002	外脚手架	1. 搭设方式 2. 搭设高度 3. 脚手架材质	m²	按所服务对象的垂直投影面积计算	1. 场内、场外材料搬运 2. 搭、拆脚手架、斜道、上料平台 3. 安全网的铺设 4. 拆除脚手架后材料的堆放
011702003	里脚手架				
011702004	悬空脚手架	1. 搭设方式 2. 悬挑宽度 3. 脚手架材质	m²	按搭设的水平投影面积计算	
011702005	挑脚手架		m	按搭设长度乘以搭设层数以延长米计算	
011702006	满堂脚手架	1. 搭设方式 2. 搭设高度 3. 脚手架材质	m²	按搭设的水平投影面积计算	
011702007	整体提升架	1. 搭设方式及启动装置 2. 搭设高度	m²	按所服务对象的垂直投影面积计算	1. 场内、场外材料搬运 2. 选择附墙点与主体连接 3. 搭、拆脚手架、斜道、上料平台 4. 安全网的铺设 5. 测试电动装置、安全锁等 6. 拆除脚手架后材料的堆放
011702008	外装饰吊篮	1. 升降方式及启动装置 2. 搭设高度及吊篮型号	m²	按所服务对象的垂直投影面积计算	1. 场内、场外材料搬运 2. 吊篮的安装 3. 测试电动装置、安全锁、平衡控制器等 4. 吊篮的拆卸

注　1. 使用综合脚手架时，不再使用外脚手架、里脚手架等单项脚手架；综合脚手架适用于能够按"建筑面积计算规则"计算建筑面积的建筑工程脚手架，不适用于房屋加层、构筑物及附属工程脚手架。
　　2. 同一建筑物有不同檐高时，按建筑物竖向切面分别按不同檐高编列清单项目。
　　3. 整体提升架已包括 2m 高的防护架体设施。
　　4. 建筑面积计算按《建筑面积计算规范》（GB/T 50353—2005）。
　　5. 脚手架材质可以不描述，但应注明由投标人根据工程实际情况按照《建筑施工扣件式钢管脚手架安全技术规范》（JGJ 130—2011）《建筑施工附着升降脚手架管理暂行规定》等规范自行确定。

（3）混凝土模板及支架（撑）。工程量清单项目设置、项目特征描述的内容、计量单位、工程量计算规则及工作内容，应按表 4.6 的规定执行。

表 4.6 混凝土模板及支架（撑）（编码 011703）

项目编码	项目名称	项目特征	计量单位	工程量计算规则	工作内容
011703001	垫层	基础形状			
011703002	带形基础	基础形状			
011703003	独立基础	基础形状			
011703004	满堂基础	基础形状			
011703005	设备基础	基础形状			
011703006	桩承台基础	基础形状			
011703007	矩形柱			按模板与现浇混凝土构件的接触面积计算。 1. 现浇钢筋混凝土墙、板单孔面积≤0.3m² 的孔洞不予扣除，洞侧壁模板亦不增加；单孔面积＞0.3m² 时应予扣除，洞侧壁模板面积并入墙、板工程量内计算 2. 现浇框架分别按梁、板、柱有关规定计算；附墙柱、暗梁、暗柱并入墙内工程量内计算 3. 柱、梁、墙、板相互连接的重叠部分，均不计算模板面积 4. 构造柱按图示外露部分计算模板面积	1. 模板制作 2. 模板安装、拆除、整理堆放及场内外运输 3. 清理模板黏结物及模内杂物、刷隔离剂等
011703008	构造柱				
011703009	异形柱				
0117030010	基础梁	梁截面			
0117030011	矩形梁	梁截面	m²		
0117030012	异形梁	梁截面			
0117030013	圈梁	梁截面			
0117030014	过梁	梁截面			
0117030015	弧形、拱形梁	梁截面			
0117030016	直形墙	墙厚度			
0117030017	弧形墙	墙厚度			
0117030018	短肢剪力墙、电梯井壁	墙厚度			
0117030019	有梁板	板厚度			
0117030020	无梁板	板厚度			
0117030021	平板	板厚度			
0117030022	拱板	板厚度			
0117030023	薄壳板	板厚度			
0117030024	栏板	板厚度			
0117030025	其他板	板厚度			
011703026	天沟、檐沟	构件类型		按模板与现浇混凝土构件的接触面积计算 按图示外挑部分尺寸的水平投影面积算，挑出墙外的悬臂梁及板边不另计算	1. 模板制作 2. 模板安装、拆除、整理堆放及场内外输 3. 清理模板黏结物及模内杂物、刷隔离剂等
011703027	雨篷、悬挑板、阳台板	1. 构件类型 2. 板厚度	m²		

续表

项目编码	项目名称	项目特征	计量单位	工程量计算规则	工作内容
011703028	直形楼梯	形状	m²	按楼梯（包括休息平台、平台梁、斜梁和楼层板的连接梁）的水平投影面积计算，不扣除宽度≤500mm的楼梯井所占面积，楼梯踏步、踏步板、平台梁等侧面模板不另计算，伸入墙内部分亦不增加	1. 模板制作 2. 模板安装、拆除、整理堆放及场内外运输 3. 清理模板黏结物及模内杂物、刷隔离剂等
011703029	弧形楼梯				
011703030	其他现浇构件	构件类型	m²	按模板与现浇混凝土构件的接触面积计算	
011703031	电缆沟、地沟	1. 沟类型 2. 沟截面	m²	按模板与电缆沟、地沟接触的面积计算	
011703032	台阶	形状	m²	按图示台阶水平投影面积计算，台阶端头两侧不另计算模板面积。架空式混凝土台阶，按现浇楼梯计算	
011703033	扶手	扶手断面尺寸	m²	按模板与扶手的接触面积计算	
011703034	散水	坡度	m²	按模板与散水的接触面积计算	1. 模板制作 2. 模板安装、拆除、整理堆放及场内外运输 3. 清理模板黏结物及模内杂物、刷隔离剂等
011703035	后浇带	后浇带部位	m²	按模板与后浇带的接触面积计算	
011703036	化粪池底	化粪池规格		按模板与混凝土接触面积	
011703037	化粪池壁				
011703038	化粪池顶				
011703039	检查井底	检查井规格	m²	按模板与混凝土接触面积	1. 模板制作 2. 模板安装、拆除、整理堆放及场内外运输 3. 清理模板黏结物及模内杂物、刷隔离剂等
011703040	检查井壁				
011703041	检查井顶				

注 1. 原槽浇灌的混凝土基础、垫层，不计算模板。
　　2. 此混凝土模板及支撑（架）项目，只适用于以平方米计量，按模板与混凝土构件的接触面积计算，以立方米计量，模板及支撑（支架）不再单列，按混凝土及钢筋混凝土实体项目执行，综合单价中应包含模板及支架。
　　3. 采用清水模板时，应在特征中注明。

（4）垂直运输。工程量清单项目设置、项目特征描述的内容、计量单位、工程量计算规则应按表4.7的规定执行。

表 4.7　垂直运输（编码 011704）

项目编码	项目名称	项目特征	计量单位	工程量计算规则	工作内容
011704001	垂直运输	1. 建筑物建筑类型及结构形式 2. 地下室建筑面积 3. 建筑物檐口高度、层数	1. m^2 2. 天	1. 按《建筑工程建筑面积计算规范》（GB/T 50353—2005）的规定计算建筑物的建筑面积 2. 按施工工期日历天数	1. 垂直运输机械的固定装置、基础制作、安装 2. 行走式垂直运输机械轨道的铺设、拆除、摊销

注　1. 建筑物的檐口高度是指设计室外地坪至檐口滴水的高度（平屋顶系指屋面板底高度），突出主体建筑物屋顶的电梯机房、楼梯出口间、水箱间、瞭望塔、排烟机房等不计入檐口高度。
　　2. 垂直运输机械指施工工程在合理工期内所需垂直运输机械。
　　3. 同一建筑物有不同檐高时，按建筑物的不同檐高做纵向分割，分别计算建筑面积，以不同檐高分别编码列项。

（5）超高施工增加。工程量清单项目设置、项目特征描述的内容、计量单位、工程量计算规则应按表 4.8 的规定执行。

表 4.8　超高施工增加（编码 011705）

项目编码	项目名称	项目特征	计量单位	工程量计算规则	工作内容
011705001	超高施工增加	1. 建筑物建筑类型及结构形式 2. 建筑物檐口高度、层数 3. 单层建筑物檐口高度超过 20m，多层建筑物超过 6 层部分的建筑面积	m^2	按《建筑工程建筑面积计算规范》（GB/T 50353—2005）的规定计算建筑物超高部分的建筑面积	1. 建筑物超高引起的人工工效降低以及由于人工工效降低引起的机械降效 2. 高层施工用水加压水泵的安装、拆除及工作台班 3. 通信联络设备的使用及摊销

注　1. 单层建筑物檐口高度超过 20m，多层建筑物超过 6 层时，可按超高部分的建筑面积计算超高施工增加。计算层数时，地下室不计入层数。
　　2. 同一建筑物有不同檐高时，可按不同高度的建筑面积分别计算建筑面积，以不同檐高分别编码列项。

【例】　某工程平面示意图如图 4.1 所示。主楼砖混结构，层高 3.5m，檐口标高 21.53m，门厅位于主楼前部，单层，天棚高度 6.6m，檐高为 7m，左部大厅为单层，天棚高 6.6m，室外地坪为 −0.6m，求该工程的室内天棚脚手架费用。（内外墙均为一砖墙，图 4.1 中均为中轴尺寸）。

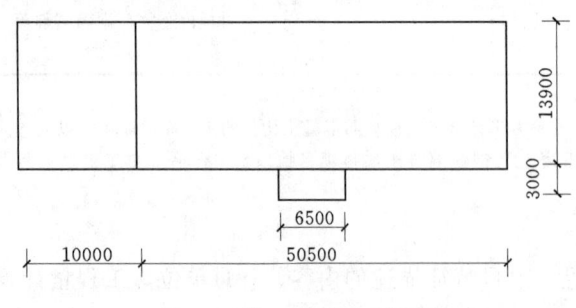

图 4.1　某工程平面示意图

解： 大厅和门厅需要计算天棚装饰超高脚手架。由于采用吊顶天棚，因此需要计算满堂脚手架。根据定额规定，天棚高度在 3.6～5.2m 之间按满堂脚手架基本层计算费用。超过 5.2m 的部分，计算增加层。

$S_{满堂} = (10-0.24) \times (13.9-0.24) + (6.5-0.24) \times (3-0.24) = 156.86 (m^2)$

增加层数=(6.6−5.2)÷1.2≈1.2（层），后面小数小于等于0.5均舍去，所以按增加一层计算。

能 力 训 练

1. 某3层建筑顶层结构平面布置，如图4.2所示。已知：楼板为预应力空心楼板，KJ、LL、L的梁底净高分别为3.32m、3.32m、3.42m，柱子断面尺寸为600mm×600mm，梁宽均为250mm。试计算第三层框架梁柱的脚手架工程量。

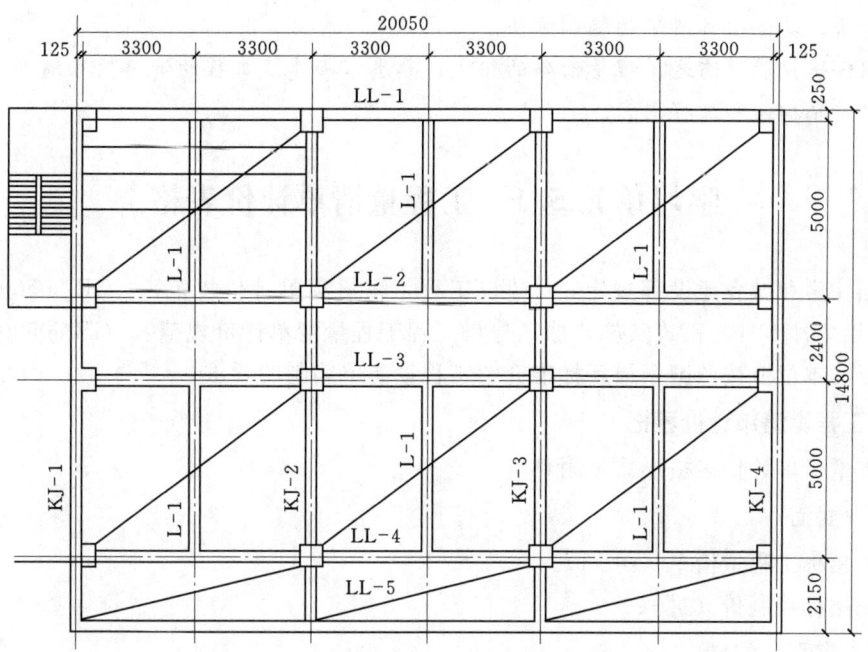

图4.2 某3层建筑顶层结构平面布置

学习情境 5　工程量清单编制

学习目标：《建设工程工程量清单计价规范》（GB 50500—2013）中，工程量清单编制、招标控制价编制的表格组成、格式；分部分项工程量清单的编制方法；措施项目清单的编制方法；其他项目清单的编制方法。

学习任务：能够陈述工程量清单的组成；熟悉掌握建筑工程的清单项目编码、项目名称、项目特征描述和工程内容。

学习单元 5.1　工程量清单计价表格

根据住房和城乡建设部规定，《建设工程工程量清单计价规范》（GB 50500—2013）自 2013 年 7 月 1 日起正式实施，原《建设工程工程量清单计价规范》（GB 50500—2008）同时作废。本章节按照国家最新标准介绍工程量清单编制的要求。

5.1.1　工程量清单计价表格

工程量清单计价表格形式见附件。

5.1.1.1　封面
（1）招标工程量清单（封-1）。
（2）招标控制价（封-2）。

5.1.1.2　扉页
（1）招标工程量清单（扉页-1）。
（2）招标控制价（扉页-2）。

5.1.1.3　总说明（表-01）

5.1.1.4　汇总表
（1）建设项目招标控制价汇总表（表-02）。
（2）单项工程招标控制价汇总表（表-03）。
（3）单位工程招标控制价汇总表（表-04）。

5.1.1.5　分部分项工程和措施项目表
（1）分部分项工程和单价措施项目清单与计价表（表-05）。
（2）综合单价分析表（表-06）。
（3）总价措施项目清单与计价表（表-07）。

5.1.1.6　其他项目计价表
（1）其他项目清单与计价汇总表（表-08）。
（2）暂列金额明细表（表-08-1）。

(3) 材料（工程设备）暂估单价及调整表（表-08-2）。
(4) 专业工程暂估价及结算表（表-08-3）。
(5) 计日工表（表-08-4）。
(6) 总承包服务费计价表（表-08-5）。

5.1.1.7　规费、税金项目清单与计价表（表-09）

5.1.2　计价表格使用规定

工程量清单与计价宜采用统一格式。各省、自治区、直辖市建设行政主管部门和行业建设主管部门可根据本地区、本行业的实际情况，在本规范计价表格的基础上补充完善。

5.1.3　工程量清单的编制

工程量清单的编制应符合下列规定。

(1) 工程量清单编制使用表格包括：封-1、扉页-1、表-01、表-05、表-07、表-08、表-09。

(2) 扉页应按规定的内容填写、签字、盖章，由造价员编制的工程量清单应有负责审核的造价工程师签字、盖章。受委托编制的工程量清单，应由造价工程师签字、盖章以及工程造价咨询人盖章。

(3) 总说明应按下列内容填写。

1) 工程概况：建设规模、工程特征、计划工期、施工现场实际情况、自然地理条件、环境保护要求等。

2) 工程招标和专业工程分包范围。

3) 工程量清单编制依据。

4) 工程质量、材料、施工等的特殊要求。

5) 其他需要说明的问题。

5.1.4　招标控制价的编制

(1) 招标控制价的编制应符合下列规定：招标控制价使用表格包括：封-2、扉页-2、表-01、表-02、表-03、表-04、表-05、表-06、表-07、表-08、表-09。

(2) 扉页应按规定的内容填写、签字、盖章，除承包人自行编制的投标报价和竣工结算外，受委托编制的招标控制价、投标报价、竣工结算，由造价员编制的应有负责审核的造价工程师签字、盖章以及工程造价咨询人盖章。

(3) 总说明应按下列内容填写。

1) 工程概况：建设规模、工程特征、计划工期、合同工期、实际工期、施工现场及变化情况、施工组织设计的特点、自然地理条件、环境保护要求等。

2) 编制依据等。

5.1.5　其他要求

投标人应按招标文件的要求，附工程量清单综合单价分析表。

工程量清单与计价表中列明的所有需要填写的单价和合价，投标人均应填写，未填写的单价和合价，视为此项费用已包含在工程量清单的其他单价和合价中。

附件：计价表格
招标工程量清单封面（封-1）。

_____工程

招 标 工 程 量 清 单

招 标 人：_____
　　　　　（单位盖章）

造价咨询人：_____
　　　　　（单位盖章）

年　月　日

招标控制价封面(封-2)。

_____工程

招 标 控 制 价

招 标 人：_____
　　　　　（单位盖章）

造价咨询人：_____
　　　　　（单位盖章）

年　月　日

招标工程量清单扉页（扉页-1）。

_____工程

招 标 工 程 量 清 单

招 标 人：_____　　　工 程 造 价
　　　　　（单位盖章）　　　　咨 询 人：_____
　　　　　　　　　　　　　　　　　　（单位资质专用章）

法定代表人　　　　　　　　　　法定代表人
或其授权人：_____　　或其授权人：_____
　　　　　（签字或盖章）　　　　　　　（签字或盖章）

编 制 人：_____　　　复 核 人：_____
　　（造价人员签字盖专用章）　　（造价工程师签字盖专用章）

编制时间：　　　年　月　日　　复核时间：　　　年　月　日

学习单元 5.1 工程量清单计价表格

招标控制价扉页（扉页-2）。

_____工程

招 标 控 制 价

招标控制价(小写)：_____
　　　　　　(大写)：_____

招 标 人：_____　　工程造价咨 询 人：_____
　　　　　(单位盖章)　　　　　　　　　　　(单位资质专用章)

法定代表人
或其授权人：_____　　法定代表人或其授权人：_____
　　　　　(签字或盖章)　　　　　　　　　　　(签字或盖章)

编 制 人：_____　　复 核 人：_____
　　　(造价人员签字盖专用章)　　　　　　(造价工程师签字盖专用章)

编制时间： 年 月 日　　复核时间： 年 月 日

工程计价总说明（表-01）。

总 说 明

工程名称：　　　　　　　　　　　　　　　　　　　　　　　　　　　第 页 共 页

建设项目招标控制价汇总表（表-02）。

建设项目招标控制价汇总表

工程名称：　　　　　　　　　　　　　　　　　　　　　　　　　　　第 页 共 页

序 号	单位工程名称	金额/元	其 中		
			暂估价/元	安全文明施工/元	规费/元
	合计				

注 本表使用于工程项目招标控制价或投标报价汇总。

学习单元 5.1　工程量清单计价表格

单项工程招标控制价汇总表（表-03）。

单项工程招标控制价汇总表

工程名称：　　　　　　　　　　　　　　　　　　　　　　　　　　　　　第　页　共　页

序号	单位工程名称	金额/元	其中		
			暂估价/元	安全文明施工/元	规费/元
	合计				

注　本表使用于单项工程项目招标控制价或投标报价汇总。暂估价包括分部分项工程中的暂估价和专业工程暂估价。

单位工程招标控制价汇总表（表-04）。

单位工程招标控制价汇总表

工程名称：　　　　　　　　　标段：　　　　　　　　　　　　　　　　第　页　共　页

序号	汇总内容	金额/元	其中：暂估价/元
1	分部分项工程		
1.1			
1.2			
1.3			
1.4			
1.5			
2	措施项目		
2.1	安全文明施工费		
3	其他项目		
3.1	暂列金额		
3.2	专业工程暂估价		
3.3	计日工		
3.4	总承包服务费		
4	规费		
5	税金		
招标控制价合计价＝1＋2＋3＋4＋5			

注　本表使用于单位工程招标控制价或投标报价的汇总，如无单位工程的划分，单项工程也使用本表的汇总。

215

分部分项工程和单价措施项目清单与计价表(表-05)。

分部分项工程和单价措施项目清单与计价表

工程名称:　　　　　　　　　　　标段:　　　　　　　　　　第 页 共 页

序号	项目编码	项目名称	项目特征描述	计量单位	工程量	金额/元		
						综合单价	合价	其中:暂估价
				本页小计				
				合计				

注　为计取规费等的使用,可在表中增设其中:"定额人工费"。

综合单价分析表(表-06)。

综 合 单 价 分 析 表

工程名称:　　　　　　　　　　　标段　　　　　　　　　　第 页 共 页

项目编码			项目名称				计量单位			
清单综合单价组成明细										
定额编号	定额名称	定额单位	数量	单价				合价			
				人工费	材料费	机械费	管理费和利润	人工费	材料费	机械费	管理费和利润
人工单价			小计								
元/工日			未计价材料费								
清单项目综合单价											
材料费明细	主要材料名称、规格、型号			单位		数量		单价/元	合价/元	暂估单价/元	暂估合价/元
	其他材料费							—		—	
	材料费小计							—		—	

注　1. 如不使用省级或行业建设主管部门发布的计价依据,可不填定额项目、编号等。
　　2. 招标文件提供了暂估单价的材料,按照暂估的单价填入表内"暂估单价"栏及"暂估合价"栏。

总价措施项目清单与计价表（表-07）。

总价措施项目清单与计价表

工程名称：　　　　　　　　　　　标段：　　　　　　　　　　　第 页 共 页

序号	项目编码	项目名称	计算基础	费率/%	金额/元	调整费率/%	调整后金额/元	备注
		安全文明施工费						
		夜间施工增加费						
		二次搬运费						
		冬雨季施工增加费						
		已完工程及设备保护费						
		合计						

注 1. "计算基础"中安全文明施工费可为"定额基价"、"定额人工费"或"定额人工费＋定额机械费"，其他项目可为"定额人工费"或"定额人工费＋定额机械费"。
　　2. 按施工方案计算的措施费，若无"计算基础"和"费率"的数值，也可只填"金额"数值，但应在备注栏说明施工方案出处或计算方法。

其他项目清单与计价汇总表（表-08）。

其他项目清单与计价汇总表

工程名称：　　　　　　　　　　　标段：　　　　　　　　　　　第 页 共 页

序号	项目名称	金额/元	结算金额/元	备注
1	暂列金额			明细祥见表-08-1
2	暂估价			
2.1	材料（工程设备）暂估价及结算价	—		明细祥见表-08-2
2.2	专业工程暂估价及结算价			明细祥见表-08-3
3	计日工			明细祥见表-08-4
4	总包服务费			明细祥见表-08-5
5	索赔与现场签证	—		略
	合计		—	

注 材料暂估单价进入清单项目综合单价，此处不汇总。

暂列金额明细表（表-08-1）。

暂 列 金 额 明 细 表

工程名称：　　　　　　　　　　标段：　　　　　　　　　　第　页　共　页

序号	项目名称	计量单位	暂列金额/元	备注
1				
2				
3				
4				
5				
6				
7				
8				
9				
10				
11				
	合计			—

注　此表由招标人填写，如不能详列，也可只列暂定金额总额，投标人应将上述暂列金额计入投标总价中。

材料（工程设备）暂估单价及调整表（表-08-2）。

材料（工程设备）暂估单价及调整表

工程名称：　　　　　　　　　　标段：　　　　　　　　　　第　页　共　页

序号	材料（工程设备）名称、规格、型号	计量单位	数量		暂估/元		确认/元		差额±/元		备注
			暂估	确认	单价	合计	单价	合计	单价	合计	

注　此表由招标人填写"暂估单价"，并在备注栏说明暂估价的材料、工程设备拟用在哪些清单项目上，投标人应将上述材料、工程设备暂估单价计入工程量清单综合单价报价中。

学习单元 5.1　工程量清单计价表格

专业工程暂估价及结算表（表-08-3）。

专业工程暂估价及结算表

工程名称：　　　　　　　　　　标段：　　　　　　　　　　第 页 共 页

序号	工程名称	工程内容	暂估金额/元	结算金额/元	差额±/元	备注
	合计					

注　此表"暂估金额"由招标人填写，投标人应将"暂估金额"计入投标总价中。结算时按合同约定结算金额填写。

计日工表（表-08-4）。

计 日 工 表

工程名称：　　　　　　　　　　标段：　　　　　　　　　　第 页 共 页

编号	项目名称	单位	暂定数量	实际数量	综合单价/元	合价	
						暂定	实际
一	人工						
1							
2							
	人 工 小 计						
二	材料						
1							
2							
	材 料 小 计						
三	施工机械						
1							
2							
	施 工 机 械 小 计						
	四、企业管理费和利润						
	总　计						

注　此表项目名称、数量由招标人填写，编制招标控制价时，单价由招标人按有关计价规定确定；投标时，单价由投标人自主报价，按暂定数量计算合计计入投标总价中。结算时，按发承包双方确认的实际数量计算合价。

219

总承包服务费计价表(表-08-5)。

总承包服务费计价表

工程名称:　　　　　　　　　　　标段:　　　　　　　　　　　第 页 共 页

序号	项目名称	项目价值/元	服务内容	计算基础	费率/%	金额/元
1	发包人发包专业工程					
2	发包人供应材料					
	合 计		—	—		

注　此表项目名称、服务内容由招标人填写,编制招标控制价时,费率及金额由招标人按有关计价规定确定;投标时,费率及金额由投标人自主报价,计入投标总价中。

规费、税金项目清单与计价表(表-09)。

规费、税金项目清单与计价表

工程名称:　　　　　　　　　　　标段:　　　　　　　　　　　第 页 共 页

序 号	项目名称	计算基础	计算基数	费率/%	金额/元
1	规费				
1.1	工程排污费	按工程所在地环境保护部门收取标准,按实计入			
1.2	社会保障费				
(1)	养老保险费	定额人工费			
(2)	失业保险费	定额人工费			
(3)	医疗保险费	定额人工费			
(4)	工伤保险费	定额人工费			
(5)	生育保险费	定额人工费			
1.3	住房公积金	定额人工费			
2	税金	分部分项工程费+措施项目费+其他项目费+规费-按规定不计税的工程设备金额			
	合 计				

学习单元 5.2　分部分项工程量清单的编制

5.2.1　分部分项工程量清单包括的内容及编制原则

构成一个分部分项工程项目清单的 5 个要件——项目编码、项目名称、项目特征、计量单位和工程量，这 5 个要件在分部分项工程项目清单的组成中缺一不可。分部分项工程量清单的原则是《建设工程工程量清单计价规范》(GB 50500—2013)规定的统一原则下按照下列规定编制。

5.2.1.1　项目编码

分部分项工程量清单项目编码以五级编码设置，用十二位阿拉伯数字表示。一级、二级、三级、四级编码为全国统一；第五级编码应根据拟建工程的工程量清单项目名称设置。各级编码代表的含义如下。

(1) 第一级表示专业工程代码（分两位）。房屋建筑与装饰工程为 01，仿古建筑工程为 02，通用安装工程为 03，市政工程为 04，园林绿化工程为 05，矿山工程为 06，构筑物工程为 07，城市轨道交通工程为 08，爆破工程为 09。

(2) 第二级表示附录分类顺序码（分两位）。

(3) 第三级表示分部工程顺序码（分两位）。

(4) 第四级表示分项工程项目名称顺序码（分三位）。

(5) 第五级表示工程量清单项目名称顺序码（分三位）。

项目编码结构如图 5.1 所示。

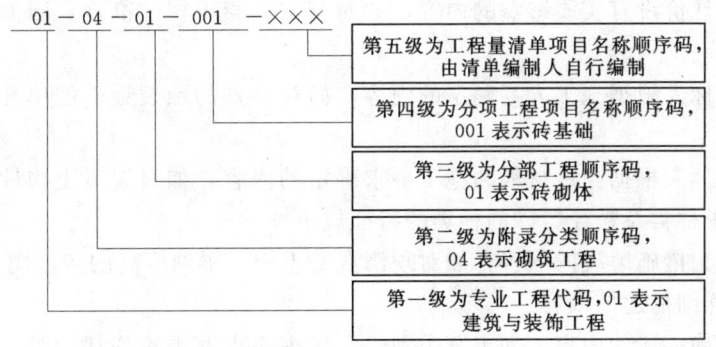

图 5.1　工程量清单项目编码结构

当同一标段（或合同段）的一份工程量清单中含有多个单位工程且工程量清单是以单位工程为编制对象时，应特别注意对项目编码 10～12 位的设置不得有重号的规定。例如一个标段（或合同段）的工程量清单中含有 3 个单位工程，每一单位工程中都有项目特征相同的实心砖墙砌体。在工程量清单中需反映 3 个不同单位工程的实心砖墙砌体工程量时，则第一个单位工程的实心砖墙的项目编码应为 010401003001，第二个单位工程的实心砖墙的项目编码应为 010401003002，第三个单位工程的实心砖墙的项目编码应为 010401003003，并分别列出各单位工程实心砖墙的工程量。

5.2.1.2 项目名称

分部分项工程量清单的项目名称应按《建设工程工程量清单计价规范》（GB 50500—2013）附录中的项目名称结合拟建工程的实际确定。《建设工程工程量清单计价规范》（GB 50500—2013）附录中的"项目名称"为分项工程项目名称，是形成分部分项工程量清单项目名称的基础，在编制分部分项工程量清单时可以适当调整或细化，例如"墙面一般抹灰"这一分项工程在形成工程量清单项目名称时可以细化为"外墙面抹灰"、"内墙面抹灰"等。清单项目名称应表达详细、准确。计价规范中的分项工程项目名称如有缺陷，招标人可作补充，并报当地工程造价管理机构（省级）备案。

5.2.1.3 项目特征

项目特征是对项目的准确描述，是确定一个清单项目综合单价不可缺少的重要依据，是区分清单项目的依据，是履行合同义务的基础。

分部分项工程量清单项目特征应按《建设工程工程量清单计价规范》（GB 50500—2013）附录中规定的项目特征，结合拟建工程项目的实际予以描述，满足确定综合单价的需要。在进行项目特征描述时，可掌握以下要点：

（1）必须描述的内容：

1）涉及正确计量的内容，如门窗洞口尺寸或框外围尺寸。

2）涉及结构要求的内容，如混凝土构件的混凝土强度等级。

3）涉及材质要求的内容，如油漆的品种、管材的材质等。

4）涉及安装方式的内容，如管道工程中的钢管的连接方式。

（2）可不描述的内容：

1）对计量计价没有实质影响的内容，如对现浇混凝土柱的高度，断面大小等特征可以不描述。

2）应由投标人根据施工方案确定的内容，如对石方的预裂爆破的单孔深度及装药量的特征规定。

3）应由投标人根据当地材料和施工要求确定的内容，如对混凝土构件中的混凝土拌和料使用的石子种类及粒径、砂的种类的特征规定。

4）应由施工措施解决的内容，如对现浇混凝土板、梁的标高的特征规定。

（3）可不详细描述的内容：

1）无法准确描述的内容，如土壤类别，可考虑将土壤类别描述为综合，注明由投标人根据地勘资料自行确定土壤类别，决定报价。

2）施工图纸、标准图集标注明确的，对这些项目可描述为见××图集××页号及节点大样等。

3）清单编制人在项目特征描述中应注明由投标人自定的，如土方工程中的"取土运距"、"弃土运距"等。

对项目特征的准确描述还需把握实质意义。例如，计价规范在"实心砖墙"的"项目特征"及"工程内容"栏内均包含有"勾缝"，但两者的性质完全不同。"项目特征"栏的勾缝体现的是实心砖墙的实体特征，是个名词，体现的是用什么材料勾缝。而"工程内容"栏内的勾缝表述的是操作工序或称操作行为，在此处是个动词，体现的是怎么做。因此,如果需要勾缝,就必须在项目特征中描述,而不能以工程内容中有而不描述,否则,将视为清单项目漏项,而可能在施工中引起索赔。

5.2.1.4 计量单位

计量单位应采用基本单位,除各专业另有特殊规定外均按以下单位计量:

(1) 以质量计算的项目(t 或 kg)。

(2) 以体积计算的项目(m^3)。

(3) 以面积计算的项目(m^2)。

(4) 以长度计算的项目(m)。

(5) 以自然计量单位计算的项目(个、套、块、樘、组、台……)。

(6) 没有具体数量的项目(宗、项……)。

各专业有特殊计量单位的,另外加以说明,当计量单位有两个或两个以上时,应根据所编工程量清单项目的特征要求,选择最适宜表现该项目特征并方便计量的单位。如:在《建设工程工程量清单计价规范》(GB 50500—2013)中"零星砌砖"(统一编码010401012)项目有 m^3、m^2、m、个 4 个单位可供选择。砖砌台阶的单位用 m^2、砖砌地垄墙的单位用 m、砖砌锅台的单位用个、砖砌花台或花池的单位用 m^3。

分部分项工程量清单的计量单位的有效位数应遵守下列规定:

1) 以 t 为单位,应保留 3 位小数,第 4 位小数四舍五入。

2) 以 m^3、m^2、m、kg 为单位,应保留两位小数,第三位小数四舍五入。

3) 以个、项等为单位,应取整数。

5.2.1.5 工程数量的计算

工程数量主要通过工程量计算规则计算得到。工程量计算规则是指对清单项目工程量的计算规定。除另有说明外,所有清单项目的工程量应以实体工程量为准,并以完成后的净值计算;投标人投标报价时,应在单价中考虑施工中的各种损耗和需要增加的工程量。

《建设工程工程量清单计价规范》(GB 50500—2013)附录中给出了各类别工程的项目设置和工程量计算规则,包括房屋建筑与装饰工程、仿古建筑工程、通用安装工程、市政工程、园林绿化工程、矿山工程、构筑物工程、城市轨道交通工程和爆破工程,共 9 个部分。

5.2.1.6 项目补充

编制工程量清单出现《建设工程工程量清单计价规范》(GB 50500—2013)附录中未包括的项目,编制人应作补充,并报省级或行业工程造价管理机构备案,省级或行业工程造价管理机构应汇总报住房和城乡建设部标准定额研究所。补充项目的编码由《建设工程工程量清单计价规范》(GB 50500—2013)附录的顺序码与 B 和三位阿拉伯数字组成,并应从 XXB001 起顺序编码,不得重号,如房屋建筑与装饰工程,则应按《房屋建筑与装饰工程工程量计算规范》(GB 50854—2013)规范从 01B001 起顺序编码。工程量清单中需附有补充项目的名称、项目特征、计量单位、工程量计算规则、工作内容。

5.2.2 分部分项工程量清单的编制依据

(1)《建设工程工程量清单计价规范》(GB 50500—2013)。

(2) 国家或省级、行业建设主管部门颁发的计价依据和办法。

(3) 建设工程设计文件。

（4）与建设工程项目有关的标准、规范、技术资料。
（5）招标文件及其补充通知、答疑纪要。
（6）施工现场情况、工程特点及常规施工方案。
（7）其他相关资料。

5.2.3 分部分项工程量清单的编制步骤

分部分项工程量清单编制依据也就是工程量清单项目的设置与工程量计算的依据。工程范围、工作责任的划分一般是通过招标文件来规定的。施工组织设计与施工技术方案可提供分部分项工程的施工方法，从而弄清楚其工程内容。工程施工规范及工程验收规范，可提供生产工艺对分部分项工程的质量要求，为分部分项工程综合工程内容列项，以及综合工程内容的工程量计算提供数据和参考，也就决定了分部分项工程实施过程中必须要完成的工作内容。在编制工程量清单时可以按照如下步骤进行。

（1）参阅设计文件，读取项目内容，对照计价规范项目名称，以及用于描述项目名称的项目特征，确定具体的分部分项工程名称和项目特征。

在名称设置时应考虑 3 个因素，一是 GB 50500—2013 附录中规定的项目名称；二是 GB 50500—2013 附录中规定的项目特征；三是拟建工程的实际情况。即在编制时，以 GB 50500—2013 附录中的项目名称为主体，考虑该项目的规格、型号、材质等特征要求，结合拟建工程的实际情况，使其工程量清单项目名称具体化、细化，能够反映影响工程造价的主要因素。

在"项目特征"栏中很多以"名称"作为特征，它是同类实体的统称，在设置具体清单项目时，要用该实体的本名称。

（2）设置项目编码。例如，编制挖带型基础土方清单时，在 GB 50500—2013 中找到对应挖基础土方的编码为 010101003，再加上给带型基础土方自定义的三位码"001"，挖带型基础土方的编码确定为 010101003001。假如该清单中还有另外一处挖带型基础土方则编码确定为 010101003002。

（3）计量单位。工程量清单中的计量单位一律以单位量"1"为计量单位，不能出现 10、100、1000 等倍数计量单位。

（4）按《建设工程工程量清单计价规范》（GB 50500—2013）规定的工程量计算规则，读取设计文件数据计算工程量，所有清单项目的工程量应以实体工程量为准。小数位采用四舍五入的方法保留。

（5）组合分部分项工程量清单的综合工程内容。清单项目是按实体设置的，应包括完成该实体的全部内容，是由多个工程综合而成的，对清单项目可能发生的工程项目均需作提示并列在"工程内容"栏内，供清单编制人对项目描述的参考。

（6）按照上述 5 步的内容填写"分部分项工程量清单"表格。

学习单元 5.3　措施项目清单的编制

5.3.1　措施项目清单概述

《建设工程工程量清单计价规范》（GB 50500—2013）中将实体项目划分为分部分项

工程量清单，非实体项目划分为措施项目。措施项目清单指为完成工程项目施工，发生于该工程施工前和施工过程中技术、生活、文明、安全等方面的非工程实体项目清单，具体组成见表 4.1。

表 4.1 中共列出措施项目"通用项目" 9 项、"建筑工程"专用项目 3 项、"装饰装修工程"专用项目 3 项，其中"通用项目"是指各专业的"措施项目清单"中共用的措施项目。各专业工程中所列的内容，是指相应在各专业的"措施项目清单"中可列的措施项目。各专业在工程中的实际措施性项目可以根据工程的实际情况进行列项。

不能计算工程量的措施项目清单以"项"为计量单位，相应数量为"1"。

措施项目清单应根据拟建工程的实际情况列项。通用措施项目可按"措施项目一览表"选择列项，专业工程的措施项目可按 GB 50500—2013 附录中规定的项目选择列项。若出现 GB 50500—2013 未列的项目，可根据工程实际情况补充。

5.3.2 措施项目清单编制规则

措施项目中可以计算工程量的项目清单宜采用分部分项工程量清单的方式编制，列出项目编码、项目名称、项目特征、计量单位和工程量计算规则；不能计算工程量的项目清单，以"项"为计量单位。根据《建设工程工程量清单计价规范》（GB 50500—2013）规定，将能采用"单价法"计算投资的措施项目，与分部分项工程量清单中的实体项目合并统一计入到"分部分项工程和单价措施项目清单与计价表"中。

5.3.3 措施项目清单编制依据

（1）拟建工程的施工组织设计。
（2）拟建工程的施工技术方案。
（3）与拟建工程相关的施工规范与工程验收规范。
（4）招标文件。
（5）设计文件。

5.3.4 措施项目清单编制步骤

（1）参考拟建工程的施工组织设计，以确定环境保护、安全文明施工、材料的二次搬运等项目。
（2）参阅施工技术方案，以确定夜间施工、大型机械设备进出场及安拆、混凝土模板与支架、脚手架、施工排水、施工降水、垂直运输机械等项目。
（3）参阅相关的施工规范与工程验收规范，以确定施工技术方案中没有表述，但为了实现施工规范与工程验收规范要求而必须采取的技术措施。
（4）确定招标文件中提出的某些必须通过一定的技术措施才能实现的要求。
（5）确定设计文件中一些不足以写进技术方案，但通过一定的技术措施才能实现的内容。

5.3.5 措施项目清单表的填写

总价措施项目清单与计价表。适用于以"项"计价的措施项目。
（1）编制工程量清单时，表中的项目可根据工程实际情况进行增减。
（2）编制招标控制价时，计费基础、费率应按省级或行业建设主管部门的规定计取。
（3）编制投标报价时，除"安全文明施工费"必须按 GB 50500—2013 的强制性规定，按省级、行业建设主管部门的规定计取外，其他措施项目均可根据投标施工组织设计自主报价。

学习单元 5.4　其他项目清单的编制

5.4.1　其他项目清单概述

其他项目清单是指分部分项工程量清单、措施项目清单所包含的内容以外，因招标人的特殊要求而发生的与拟建工程有关的其他费用项目和相应数量的清单。

工程建设标准的高低、工程的复杂程度、工程的工期长短、工程的组成内容、发包人对工程管理要求等都直接影响其他项目清单的具体内容，其他项目清单宜按照《建设工程工程量清单计价规范》（GB 50500—2013）的格式编制，出现未包含在表格中内容的项目，可根据工程实际情况补充。

5.4.2　其他项目清单列项及填写

5.4.2.1　暂列金额明细表

暂列金额是指招标人暂定并包括在合同中的一笔款项。不管采用何种合同形式，在实际履约过程中可能发生，也可能不发生。本表要求招标人能将暂列金额与拟用项目列出明细，但如确实不能详列也可只列暂定金额总额，投标人应将上述暂列金额计入投标总价中。

5.4.2.2　暂估价

暂估价是指招标阶段直至签订合同协议时，招标人在招标文件中提供的用于支付必然要发生但暂时不能确定价格的材料以及专业工程的金额，包括材料暂估价、专业工程暂估价。

（1）材料暂估单价表。暂估价是在招标阶段预见肯定要发生，只是因为标准不明确或者需要由专业承包人完成，暂时无法确定具体价格。暂估价数量和拟用项目应当在本表备注栏给予补充说明。

GB 50500—2013 要求招标人针对每一类暂估价给出相应的拟用项目，即按照材料设备的名称分别给出，这样的材料设备暂估价能够纳入到项目综合单价中。

（2）专业工程暂估价表。专业工程暂估价应在表内填写工程名称、工程内容、暂估金额，投标人应将上述金额计入投标总价中。

5.4.2.3　计日工计价表

计日工是为了解决现场发生的零星工作的计价而设立的。计日工对完成零星工作所消耗的人工工时、材料数量、施工机械台班进行计量，并按照计日工表中填报的适用项目的单价进行计价支付。计日工适用的所谓零星工作一般是指合同约定之外的或者因变更而产生的、工程量清单中没有相应项目的额外工作，尤其是那些难以事先商定价格的额外工作。

（1）编制工程量清单时，项目名称、计量单位、暂估数量由招标人填写。

（2）编制招标控制价时，人工、材料、机械台班单价由招标人按有关计价规定填写并计算合价。

（3）编制投标报价时，人工、材料、机械台班单价由投标人自主确定，按已给暂估数量计算合价计入投标总价中。

5.4.2.4 总承包服务费计价表

总承包服务费是为了解决招标人在法律、法规允许的条件下进行专业工程发包以及自行供应材料、设备,并需要总承包人对发包的专业工程提供协调和配合服务,对供应的材料、设备提供收发和保管服务以及进行施工现场管理时发生并向总承包人支付的费用。招标人应预计该项费用并按投标人的投标报价向投标人支付该项费用。

(1) 编制工程量清单时,招标人应将拟定进行专业分包的专业工程、自行采购的材料设备等决定清楚,填写项目名称、服务内容,以便投标人决定报价。

(2) 编制招标控制价时,招标人按有关计价规定计价。

(3) 编制投标报价时,由投标人根据工程量清单中的总承包服务内容自行报价。

5.4.3 规费项目清单编制、税金项目清单编制

规费项目清单应按照下列内容列项:工程排污费;社会保障费,包括养老保险费、失业保险费、医疗保险费、工伤保险费、生育保险费;住房公积金。出现未包含在上述内容列项的项目,应根据省级政府或省级有关权力部门的规定列项。

税金项目清单应包括以下内容:营业税,城市建设维护税,教育费附加。如国家税法发生变化,税务部门依据职权增加了税种,应对税金项目清单进行补充。

学习单元 5.5 工程量清单编制实例

根据本书学习单元 2.1 某学院综合楼实例图纸,编制该工程的工程量清单如下。

<u>　　某学院综合楼　　</u>工程

招标工程量清单

招 标 人:<u>　　×××　　</u>
(单位盖章)

造价咨询人:<u>　　×××　　</u>
(单位盖章)

封-1

___某学院综合楼___ 工程

招标工程量清单

招 标 人：_____×××_____　　　　造价咨询人：_____×××_____
　　　　　　（单位盖章）　　　　　　　　　　　　（单位资质专用章）

法定代表人　　　　　　　　　　　　法定代表人
或其授权人：_____×××_____　　或其授权人：_____×××_____
　　　　　　（签字或盖章）　　　　　　　　　　（签字或盖章）

编 制 人：_____×××_____　　　　复 核 人：_____×××_____
　　　（造价人员签字盖专用章）　　　　　（造价工程师签字盖专用章）

编制时间：　　年　月　日　　复核时间：　　年　月　日

扉-1

总 说 明

工程名称：某学院综合楼   第 页 共 页

1. 工程概况
    建设规模：本工程的建筑面积为1418.56m²。
    工程特征：

    计划工期：

    施工现场及变化情况：

    自然地理条件：

    环境保护要求：
2. 工程招标和分包范围
3. 工程量清单编制依据
    编制依据：《房屋建筑与装饰工程工程量计算规范》（GB 50854—2013）。
4. 工程质量、材料、施工等的特殊要求
5. 其他需说明的问题

分部分项工程和单价措施项目清单与计价表

工程名称：某学院综合楼【建筑工程】   标段：

序号	项目编码	项目名称	项目特征	计量单位	工程量	金额/元		
						综合单价	合价	其中 暂估价
1	010101001001	平整场地	1. 土壤类别：Ⅲ类土 2. 弃、取土运距：投标人自行考虑	m²	343.75			
2	010101003025	挖沟槽土方	1. 土壤类别：Ⅲ类土 2. 挖土深度：根据图示 3. 弃土运距：投标人自行考虑	m³	72.67			
3	010101004002	挖基坑土方	1. 土壤类别：Ⅲ类土 2. 基础类型：独立柱基 3. 弃土运距：投标人自己考虑	m³	910.98			
4	010103001026	回填方	1. 密实度要求 2. 填方材料品种：Ⅲ类土 3. 填方粒径要求 4. 填方来源、运距：开挖料	m³	888.67			
5	010103002027	余方弃置	1. 废弃料品种：开挖回填余料 2. 运距：投标人自己考虑	m³	94.98			
6	010401001003	砖基础	1. 砖品种、规格、强度等级：红砖 2. 基础类型：条形基础 3. 砂浆强度等级：M5 4. 防潮层材料种类：20mm厚1:2防水砂浆防潮层	m³	19.93			

续表

序号	项目编码	项目名称	项目特征	计量单位	工程量	综合单价	合价	其中 暂估价
							金额/元	
7	010401003004	实心砖墙	1. 砖品种、规格、强度等级：红砖 2. 墙体类型：内隔墙 3. 砂浆强度等级、配合比：M10水泥砂浆	m³	19.25			
8	010401008005	地下室填充墙	1. 砖品种、规格、强度等级：红砖 2. 墙体类型：地下室填充墙 3. 填充材料种类及厚度：300mm厚红砖 4. 砂浆强度等级、配合比：M5混合砂浆	m³	12.76			
9	010401008006	填充墙	1. 砖品种：石渣空心砖 2. 墙体类型：内、外填充墙 3. 砂浆强度等级、配合比：M5混合砂浆	m³	233.91			
10	010401008007	女儿墙	1. 砖品种、规格、强度等级：240mm厚石渣空心砖 2. 墙体类型：女儿墙 3. 砂浆强度等级、配合比：M5混合砂浆	m³	7.46			
11	010501001008	垫层	垫层材料种类、配合比、厚度：商品混凝土C10，100mm厚	m³	14.41			
12	010501003009	独立基础	1. 混凝土种类：商品混凝土 2. 混凝土强度等级：C20	m³	69.04			
13	010502001010	矩形柱	1. 混凝土种类：商品混凝土 2. 混凝土强度等级：C30	m³	75.425			
14	010502003011	异形柱	1. 柱形状：L形，圆形 2. 混凝土种类：商品混凝土 3. 混凝土强度等级：C30	m³	12.585			
15	010503001012	基础梁	1. 混凝土种类：商品混凝土 2. 混凝土强度等级：C20	m³	24.013			
16	010503005013	过梁	1. 混凝土种类：商品混凝土 2. 混凝土强度等级：C20	m³	11.93			
17	010504004014	剪力墙	1. 混凝土种类：商品混凝土 2. 混凝土强度等级：C30	m³	9.36			

续表

序号	项目编码	项目名称	项目特征	计量单位	工程量	综合单价	合价	其中 暂估价
18	010505001015	有梁板	1. 混凝土种类：商品混凝土 2. 混凝土强度等级：C30	m³	290.83			
19	010505007016	挑檐板	1. 混凝土种类：商品混凝土 2. 混凝土强度等级：C30	m³	3.06			
20	010506001017	直形楼梯	1. 混凝土种类：商品混凝土 2. 混凝土强度等级：C30	m²	67			
21	010507001018	散水	1. 垫层材料种类、厚度：60mm厚的中砂铺垫 2. 面层厚度：20mm厚的1:2.5水泥砂浆抹面压光 3. 结合层：60mm厚C15混凝土	m²	54.28			
22	010515001019	现浇构件钢筋	钢筋种类、规格	t	62.782			
23	010902001020	屋面卷材防水（不上人）	1. 卷材品种、规格、厚度：4mm厚APP改性沥青防水卷材 2. 刷基层处理剂一遍 3. 表面带页岩保护层 4. 20mm厚1:2.5水泥砂浆找平层	m²	256.6			
24	010902003021	屋面刚性层（上人）	1. 刚性层厚度：30mm厚250mm×250mm C20预制混凝土板 2. 嵌缝材料种类：缝宽3~5mm，1:1水泥砂浆填缝 3. 20mm厚1:2.5水泥砂浆找平层 4. 刷基层处理剂一遍 5. 干铺150mm加起混凝土砌块	m²	125			
25	011701001001	综合脚手架	1. 建筑结构形式：框架结构 2. 檐口高度：18m	m²	1418.56			
26	011702001001	基础模板	基础类型	m²	144.54			
27	011702002001	矩形柱模板	基础类型	m²	600.12			
28	011702004001	异形柱模板	柱截面形状	m²	120			
29	011702005001	基础梁模板	梁截面形状	m²	100			
30	011702006001	矩形梁模板	支撑高度	m²	500			
31	011702009001	过梁模板	1. 梁截面形状 2. 支撑高度	m²	111.76			
32	011702014001	有梁板模板	支撑高度	m²	1226.88			

续表

序号	项目编码	项目名称	项目特征	计量单位	工程量	金额/元		
						综合单价	合价	其中 暂估价
33	011702023001	雨篷、悬挑板、阳台板	1. 构件类型 2. 板厚度	m²	51.78			
34	011702024001	楼梯	类型	m²	70.96			
35	011705001001	大型机械设备进出场及安拆	1. 机械设备名称 2. 机械设备规格型号	台次	20			
		合　计						

总价措施项目清单计价表

工程名称：某学院综合楼【建筑工程】　　　　　　　　　　　　　　　　　标段：

序号	项目编码	项目名称	计算基础	费率/%	金额/元	调整费率/%	调整后金额/元	备注
1	011707001001	安全文明施工						
	①	环境保护	分部分项定额人工费					
	②	文明施工	分部分项定额人工费					
	③	安全施工	分部分项定额人工费					
	④	临时设施	分部分项定额人工费					
2	011707002001	夜间施工						
	①	夜间施工	分部分项定额人工费					
3	011707003001	非夜间施工照明						
4	011707004001	二次搬运						
	①	二次搬运	分部分项定额人工费					
5	011707005001	冬雨季施工						

续表

序号	项目编码	项目名称	计算基础	费率/%	金额/元	调整费率/%	调整后金额/元	备注
	①	冬雨季施工	分部分项定额人工费					
6	011707006001	地上、地下设施、建筑物的临时保护设施						
7	011707007001	已完工程及设备保护						
		合 计						

其他项目清单与计价汇总表

工程名称：某学院综合楼【建筑工程】　　　　　　　　　　　　　　标段：

序号	项目名称	金额/元	结算金额/元	备注
1	暂列金额			
2	暂估价			
2.1	材料（工程设备）暂估价	—		
2.2	专业工程暂估价			
3	计日工			
4	总承包服务费			
	合 计		—	

规费、税金项目计价表

工程名称：某学院综合楼【建筑工程】　　　　　　　　　　　　　　标段：

序号	项目名称	计算基础	计算基数	计算费率/%	金额/元
1	规费				
1.1	社会保险费				
(1)	养老保险费	分部分项定额人工费+措施项目定额人工费			
(2)	失业保险费	分部分项定额人工费+措施项目定额人工费			
(3)	医疗保险费	分部分项定额人工费+措施项目定额人工费			

续表

序号	项目名称	计算基础	计算基数	计算费率/%	金额/元
(4)	工伤保险费	分部分项定额人工费+措施项目定额人工费			
(5)	生育保险费	分部分项定额人工费+措施项目定额人工费			
1.2	住房公积金	分部分项定额人工费+措施项目定额人工费			
1.3	工程排污费	按工程所在地环境保护部门收取标准,按实计入			
2	税金	分部分项工程费+措施项目工程费+其他项目费+规费-按规定不计税的工程设备金额			
	合计				

分部分项工程和单价措施项目清单与计价表

工程名称：某学院综合楼【装饰工程】　　　　　　　　　　　　　　标段：

序号	项目编码	项目名称	项目特征	计量单位	工程量	金额/元		
						综合单价	合价	其中 暂估价
1	010801001001	胶合板门 M-0924	门代号及洞口尺寸：900mm×2400mm	m²	47.52			
2	010801001002	胶合板门 M-1224	1. 门代号及洞口尺寸 2. 镶嵌玻璃品种、厚度	m²	5.76			
3	010801001003	胶合板门 M-1227	1. 门代号及洞口尺寸 2. 镶嵌玻璃品种、厚度	m²	6.48			
4	010801001004	胶合板门 M-1524	门代号及洞口尺寸：1500mm×2400mm	m²	10.8			
5	010801001005	胶合板门 M-1824	门代号及洞口尺寸：1800mm×2400mm	m²	8.64			
6	010807001006	铝合金窗 SC-0924	1. 窗代号及洞口尺寸：900mm×2400mm 2. 框、扇材质：铝合金 3. 玻璃品种：蓝色玻璃	m²	2.16			
7	010807001007	铝合金窗 SC-0924	1. 窗代号及洞口尺寸：900mm×2400mm 2. 框、扇材质：铝合金 3. 玻璃品种：蓝色玻璃	m²	4.05			

续表

序号	项目编码	项目名称	项目特征	计量单位	工程量	金额/元 综合单价	合价	其中 暂估价
8	010807001008	铝合金窗 SC-1215	1. 窗代号及洞口尺寸：1200mm×1500mm 2. 框、扇材质：铝合金 3. 玻璃品种：蓝色玻璃	m²	21.6			
9	010807001009	铝合金窗 SC-1224	1. 窗代号及洞口尺寸：1200mm×2400mm 2. 框、扇材质：铝合金 3. 玻璃品种：蓝色玻璃	m²	11.52			
10	010807001010	铝合金窗 SC-1515	1. 窗代号及洞口尺寸：1500mm×1500mm 2. 框、扇材质：铝合金 3. 玻璃品种：蓝色玻璃	m²	45			
11	010807001011	铝合金窗 SC-1524	1. 窗代号及洞口尺寸：1500mm×2400mm 2. 框、扇材质：铝合金 3. 玻璃品种：蓝色玻璃	m²	28.8			
12	010807001012	铝合金窗 SC-1815	1. 窗代号及洞口尺寸：1800mm×1500mm 2. 框、扇材质：铝合金 3. 玻璃品种：蓝色玻璃	m²	21.6			
13	010807001013	铝合金窗 SC-1824	1. 窗代号及洞口尺寸：1800mm×2400mm 2. 框、扇材质：铝合金 3. 玻璃品种：蓝色玻璃	m²	8.64			
14	010807001014	铝合金窗 SC-2115	1. 窗代号及洞口尺寸：2100mm×1500mm 2. 框、扇材质：铝合金 3. 玻璃品种：蓝色玻璃	m²	31.5			
15	010807001015	铝合金窗 SC-2124	1. 窗代号及洞口尺寸：2100mm×2400mm 2. 框、扇材质：铝合金 3. 玻璃品种：蓝色玻璃	m²	40.32			
16	010802001016	铝合金门 M-1833	1. 门代号及洞口尺寸 2. 门框或扇外围尺寸 3. 门框、扇材质 4. 玻璃品种、厚度	m²	5.94			

续表

序号	项目编码	项目名称	项目特征	计量单位	工程量	金额/元 综合单价	合价	其中 暂估价
17	010802001017	铝合金门 M-2433	1. 门代号及洞口尺寸 2400mm×3300mm 2. 框、扇材质：铝合金	m²	7.92			
18	010807001018	飘窗 TC1	1. 窗代号及洞口尺寸：2160mm×2000mm 2. 框、扇材质：铝合金 3. 玻璃品种：蓝色玻璃	m²	8.64			
19	010807001019	飘窗 TC2	1. 窗代号及洞口尺寸：2160mm×1500mm 2. 框、扇材质：铝合金 3. 玻璃品种：蓝色玻璃	m²	12.96			
20	011102003020	块料楼地面（楼梯红色 300mm×300mm）	1. 面层材料品种、规格、品牌、颜色：地砖红色 300mm×300mm 2. 找平层：1:2.5 的水泥砂浆	m²	67			
21	011102003021	块料楼地面（米色 500mm×500mm）	1. 找平层厚度、砂浆配合比：25mm 厚 1:4 干硬性水泥砂浆，面上撒素水泥 2. 结合层厚度、砂浆配合比：素水泥结合层一遍 3. 面层材料品种、规格、品牌、颜色：8~10mm 厚防滑地砖铺实拍平，米色 500mm×500mm 4. 嵌缝材料种类：水泥砂浆	m²	758.68			
22	011102003022	块料楼地面（红色 300mm×300mm）	1. 面层材料品种、规格、品牌、颜色：地砖红色 300mm×300mm 2. 找平层：1:2.5 的水泥砂浆	m²	66.32			
23	011102003023	块料楼地面（红色 500mm×500mm）	1. 找平层厚度、砂浆配合比：25mm 厚 1:4 干硬性水泥砂浆，面上撒素水泥 2. 结合层厚度、砂浆配合比：素水泥结合层一遍 3. 面层材料品种、规格、品牌、颜色：8~10mm 厚防滑地砖铺实拍平，红色 500mm×500mm 4. 嵌缝材料种类：水泥砂浆	m²	295.91			

续表

序号	项目编码	项目名称	项目特征	计量单位	工程量	金额/元 综合单价	合价	其中 暂估价
24	011106002024	块料楼梯面层	面层材料品种、规格、品牌、颜色：地砖红色300mm×300mm	m²	36			
25	011105003025	块料踢脚线	1. 踢脚线高度：150mm 2. 找平层：1∶2.5的水泥砂浆 3. 面层材料品种、规格、颜色：黑色面砖	m²	71.3			
26	011204003026	块料墙面	1. 面层材料品种、规格、颜色：200mm×300mm白色暗花 2.17mm厚1∶3的水泥砂浆 3.1∶1的水泥砂浆加20% 107胶镶贴	m²	360.38			
27	011204003027	块料墙面（卫生间）	面层材料品种、规格、颜色：150mm×200mm	m²	784			
28	011205002028	块料柱面	面层材料品种、规格、颜色：200mm×300mm白色暗花	m²	24			
29	011201001029	墙面一般抹灰	1. 底层厚度、砂浆配合比：15mm厚1∶3水泥砂浆 2. 面层厚度、砂浆配合比：5mm厚1∶2水泥砂浆	m²	1458			
30	011202001030	柱面一般抹灰	1. 底层厚度、砂浆配合比：15mm厚1∶3水泥砂浆 2. 面层厚度、砂浆配合比：5mm厚1∶2水泥砂浆	m²	16			
31	011302001031	吊顶天棚	1. 龙骨材料种类、规格、中距：轻钢龙骨，主龙骨中距900～1000mm，次龙骨中距500mm或605mm，横龙骨中距605mm 2. 面层材料品种、规格：500mm×500mm或600mm×600mm厚10～13mm石膏装饰板	m²	391.6			

续表

序号	项目编码	项目名称	项目特征	计量单位	工程量	金额/元		
						综合单价	合价	其中
								暂估价
32	011301001032	天棚抹灰	1.5mm 厚 1:2 水泥砂浆 2.7mm 厚 1:3 水泥砂浆	m²	823			
33	011406001033	抹灰面油漆	油漆品种、刷漆遍数：乳胶漆两遍	m²	2200			
		合 计						

总价措施项目清单计价表

工程名称：某学院综合楼【装饰工程】　　　　　　　　　　　标段：

序号	项目编码	项目名称	计算基础	费率/%	金额/元	调整费率/%	调整后金额/元	备注
1	011707001001	安全文明施工						
1.1	①	环境保护	分部分项定额人工费					
1.2	②	文明施工	分部分项定额人工费					
1.3	③	安全施工	分部分项定额人工费					
1.4	④	临时设施	分部分项定额人工费					
2	011707002001	夜间施工						
3	011707003001	非夜间施工照明						
4	011707004001	二次搬运						
5	011707005001	冬雨季施工						
6	011707006001	地上、地下设施、建筑物的临时保护设施						
7	011707007001	已完工程及设备保护						
		合 计						

其他项目清单与计价汇总表

工程名称：某学院综合楼【装饰工程】　　　　　　　　　　　　　　　　标段：

序号	项目名称	金额/元	结算金额/元	备注
1	暂列金额			
2	暂估价			
2.1	材料（工程设备）暂估价	—		
2.2	专业工程暂估价			
3	计日工			
4	总承包服务费			
	合　计			—

规费、税金项目计价表

工程名称：某学院综合楼【装饰工程】　　　　　　　　　　　　　　　　标段：

序号	项目名称	计算基础	计算基数	计算费率/%	金额/元
1	规费				
1.1	社会保险费				
(1)	养老保险费	分部分项定额人工费+措施项目定额人工费			
(2)	失业保险费	分部分项定额人工费+措施项目定额人工费			
(3)	医疗保险费	分部分项定额人工费+措施项目定额人工费			
(4)	工伤保险费	分部分项定额人工费+措施项目定额人工费			
(5)	生育保险费	分部分项定额人工费+措施项目定额人工费			
1.2	住房公积金	分部分项定额人工费+措施项目定额人工费			
1.3	工程排污费	按工程所在地环境保护部门收取标准，按实计入			
2	税金	分部分项工程费+措施项目工程费+其他项目费+规费－按规定不计税的工程设备金额			
		合计			

能 力 训 练

1. 简述工程量清单编制使用的表格组成。
2. 简述招标控制价使用的表格组成。
3. 简述工程量清单项目编码的设置要求及含义。
4. 简述项目特征描述的要求。
5. 简述工程量清单计量单位的规定要求。
6. 简答分部分项工程量清单的编制步骤。
7. 简答措施项目清单编制步骤。

学习情境 6　工程量清单计价

学习目标：工程量清单计价概念、目的、意义；定额计价、清单计价的原理、区别；工程量清单综合单价计算；工程量清单控制的编制。

学习任务：掌握工程量清单计价概念、原理；了解工程量清单计价与定额计价区别；掌握工程量清单综合单价的计算方法；掌握工程量清单控制的编制。

学习单元 6.1　建设工程量清单计价概述

6.1.1　工程量清单计价概述

工程量清单计价采用的是综合单价的方式，工程量清单计价明确真实地反映了工程的实物消耗和包括人工、材料、机械、管理费和利润等有关费用。在招投标过程中，招标方按照《建设工程工程量清单计价规范》（GB 50500—2013）编制工程量清单；投标方按照招标文件和施工图纸，以人工、材料和机械的市场价格为计价依据，以企业自身的管理和技术水平确定管理费、利润和措施项目费，真正做到企业自主报价。

6.1.2　工程量清单计价的目的

（1）推行工程量清单计价是深化工程造价管理改革、推进建设市场市场化的重要途径。长期以来我国承发包计价、定价的主要依据就是工程预算定额，定额中规定的各种消耗量和各项费用均是按社会平均水平编制的，在此基础上形成的工程造价属于社会平均价格。这种价格可作为市场竞争的参考价格，但不能真实地反映参与竞争企业的实际消耗和技术管理水平，在一定程度上制约了企业的公平竞争。20 世纪 90 年代我国提出了"控制量、指导价竞争费"的改革措施，将定额中的人工、材料、机械消耗量和相应的量价分离，国家控制量以保证工程质量，价格走向市场化，这一措施迈出了工程造价管理由向传统定额预算法改革的第一步。但是无法彻底改变定额中国家指令内容多的状况，不能满足招标投标的市场竞争定价及合理低价中标的要求。因为国家或地方定额是社会平均消耗水平，不能真实地反映企业的实际消耗量，不能体现企业的技术装备、管理水平和劳动生产率，不能体现公平竞争的原则，社会平均水平不能代表社会先进水平，改变以往的定额计价模式，推行清单计价办法，以适应招投标的需要是十分必要的。工程量清单计价是的思路是"统一计算规则，有效控制算量，彻底放开价格，正确引导企业自主报价、市场有序竞争形成价格"。跳出传统的定额计价模式，建立一种全新的计价模式，依靠市场和企业的实力通过竞争形成价格，使业主通过企业报价可直观的了解项目造价。

（2）在建设工程招标投标中实行工程量清单计价是规范建筑市场秩序的治本措施之一，适应社会主义市场经济的需要。工程造价是工程建设的核心内容，也是建设市场运行的核心内容，建设市场上存在的许多不规范行为大多与工程造价有直接关系。过去的工程预算定额在工程承包和发包的计价中调节双方利益，反应市场价格等方面显得滞后，特别

是在公开、公平、公正竞争方面，缺乏合理完善的机制，甚至出现了一些漏洞。实现建设市场的良性发展除了法律法规和行政监管外，发挥市场规律中"竞争"和"价格"的作用是治本之策。工程量清单计价是市场形成工程造价的主要形式，工程量清单计价有利于发挥企业自主报价的能力，实现政府定价到市场定价的转变；有利于规范业主在招标中的行为，有效改变招标单位在招标中盲目压价的行为，从而真正体现公开、公平、公正的原则，反映市场经济规律。

（3）实行工程量清单计价，是为促进建设市场有序竞争和企业健康发展的需要。采用工程量清单计价模式招标投标，有利于提高招标单位的管理水平。对于招标单位来说，由于工程量清单是招标文件的组成部分，招标单位必须编制出准确、详尽、完整的工程量清单，并承担相应的风险，促进了招标单位管理水平的提高。由于工程量清单是公开的，将避免工程招标中的弄虚作假、暗箱操作等不规范行为。对投标企业，采用工程量清单报价，有利于提高企业的劳动生产率，促进企业技术进步，节约投资。因为采用工程量清单报价，必须对单位工程成本、利润进行分析，统筹考虑、精心选择施工方案，并根据企业的定额合理确定人工、材料、施工机械等要素的投入与配置，优化组合，合理控制现场费用和施工技术措施费用，确定投标价。改变过去过分依赖国家发布定额的状况，企业根据自身的条件编制出自己的企业定额。

工程量清单计价的实行，有利于规范建设市场计价行为，规范建设市场秩序，促进建设市场有序竞争；有利于控制建设项目投资，合理利用资源；有利于促进技术进步，提高劳动生产率；有利于提高造价工程师的素质，使其成为懂技术、懂经济、懂管理的全面发展的复合型人才。

（4）实行工程量清单计价，有利于我国工程造价管理政府职能的转变。实行工程量清单计价，将会有利于我国工程造价管理政府职能的转变，政府部门真正履行起"经济调节、市场监管、社会管理和公共服务"职能的要求，政府对工程造价管理的模式要相应改变为政府宏观调控、企业自主报价、市场竞争形成价格、社会全面监督的工程造价管理方式。由过去政府控制的指令性定额转变为制定适应市场经济规律需要的工程量清单计价方式，由过去行政直接干预转变为对工程造价依法监管，有效的强化政府对工程造价的宏观调控。

（5）推行工程量清单计价是融入世界大市场与国际接轨的需要。随着我国加入世界贸易组织，中国经济逐渐融入全球市场，我国的建筑市场也将进一步对外开放。国外企业以及投资的项目越来越多的进入国内市场，我国企业走出国门在海外投资和经营的项目也在增加，目前国际上通行的做法是工程量清单计价，为适应国际建设市场的需求，我国的工程造价管理模式就必须与国际通行的计价方法相适应，在我国实行工程量清单计价有利于提高国内建设各方主体参与国际化竞争的能力，有利于提高工程建设的管理水平。

6.1.3 工程量清单计价的意义

6.1.3.1 有利于工程招标投标工作的顺利开展

工程量清单计价模式下的招标投标是由发包方提供工程量清单，承包人逐项填报综合单价提出报价。面对相同的工程量，由承包企业根据自己的技术和管理实力来填不同的单价，最终定价权交给了企业。这样做，工程量是公开的，避免了由于不同承包方的造价人员对设计内容、定额理解不同，计算出不同的工程量，报价相差甚远，从而产生纠纷的现象。增加了招标投标的透明度，发包方的标底仅作为市场参考价，淡化了标底的作用，避免了"暗箱操作"。真正体现了《招标投标法》中公开、公平和诚实信用的原则，促使招标投标工作的健康发展。

6.1.3.2 推动了工程造价管理工作的根本转变

首先，工程造价管理部门由发布指令性的建筑工程费率标准，转为根据工程投标报价资料等市场信息，测算、公布指导性的工程造价指数以及各单项子目的参考指标；其次，工程造价管理部门由过去制定、解释、强制执行各类法令性文件、定额、对工程造价实施直接管理和控制，转变为制定适应市场需求的工程量清单计量规则和计价办法，对工程造价进行宏观调控；第三，由定期发布材料价格及调整系数，转为收集、汇总各类材料的市场价格等资料，测算、公布招投标市场材料参考价、建筑工程市场参考价。推广工程量清单计价，促使造价管理部门发生一系列的职能转变。只有这样，才能真正实现政府职能由行政管理变为依法监督和服务。

6.1.3.3 促进施工企业加强管理，提高市场竞争实力

工程量清单计价模式下的招投标采用的是合理低价中标。工程量清单报价是各投标企业根据相同的工程量和相同的计算规则，由各企业结合自身的实际情况报出综和单价，价格的高低完全由企业自己确定，充分体现了企业的实力。施工企业要想在竞争中取胜，就要具备先进设备、先进技术和先进的管理水平，使企业在投标中处于优势地位。

6.1.3.4 有助于业主对投资控制

采用工程量清单报价方式由于价费合一，综合单价和措施项目费等不变，因此计算简便，结果一目了然。当要进行设计变更时，业主马上就能知道它对造价的影响，并可以根据投资的情况决定是否变更。另外，业主可根据施工企业完成的工程量，很容易地确定进度款的拨付额。工程竣工后，业主也很容易确定工程的最终造价，顺利地进行工程结算，从而可真正做到项目的全阶段投资控制。

学习单元6.2 定额计价与清单计价关系

6.2.1 我国建筑工程计价模式

我国建筑工程计价模式包括定额计价模式和工程量清单计价模式。在编制工程标底和投标报价时，一般使用施工图预算编制的方法，即预算定额法、工程量清单计价法等方法。定额计价模式是我国长期以来一直沿用的模式，工程量清单计价模式是国际上比较通行的计价模式，随着我国加入WTO，工程价格计价模式也要逐步与国际惯例接轨，但由于工程价格计价模式需要比较完善的企业定额体系、社会配套体系和较高的市场化环境，短期内还难以全面铺开。所以目前这两种计价模式在我国都有使用，但量价合一的定额计价已逐渐不适应建设行业的市场化发展，使工程量清单计价模式的推行势在必行。

6.2.2 定额计价的原理

建筑工程定额计价是按照各地建设主管部门颁布的预算定额或综合定额中规定的工程

量计算规则、定额单价和取费标准等，按照计量、套价、取费的方式进行计价。定额计价的原理是将施工图设计的内容划分为计算造价的基本单位，即按照定额子目的划分原则，进行项目的划分，计算确定每个项目的工程量，然后选套相应项目的定额基价，再计取工程的各项费用，最后汇总得到整个工程的预算造价。

建筑工程定额计价模式在我国应用有较长的历史，由于各地建设主管部门颁布的预算定额既包含了完成一定单位的工程建设产品所消耗的各种资源的量，同时还加入了各种资源的价格因素，使用起来比较方便，也适应了我国企业定额不健全的实际情况，按这种计价模式计算出的工程造价反映了一定地区和一定时期建设工程的社会平均价值，可以作为考核固定资产建造成本、控制投资的直接依据。一定时期内对于规范建筑市场，减少建筑市场各参与主体尤其是承发包之间经济纷争起到了不可磨灭的作用。

6.2.2.1 预算单价法

用预算单价法编制预算就是按照各地区单位估价表中各分项工程的预算单价，乘以相应的各分项工程的工程量，相加得到单位工程的定额直接费，再以其为基础计算其他直接费、现场经费、间接费、利润和税金，四项费用相加即可得到单位工程预算价格。

预算单价法编制建筑工程施工图预算的计算程序如图6.1所示。

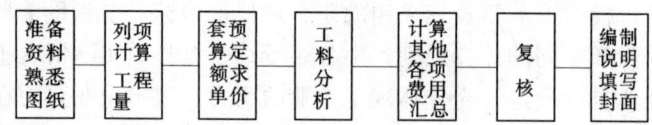

图6.1 建筑工程施工图预算的计算程序

6.2.2.2 实物单价法

实物单价法编制就是先用计算出的各分项工程的实物工程量分别套用预算定额的人工、机械、材料消耗量，相加汇总得出单位工程所需的各种人工、机械、材料的消耗量，然后分别乘以当地此时的人工、机械、材料的实际单价，求得人工费、机械费和材料费，再汇总求和并以其为基础计算其他直接费、现场经费、间接费、利润和税金，这4项费用相加即可得到单位工程预算价格。

实物单价法的编制步骤可按图6.2所示进行。

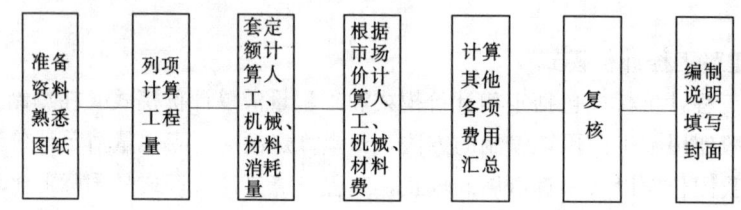

图6.2 实物单价法的编制步骤

6.2.2.3 综合单价法

综合单价法分为部分费用单价法、全费用单价法。

（1）部分费用单价法。综合了建筑安装工程费用中的一部分费用，现行的很多省份的清单计价定额的综合基价包括人工费、材料费、机械费、综合费，其中综合费包括管理费和利润，不包括税金，为部分费用单价。

（2）全费用单价法。全费用单价包含了建筑安装工程费用的全部费用，它是国际上比较常用的一种清单报价的编制方法。在编制时应当按照工程所在地和企业的具体情况，详细计算整个工程中每一项可能发生的费用，然后进行单价分析这一单价不仅包含分项工程的直接费，还应包含各项摊销费用，其中存在一定的分摊技巧，必须在投标策略的指导下进行。

6.2.3 工程量清单计价原理

工程量清单计价的原理是在建设工程招投标中，招标人按照国家统一的计算规则《建设工程工程量清单计价规范》（GB 50500—2013）提供工程数量，即工程量清单，由投标人依据工程量清单，自主报价，并按照经评审，低价中标的工程造价的计价方法。

（1）由于工程量清单计价采用综合单价，包括完成规定计量单位项目所需的人工费、材料费、机械使用费、管理费和利润，明确地反映了工程的实物消耗和有关费用，因此，这种计价模式易于结合建设工程的具体情况，改变现行以预算定额为基础的静态计价模式为将各种因素考虑在单价内的动态计价模式。

（2）采用工程量清单报价有利于实现风险的合理分担、明确承发包双方的责任。

（3）由于采用工程量清单报价模式，发包人不需要编制标底，所以，工程量清单报价有利于消除编制标底给招标活动带来的负面影响，促使投标企业把主要精力放在加强企业内部管理和对市场各种因素的分析及建立企业内部价格体系中去。

6.2.4 清单计价与定额计价的区别

定额计价是使用了几十年的一种计价模式，其基本特征就是：价格＝定额＋费用＋文件规定，并作为法定性的依据强制执行，不论是工程招标编制标底还是投标报价均以此为唯一的依据，承发包双方共用一本定额和费用标准确定标底价和投标报价，定额计价与市场价脱节就会影响计价的准确性。定额计价采用行业统一定额，投标企业没有定价的发言权，只能被动接受。定额计价是建立在以政府定价为主导的计划经济管理基础上的价格管理模式，它所体现的是政府对工程价格的直接管理和调控。随着市场经济的发展，我们曾提出过"控制量、指导价、竞争费"、"量价分离"、"以市场竞争形成价格"等多种改革方案。但由于没有对定额管理方式及计价模式进行根本的改变，以至于未能真正体现量价分离，以市场竞争形成价格。

工程量清单计价是属于全面成本管理的范畴，其思路是"统一计算规则，有效控制数量，彻底放开价格，正确引导企业自主报价、市场有序竞争形成价格"。跳出传统的定额计价模式，建立一种全新的计价模式，依靠市场和企业的实力通过竞争形成价格，使业主通过企业报价可直观的了解项目造价。工作量清单计价模式采用的是综合单价形式，并由企业自行编制。工程量清单投标报价，可以充分发挥企业的能动性，企业利用自身的特点，使企业在投标中处于优势的位置。同时工程量清单报价体现了企业技术管理水平等综合实力，也促进企业在施工中加强管理、鼓励创新、从技术中要效率、从管理中要利润，在激烈的市场竞争中不断发展和壮大，企业的经营管理水平高，可以降低管理费，自有的机械设备齐全，可减少报价中的机械租赁费用，对未来要素价格发展趋势预测准确，就可以减少承包风险，增强竞争力，其结果促进了优质企业做大做强，使无资金、无技术、无管理的小企业、包工头退出市场，实现了优胜劣汰，从而形成管理规范、竞争有序的建设市场秩序。

清单计价与定额计价的具体区别如下。

6.2.4.1 编制工程量的单位不同

传统定额预算计价模式中建设工程的工程量分别由招标单位、投标单位分别按图计算。而工程量清单计价模式则是工程量由招标单位统一计算或委托有工程造价咨询资质单位统一计算，"工程量清单"是招标文件的重要组成部分，各投标单位根据招标人提供的"工程量清单"，根据自身的技术装备、施工经验、企业成本、企业定额、管理水平自主填写报价。

6.2.4.2 工程量计算的时间不同

传统的定额预算计价模式是在发出招标文件后计算工程量，即招、投标人同时编制或投标人编制在前，招标人编制在后。工程量清单计价模式必须在发出招标文件前计算工程量，编制工程量清单。工程量清单，在招标前由招标人编制。也可能业主为了缩短建设周期，通常在初步设计完成后就开始施工招标，在不影响施工进度的前提下陆续发放施工图纸，因此承包商据以报价的工程量清单中各项工作内容下的工程量一般为概算工程量。

6.2.4.3 表现形式不同

采用传统的定额预算计价模式一般是总价形式，工程量清单计价模式采用综合单价形式，综合单价包括人工费、材料费、机械使用费、管理费、利润、并考虑风险因素，工程量清单报价具有直观、单价相对固定的特点，工程量发生变化时，单价一般不作调整。

6.2.4.4 编制的依据不同

传统的定额预算计价模式工程量依据施工图纸；人工、材料、机械台班消耗量依据建设行政主管部门颁发的预算定额计算；人工、材料、机械台班单价依据工程造价管理部门发布的价格信息进行计算。工程量清单计价模式，根据建设部第107号令规定，标底的编制根据招标文件中的工程量清单和有关要求、施工现场情况、合理的施工方法以及按建设行政主管部门制定的有关工程造价计价办法编制。企业的投标报价则根据企业定额和市场价格信息，或参照建设行政主管部门发布的社会平均消耗量定额编制。

6.2.4.5 费用组成不同

传统定额计价模式的建筑安装工程费由直接工程费、间接费、利润、税金组成。工程量清单计价模式的建筑安装工程费包括分部分项工程费、措施项目费、其他项目费、规费、税金；包括完成每项工程所包含的全部工程内容的费用；包括完成每项工程内容所需的费用（规费、税金除外）；包括工程量清单中没有体现的，施工中又必须发生的工程内容所需费用，包括风险因素而增加的费用。

6.2.4.6 评标采用的办法不同

传统定额计价投标一般采用百分制评分法。采用工程量清单计价模式投标报价，一般采用合理低报价中标法，既要对总价进行评分，还要对综合单价进行分析评分。

6.2.4.7 项目编码不同

采用传统的预算定额项目编码，全国各省市采用不同的定额子目，采用工程量清单计价全国实行统一编码，项目编码采用十二位阿拉伯数字表示。

6.2.4.8 合同价调整方式不同

传统的定额预算计价模式合同价调整方式有：变更签证、定额解释、政策性调整。工程量清单计价模式合同价调整方式主要是索赔。工程量清单的综合单价一般通过招标中报价的形式体现，一旦中标，报价作为签订施工合同的依据相对固定下来，工程结算按承包商实际完成工程量乘以清单中相应的单价计算，减少了调整活口。采用传统的预算定额经常有这个定额解释那个定额规定，结算中又有政策性文件调整。工程量清单计价单价不能随意调整。

6.2.4.9 达到了投标计算口径统一

因为各投标单位都根据统一的工程量清单报价，达到了投标计算口径统一。不再是传统预算定额招标，各投标单位各自计算工程量，各投标单位计算的工程量均不一致。

6.2.4.10 索赔事件增加

因承包商对工程量清单单价包含的工作内容一目了然，故凡建设方不按清单内容施工的，任意要求修改清单的，都会增加施工索赔的因素。

学习单元 6.3　工程量清单综合单价编制方法

分部分项工程量清单综合单价分析表，在《建设工程工程量清单计价规范》（GB 50500—2013）中分别对综合单价与清单计价给出了定义："综合单价是完成一个规定计量单位工程所需的人工费、材料费、机械使用费、管理费和利润，并考虑风险因素。""工程量清单计价应包括招标文件规定完成工程量清单所需的全部费用，包括分部分项工程费、措施项目费、其他措施项目费、规费和税金。"在《建设工程工程量清单计价规范》（GB 50500—2013）中还规定工程量清单应采用综合单价计价。

综合单价是指分部分项工程单价综合了除人工费、材料费、机械费以外的多项费用内容，按照综合内容的不同，综合单价可分为全费用综合单价和部分费用综合单价。

我国目前实行的工程量清单计价采用的综合单价是部分费用综合单价。其部分费用综合单价法的基本思路是：先计算出分部分项工程的综合单价，再用综合单价乘以工程量清单给出的工程量，得到分部分项工程费，接着计算措施项目费、其他项目费及规费，然后用分部分项工程费、措施项目费、其他项目费、规费的总和乘以税率得到税金，最后汇总得到单位工程费，用公式表示为

单位工程造价＝[∑（工程量×综合单价）＋措施项目费＋其他项目费＋规费]
×（1＋税金率）

综合单价法的重点是综合单价的计算。

部分费用综合单价的内容包括人工费、材料费、机械费、管理费及利润5个部分，并考虑风险因素，是不完全费用综合单价。措施项目费、其他项目费及规费是在分部分项工程费用计算完成之后才计算的。

《建设工程工程量清单计价规范》（GB 50500—2013）明确综合单价法为工程量清单的计价方法，也是目前普遍采用的方法。

6.3.1 综合单价编制原则

综合单价计价法有别于现行定额工料单价计价的另一种单价计价方式，应包括完成规定计量单位、合格产品所需的全部费用。考虑我国的实际情况，综合单价包括除规费、税金以外的全部费用。各地区都制定了具体办法，统一综合单价的计算和编制。编制综合单价应遵循下列原则。

6.3.1.1 质量效益原则

施工企业在市场经济条件下既要提高经济效益又要保证建筑产品的质量，这是企业发展的目标和动力。质量与效益是矛盾的统一体，要找到他们最佳的结合点，工程建设的决策与工程造价的决策者必须坚持运用和实施科学的管理办法与施工经验，有效地将质量与效益统一起来而求得长期的发展。

6.3.1.2 竞争原则

我国的工程造价初步建立了适应我国社会主义市场经济体制的计价模式，与国际市场接轨，逐步形成了"在国家宏观控制下，以市场形成工程造价为主的价格机制"。形成了"宏观调控、市场竞争、合同定价、依法结算"的市场环境和氛围，通过市场竞争予以定价。企业在充分考虑自身的优势，考虑可竞争的现场费用，技术措施费用及所承担的风险，最终确定综合单价。竞争是市场经济的一个重要规律，这里讲竞争原则，就是要求造价编制人员，在考虑合理因素的同时使确定的综合单价具有竞争性，提高中标的可靠性与可能性。

6.3.1.3 不低于成本原则

提倡竞争原则与合理低价中标的同时，必须认真坚持不低于成本的原则，我国的招投标法规定"投标人不得以低于成本的报价竞标"。因而，坚持不低于成本的原则有利于促进建筑企业加强科学管理和技术进步，促进企业从长计议，坚持可持续发展，杜绝建筑市场的恶性竞争状况。

6.3.1.4 优势原则

具有竞争性的价格来源于企业优势。包括品牌、诚信、管理、营销、技术、专利、质量、价格优势，每家企业都有自己的优势与长处，在确定综合单价时要善于扬长避短，运用价值工程的观念与方法，采用多种施工方案和技术措施比价体现报价的优势，不断提高市场份额。

6.3.2 综合单价的编制依据

综合单价的编制依据主要如下。

(1) 2013 年 12 月 11 日住房和城乡建设部令第 16 号发布《建筑工程施工发包与承包计价管理办法》《建设工程工程量清单计价规范》（GB 50500—2013）及相关政策、法规、标准、规范以及操作规程等。

(2) 招标文件和施工图纸。

(3) 当地的市场价格信息。

(4) 施工企业消耗定额和费用标准。

(5) 施工企业的技术与质量标准。

(6) 工程所在地的综合单价定额及相关费用标准。

6.3.3 综合单价编制程序和步骤

综合单价分析是每一个工程量清单计价过程的核心内容，它是清单计价人员填列清单进行投标报价的依据，《建设工程工程量清单计价规范》（GB 50500—2013）对分部分项工程量清单综合单价分析表规定了统一的表述格式，并对计算、统计、归纳和整理都有相应规定，必须严格执行。分部分项工程量清单综合单价分析表见 5.1.1 工程量清单计价表格（表-09）。

综合单价分析是承包商响应和承诺业主发表的核心工作，是能否中标的关键环节，综合单价的编制步骤如图 6.3 所示。

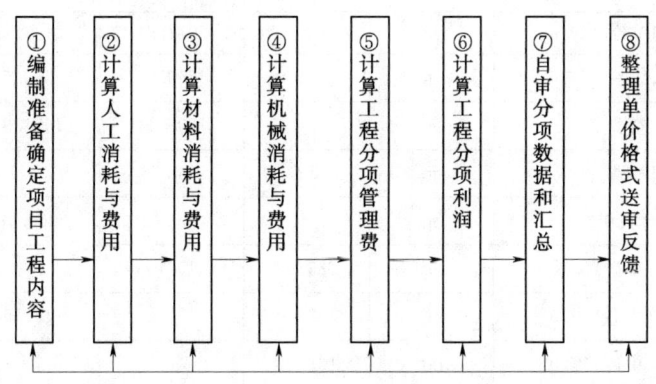

图 6.3 综合单价编制步骤示意图

（1）做好编制工作的技术条件准备，编制人员应非常熟悉国家的《建设工程工程量清单计价规范》（GB 50500—2013）及相关的法规、政策等文件的规定及编制步骤和方法，对施工技术和施工过程等具有丰富的知识和经验。

（2）在综合单价编制之前应分项核实工程量清单给出的工程量清单分项及其工作内容，计算与核实工程量时，应参照《建设工程工程量清单计价规范》（GB 50500—2013）计算规则逐项核实，除核实计算数量外，还应对项目名称、项目编码、计量单位进行核对，看是否有大的出入。

（3）确定使用的企业定额。由于工程量清单在我国才实施不久，在目前许多企业定额还没有到位的情况下，应选择工程所在地的定额或综合基价表为依据进行编制。我国各地区的预算定额积累了 50 多年的经验，有较强的应用价值。在编制综合单价时需根据定额计算出分项工程计价所需的人工、材料、施工机械台班的消耗量的标准。因为定额中的人工、材料、施工机械台班的消耗量是在正常施工状态下的社会平均消耗标准。另外综合单价分项计算中还需要根据甲方提供的清单依据项目特征进行分项计算，定额为我们提供了相应的计算规则和计量单位。

（4）根据甲方提供的分部分项工程量清单依据《建设工程工程量清单计价规范》（GB 50500—2013）要求，在 GB 50500—2013 附录中查找相对应的内容，对分部分项工程量清单综合单价分析表所列内容序号、项目编码、项目名称、工程内容逐项填写。

（5）根据确定的工作内容，进一步查找相应的定额（或综合基价）分项。表 6.1 为独立基础的综合基价子目表，从表 6.1 中可以看到《某省建筑工程量清单计价定额》

A.D.1.2独立基础中定额编码AD0025、AD0026、AD0027在基价表中表述了综合单价所需的资源消耗与费用等信息。

表6.1   A.D.1.2 独立基础（编码：010401002）   单位：10m³

工程内容：冲洗石子、混凝土搅拌、浇捣、养护等全部操作过程。

定额编号				AD0025	AD0026	AD0027
项 目		单位	单价/元	独立基础（中砂）		
				混凝土		
				C10	C15	C20
综合单（基）价		元		2014.91	2190.71	2350.27
其中	人工费	元		353.6	353.6	353.6
	材料费	元		1396.14	1571.94	1731.50
	机械费	元		104.75	104.75	104.75
	综合费用	元		160.42	160.42	160.42
材料	混凝土（中砂）C10	m³	135.68	10.15	—	—
	混凝土（中砂）C15	m³	153.00	—	10.15	—
	混凝土（中砂）C20	m³	168.72	—	—	10.15
	水泥32.5	kg		(2060.45)	(2557.80)	(3014.55)
	中砂	m³		(6.19)	(5.58)	(4.97)
	砾石5~40mm	m³		(8.53)	(8.73)	(8.93)
	水	m³	1.50	10.30	10.30	10.30
	其他材料费	元		3.54	3.54	3.54
机械	柴油	kg		(4.70)	(4.70)	(4.70)

（6）根据综合基价表统计、分析和计算人工费、材料费、机械使用费、综合费（管理费和利润），逐项填入综合单价分析表中。采用某地区清单计价定额及该地区相关政策进行人工费调整，材料费按工程所在年份的市场价计算，机械使用费、综合费根据政策调整。

1）人工费调整政策：表6.2为某地区人工费调整幅度及计日工人工单价表。

2）材料价格按工程所在年份的市场价计算。

3）机械费调整：该地区清单计价定额对施工机械使用费以机械费表示，定额注明了机械油料的消耗量的项目，油价变化时，机械费中的燃料动力费按照材料费调整的规定进行调整。机械费中除燃料动力费以外的费用调整，由该地区工程造价管理总站根据建设部的规定以及该地区的实际进行统一调整。调整的机械费进入综合单价。目前该地区只调整机械的材料费。

4）综合费调整：由该地区建设工程造价管理总站根据实际进行统一调整。

（7）最后进行复核整理。

学习单元 6.3　工程量清单综合单价编制方法

表 6.2　　　　　　　　人工费调整幅度及计日工人工单价表

地区	本次调整后人工费调整幅度 /%			本次调整后人工费调整幅度与上次人工费调整幅度差值 /%			计日工人工单价 /(元/工日)						备注
	建筑、市政、园林绿化、抹灰工程、措施项目	装饰工程(抹灰工程除外)	安装工程	建筑、市政、园林绿化、抹灰工程、措施项目	装饰工程(抹灰工程除外)	安装工程	建筑、市政、园林绿化、抹灰工程、措施项目混凝土工	建筑、市政、园林绿化、抹灰工程、措施项目普工	建筑、市政、园林绿化、抹灰工程、措施项目技工	装饰普工(抹灰工程除外)	装饰技工(抹灰工程除外)	装饰细木工	安装技工、普工	
人工费	94	109	110	8	10	9	68	83	92	78	109	123	102	

6.3.4　综合单价分析编制案例

【例 6.1】 根据学习单元 2.1 某学院综合楼实例图纸及工程量清单计算平整场地、实心砖墙、散水的综合单价。

条件：

（1）人工费调整政策：根据表 6.2 进行调整。

（2）材料当时当地的市场价为：标准砖 440 元/千匹；水泥（32.5 级）为 390 元/kg；细砂为 45 元/m^3；石灰膏为 130 元/kg；中砂为 40 元/m^3；砾石（5～31.5mm）为 30 元/m^3，天然砂为 40 元/m^3，水为 2.9 元/m^3。

【例 6.2】 计算平整场地的综合单价，土石方工程工程量清单见表 6.3。

表 6.3　　　　　　　　土石方工程工程量清单

序号	项目编码	项目名称	项目特征	计量单位	工程量
		0101 土石方工程			
1	010101001001	平整场地	1. 土壤类别：二类土 2. 弃、取土运距：投标人自行考虑	m^2	343.75

分析：平整场地清单工程量按首层建筑面积计算为 343.75m^2；平整场地定额工程量计算规则也为建筑物的首层建筑面积。平整场地定额见表 6.4。

解：综合单价计算见表 6.5。

人工费调整政策：建筑工程调整系数为 94%；机械费、综合费不调整，综合费即为管理费和利润。

数量＝定额工程量/清单工程量＝343.75/343.75＝1

根据定额编号 AA0001 其中定额人工费为 37.75 元，调整后为人工费单价为 37.75×1.94＝73.24（元）。

机械费单价为 49.96 元，管理费和利润单价为 10.96 元。

学习情境6 工程量清单计价

合价＝数量×单价

综合单价＝人工费＋材料费＋机械费＋管理费和利润＝0.73＋0.50＋0.11＝1.34（元/m²）

表6.4　　　　　　　　A.A.1.1 平整场地（编码010101001）　　　　　　　单位：100m²

工程内容：标高≤±300mm 的挖填找平。

定额编号			AA0001
项目	单位	单价/元	平整场地
综合单（基）价	元		98.67
其中	人工费	元	37.75
	材料费	元	
	机械费	元	49.96
综合费用		元	10.96

表6.5　　　　　　　　　　平整场地清单综合单价组成明细表

项目编码	010101001001	项目名称		平整场地		计量单位	m²	工程量		343.75	
清单综合单价组成明细											
定额编号	定额项目名称	定额单位	数量	单价/元				合价/元			
				人工费	材料费	机械费	管理费和利润	人工费	材料费	机械费	管理费和利润
AA0001	平整场地	100m²	0.01	73.24		49.96	10.96	0.73		0.50	0.11
人工单价		小计						0.73		0.50	0.11
元/工日		未计价材料费									
清单项目综合单价								1.34			
材料费明细	主要材料名称、规格、型号			单位		数量	单价/元	合价/元		暂估单价/元	暂估合价/元
	其他材料费							—			
	材料费小计							—		—	

【例6.3】　计算实心砖墙的综合单价，砖砌体分部分项工程量清单见表6.6。

表6.6　　　　　　　　　　　分部分项工程量清单

序号	项目编码	项目名称	项目特征	计量单位	工程量
			010401 砖砌体		
1	010401003001	实心砖墙	1. 标准砖。 2. M10 水泥混合砂浆（细砂）	m³	19.25

学习单元6.3 工程量清单综合单价编制方法

分析：实心砖墙采用混合砂浆（细砂）M10砌筑，标准砖，清单工程量为19.25m³。

人工费调整政策：建筑工程调整系数为94%；其他材料费、机械费、综合费不调整，综合费即为管理费和利润；定额工程量与清单工程量计算规则一致，都是按设计图示尺寸以体积计算，工程量都为19.25m³。

实心砖墙定额见表6.7。

表6.7　　　　　　　A.C.2.1 实心砖墙（编码010302001）　　　　　　　单位：10m³

工程内容：1.调、运、铺砂浆。2.安放木砖、铁件、砌砖。

	定额编号			AC0013	AC0014	AC0015	AC0016
				砖墙定额/10m³			
	项目	单位	单价/元	混合砂浆（细砂）		水泥砂浆（细砂）	
				M10	M5	M7.5	M10
	综合单（基）价	元		2122.35	2065.00	2088.30	2107.12
其中	人工费	元		513.15	513.15	513.15	513.15
	材料费	元		1445.8	1388.45	1411.75	1430.57
	机械费	元		7.27	7.27	7.27	7.27
	综合费用	元		156.13	156.13	156.13	156.13
材料	混合砂浆（细砂）M10	m³	168.20	2.24	—	—	—
	水泥砂浆（细砂）M5	m³	142.60	—	2.24	—	—
	水泥砂浆（细砂）M7.5	m³	153.00	—	—	2.24	—
	水泥砂浆（细砂）M10	m³	161.40	—	—	—	2.24
	标准砖	千匹	200.00	5.31	5.31	5.31	5.31
	水泥32.5	kg		(591.36)	(506.24)	(564.48)	(611.52)
	细砂	m³		(2.6)	(2.6)	(2.6)	(2.6)
	石灰膏	m³		(0.17)	—	—	—
	水	m³	1.5	1.21	1.21	1.21	1.21
	其他材料	元		5.22	5.22	5.22	5.22

解：综合单价计算见表6.8。

（1）数量=定额工程量/清单工程量=19.25/19.25=1。

根据定额编号AC0013其中定额人工费为513.15元，调整后为人工费单价513.15×1.94=995.51（元）。

（2）机械费单价为7.27元，管理费和利润单价为156.13元。

（3）水泥混合砂浆（细砂）M10市场价计算过程如下。

1）查定额编号为YC0026水泥混合砂浆（细砂）M10配合比表为32.5水泥264kg；细砂1.16m³；石灰膏0.08m³。

2）M10水泥混合砂浆（细砂）市场单价=264×0.390+1.16×45+0.08×130=165.56（元）。

(4) 材料费小计＝定额消耗量×数量×各种材料市场单价＝(2.24×0.1)×165.56＋(5.31×0.1)×440.00＋(1.21×0.1)×2.9＋(5.22×0.1)＝271.60（元）。

(5) 实心砖墙清单综合单价组成明细中的合价＝数量×单价。

(6) 综合单价＝人工费＋材料费＋机械费＋管理费和利润＝99.55＋271.60＋0.73＋15.61＝387.49（元/m³）。

表6.8　　　　　　　　实心砖墙清单综合单价组成明细

项目编码	010401003004	项目名称	实心砖墙	计量单位	m³	工程量	19.25

清单综合单价组成明细									
定额编号	定额项目名称	定额单位	数量	单价/元				合价/元			
				人工费	材料费	机械费	管理费和利润	人工费	材料费	机械费	管理费和利润
AC0013	砖墙混合砂浆（细砂）M10	10m³	0.1	995.51	2715.98	7.27	156.13	99.55	271.60	0.73	15.61
人工单价		小计						99.55	271.60	0.73	15.61
元/工日		未计价材料费								
清单项目综合单价								387.49			

材料费明细	主要材料名称、规格、型号	单位	数量	单价/元	合价/元	暂估单价/元	暂估合价/元
	水泥混合砂浆（细砂）M10	m³	0.224	165.56	37.09		
	标准砖	千匹	0.531	440.00	233.64		
	水泥32.5	kg	[59.136]	0.39	(23.06)		
	细砂	m³	[0.26]	45.00	(11.70)		
	石灰膏	m³	[0.017]	130.00	(2.21)		
	水	m³	0.121	2.90	0.35		
	其他材料费			—	0.52	—	
	材料费小计			—	271.60	—	

【例6.4】 根据表6.9中工程量清单的描述计算散水综合单价。

分析：散水清单工程量为42.96m²；根据清单描述，散水做法为20mm厚1∶2.5水泥砂浆抹面亚光；60mm厚C15混凝土；60mm后厚砂铺垫。定额工程量如下。

(1) 20mm厚1∶2.5水泥砂浆抹面亚光为42.96（m²）。

(2) 60mm厚C15混凝土为42.96×0.06＝2.58（m³）。

表 6.9　　　　　　　　　　　　　　　工 程 量 清 单

项目编码	项目名称	项目特征描述	计量单位	工程量
010507001018	散水	1. 垫层材料种类、厚度：60mm 厚中砂铺垫 2. 面层厚度：60mm 厚 C15 混凝土；20mm 厚 1：2.5 水泥砂浆抹面 3. 混凝土种类：现浇混凝土 4. 混凝土强度等级：C15	m²	42.96

（3）60mm 厚中砂铺垫为 42.96×0.06＝2.58（m³）。

（4）机械费、综合费不调整。

（5）定额表见表 6.10～表 6.12。

表 6.10　　　　B.A.1.1 水泥砂浆楼地面（编码 020101001）

工程内容：清理基层，调制砂浆，混凝土搅拌、捣固、养护、磨平压实等全部操作过程。

定额编号				BA0004	BA0005	BA0006
项　目		单位	单价/元	水泥砂浆（中砂）厚度20mm 的定额/100m²		
				在混凝土及硬基层上		
				1：2	1：2.5	1：3
综合单（基）价		元		1027.70	980.83	909.73
其中	人工费	元		346.85	346.85	346.85
	材料费	元		587.46	540.59	469.85
	机械费	元		6.68	6.68	6.68
	综合费用	元		86.71	86.71	86.71
材料	水泥砂浆（中砂）1：2	m³	289.92	2.02	—	—
	水泥砂浆（中砂）1：2.5	m³	266.72	—	2.02	—
	水泥砂浆（中砂）1：3	m³	231.52	—	—	2.02
	水泥 32.5		0.4	(1212.00)	(1070.60)	(892.84)
	中砂	m³	48	(2.10)	(2.30)	(2.29)
	水	m³	1.5	1.21	1.21	1.21

表 6.11　　　　A.D.7.2 散水、坡道（编码 010407002）　　　　　　　　单位：10m³

工程内容：冲洗石子、搅拌混凝土、混凝土水平运输、浇捣、养护等全部操作过程。

定额编号				AD0437	AD0438
项　目		单位	单价/元	散水坡（中砂）/10m³	散水坡（特细砂）/10m³
				C20	
综合单（基）价		元		2573.42	2666.09
其中	人工费	元		397.30	397.30
	材料费	元		1916.71	2009.38
	机械费	元		89.15	89.15
	综合费用	元		170.26	170.26

续表

定额编号			AD0437	AD0438
项 目	单位	单价/元	散水坡（中砂）/10m³	散水坡（特细砂）/10m³
			C20	
材料	混凝土（中砂）C20	m³	186.52	10.15	—
	混凝土（特细砂）C20	m³	195.65	—	10.15
	水泥 32.5	kg	0.4	(3390.10)	(3694.60)
	中砂	m³	48	(4.97)	—
	特细砂	m³	48	—	(4.06)
	水	m³	1.5	12.28	12.28
	砾石 5～20mm	m³		(8.53)	(9.64)
	其他材料费	元		5.11	5.11

表 6.12　　　　A.D.7.1 其他构件（编码：010407001）　　　　单位：10m³

工程内容：1. 铺设垫层、拌和找平、夯实。2. 调运砂浆及灌浆。3. 混凝土搅拌、捣鼓、养护。4. 熬制沥青。

定额编号			AD0402	AD0403
项 目	单位	单价/元	楼地面垫层定额/10m³	
			灰土 3:7	砂
	综合单（基）价	元		926.94	609.37
其中	人工费	元		142.45	106.5
	材料费	元		678.11	465.6
	机械费	元		41.87	—
	综合费用	元		64.51	37.27
材料	灰土垫层	m³	66.84	10.10	—
	天然砂	m³	40	—	11.64
	生石灰	kg		(2969.40)	
	普通土	m³		(11.72)	
	水	m³	1.5	2.02	—

解：综合单价计算见表 6.13。

(1) 数量＝定额工程量/清单工程量。

60mm 厚中砂铺垫＝2.58/42.96＝0.06

20mm 厚 1:2.5 水泥砂浆抹面亚光为 42.96/42.96＝1

60mm 厚 C15 混凝土＝2.58/42.96＝0.06

(2) 60mm 厚中砂垫层定额选用。选用定额 AD0403，其中人工乘以系数 1.2，所以定额编码为 AD0403 换（由于该地方工程量清单计价定额说明中规定散水、防滑坡道的垫层，按楼地面垫层项目计算，人工乘以系数 1.2）。

(3) 现浇混凝土散水（中砂）定额选用。

1) 选用定额 AD0437；定额中 C20 混凝土换算成 C15 混凝土；所以定额编码为

学习单元6.3 工程量清单综合单价编制方法

AD0437换。

2) 查C15中砂塑性混凝土配合比。查定额编码YA0016，C15中砂塑性混凝土配合比：水泥32.5为268kg；中砂为0.54m³；砾石5~31.5mm为0.85m³。

3) 计算C15混凝土市场价格。

C15混凝土市场价格＝268×0.39+0.54×40+0.85×30＝151.62（元/m³）

（4）综合单价＝人工费+材料费+机械费+管理费和利润＝12.31+17.40+0.60+2.11＝32.43（元/m²）。

表6.13 散水清单综合单价组成明细表

项目编码	(21) 010507001018		项目名称		散水	计量单位	m²	工程量	42.96
清单综合单价组成明细									
定额编号	定额项目名称	定额单位	数量	单价/元				合价/元		
				人工费	材料费	机械费	管理费和利润	人工费	材料费	机械费	管理费和利润
BA0005	水泥砂浆（中砂）厚度20mm在混凝土及硬基层上1:2.5	100m²	0.01	645.14	513.17	6.68	86.71	6.45	5.13	0.07	0.87
AD0437换	现浇混凝土散水坡（中砂）C15[C15（YA0016）换C20（YA0010）]	10m³	0.006	738.98	1579.66	89.15	170.26	4.43	9.48	0.53	1.02
AD0403换	楼地面垫层砂（人×1.2）	10m³	0.006	237.71	465.60		37.27	1.43	2.79		0.22
人工单价			小 计						12.31	17.40	0.60	2.11
元/工日			未计价材料费								
清单项目综合单价										32.43		
材料费明细	主要材料名称、规格、型号				单位	数量	单价/元	合价/元	暂估单价/元	暂估合价/元
	水泥砂浆（中砂）1:2.5				m³	0.0202	252.30	5.10		
	水泥32.5				kg	[27.027]	0.39	(10.54)		
	中砂				m³	[0.056]	40.00	(2.24)		
	水				m³	0.086	2.90	0.25		
	塑性混凝土（中砂）砾石最大粒径：31.5mm C15				m³	0.0609	151.62	9.23		
	砾石5~31.5mm				m³	[0.0518]	30.00	(1.55)		
	天然砂				m³	0.0698	40.00	2.79		
	其他材料费						—	0.03	—	
	材料费小计						—	17.40		

学习单元 6.4　招标控制价编制

根据学习单元 2.1 某学院综合楼的实例图纸及工程量清单计算招标控制价。
条件：
(1) 人工费调整政策见表 6.2。
(2) 材料价格根据当时当地的价格信息。

　　　　某学院综合楼　　　工程

招 标 控 制 价

招　标　人：　　×××　　　
　　　　　　（单位盖章）

造价咨询人：　　×××　　　
　　　　　　（单位盖章）

封-2

<u>　　某学院综合楼　　</u>工程

招 标 控 制 价

招标控制价(小写)：<u>　　　　　1977350 元　　　　　</u>

　　　　（大写）：<u>　零拾(亿)零亿零仟(万)壹佰(万)玖拾(万)柒万柒仟叁佰伍拾零元　</u>

招 标 人：<u>　　×××　　</u>　　　　　　造价咨询人：<u>　　×××　　</u>
　　　　　　（单位盖章）　　　　　　　　　　　　　（单位资质专用章）

法定代表人
或其授权人：<u>　　×××　　</u>　　　　法定代表人
　　　　　　（签字或盖章）　　　　　　或其授权人：<u>　　×××　　</u>
　　　　　　　　　　　　　　　　　　　　　　　　（签字或盖章）

编 制 人：<u>　　×××　　</u>　　　　　　复 核 人：<u>　　×××　　</u>
　　　（造价人员签字盖专用章）　　　　　　（造价工程师签字盖专用章）
编制时间：<u>　　×××　　</u>　　　　　　复核时间：<u>　　×××　　</u>

扉-2

总 说 明

工程名称：某学院综合楼　　　　　　　　　　　　　　　　　　　　　第 页 共 页

1. 工程概况

建设规模：本工程的建筑面积为 1418.56 m²。

工程特征：

计划工期：

施工现场及变化情况：

自然地理条件：

环境保护要求：

2. 工程招标和分包范围
3. 工程量清单编制依据
根据《房屋建筑与装饰工程工程量计算规范》（GB 50854—2013）编制工程量清单。
4. 工程质量、材料、施工等的特殊要求
5. 其他需说明的问题

建设项目招标控制价汇总表

工程名称：某学院综合楼　　　　　　　　　　　　　　　　　　　　　单位：元

序号	单项工程名称	金额	其中		
			暂估价	安全文明施工费	规费
	某学院综合楼	1977350.32		63827.97	65184.44
	合　计	1977350		63828	65184

单项工程招标控制价汇总表

工程名称：某学院综合楼　　　　　　　　　　　　　　　　　　　　　单位：元

序号	单项工程名称	金额	其中		
			暂估价	安全文明施工费	规费
1	建筑工程	1348394.30		38590.57	42066.99
2	装饰工程	628956.02		25237.40	23117.45
	合　计	1977350.32		63827.97	65184.44

单位工程招标控制价汇总表

工程名称：某学院综合楼【建筑工程】　　　　标段：　　　　　　　　　　单位：元

序号	汇总内容	金额	其中：暂估价
1	分部分项工程	707551.29	
0101	土石方工程	36341.84	
0104	砌筑工程	106726.64	
0105	混凝土及钢筋混凝土工程	537111.17	
0109	屋面及防水工程	27371.64	
2	措施项目	482674.81	
2.1	其中：安全文明施工费	38590.57	
3	其他项目	70755.13	
3.1	其中：暂列金额	70755.13	
3.2	其中：专业工程暂估价		
3.3	其中：计日工		
3.4	其中：总承包服务费		
4	规费	42066.99	
5	税金	45346.08	
招标控制价/投标报价合计＝1＋2＋3＋4＋5		1348394.30	

分部分项工程和单价措施项目清单与计价表

工程名称：某学院综合楼【建筑工程】　　　　　　　　　　　　　　　标段：

序号	项目编码	项目名称	计量单位	工程量	金额/元		其中暂估价
					综合单价	合价	
		0101 土石方工程					
1	010101001001	平整场地	m²	343.75	1.31	450.31	
2	010101003022	挖沟槽土方	m³	72.67	26.80	1947.56	
3	010101004002	挖基坑土方	m³	910.98	28.21	25698.75	
4	010103001023	回填方	m³	888.67	8.53	7580.36	
5	010103002024	余方弃置	m³	94.98	7.00	664.86	
		分部小计				36341.84	
		0104 砌筑工程					
6	010401001003	砖基础	m³	19.93	381.89	7611.07	
7	010401003004	实心砖墙	m³	19.25	383.38	7380.07	
8	010401008005	地下室填充墙	m³	12.76	377.71	4819.58	
9	010401008006	填充墙	m³	233.91	342.32	80072.07	

续表

序号	项目编码	项目名称	计量单位	工程量	金额/元		其中 暂估价
					综合单价	合价	
10	010401008007	女儿墙	m³	7.46	237.47	1771.53	
11	010404001008	垫层	m³	14.41	352.00	5072.32	
		分部小计				106726.64	
		0105 混凝土及钢筋混凝土工程					
12	010501003009	独立基础	m³	69.04	383.91	26505.15	
13	010502001010	矩形柱	m³	75.425	430.97	32505.91	
14	010502003011	异形柱	m³	12.585	430.97	5423.76	
15	010503001012	基础梁	m³	24.013	390.02	9365.55	
16	010503005013	过梁	m³	11.93	430.62	5137.30	
17	010504004014	剪力墙	m³	9.36	391.21	3661.73	
18	010505001015	有梁板	m³	290.83	431.74	125562.94	
19	010505007016	挑檐板	m³	3.06	441.49	1350.96	
20	010506001017	直形楼梯	m²	67	117.45	7869.15	
21	010507001018	散水	m²	54.28	46.29	2512.62	
22	010515001019	现浇构件钢筋	t	62.782	5052.66	317216.10	
		分部小计				537111.17	
		0109 屋面及防水工程					
23	010902001020	屋面卷材防水（不上人）	m²	256.6	55.93	14351.64	
24	010902003021	屋面刚性层（上人）	m²	125	104.16	13020.00	
		分部小计				27371.64	
		单价措施项目清单					
25	011701001001	综合脚手架	m²	1418.56	25.73	36499.55	
		分部小计				36499.55	
26	011702001001	基础模板	m²	144.54	39.26	5674.64	
27	011702002001	矩形柱模板	m²	600.12	37.82	22696.54	
28	011702004001	异形柱模板	m²	120	51.74	6208.80	
29	011702005001	基础梁模板	m²	100	34.24	3424.00	
30	011702006001	矩形梁模板	m²	500	39.97	19985.00	
31	011702009001	过梁模板	m²	111.76	34.63	3870.25	
32	011702014001	有梁板模板	m²	1226.88	37.38	45860.77	

续表

序号	项目编码	项目名称	计量单位	工程量	金额/元 综合单价	合价	其中 暂估价
33	011702023001	雨篷、悬挑板、阳台板模板	m²	51.78	125.84	6516.00	
34	011702024001	楼梯模板	m²	70.96	206.63	14662.46	
		分部小计				135559.22	
		大型机械设备进出场及安拆					
35	011705001001	大型机械设备进出场及安拆	台次	20	13581.41	271628.20	
		分部小计				271628.20	
		合 计				1151635.53	

总价措施项目清单计价表

工程名称：某学院综合楼【建筑工程】　　　　　　　　　　　　　　　　标段：

序号	项目编码	项目名称	计算基础	费率/%	金额/元	调整费率/%	调整后金额/元	备注
1	011707001001	安全文明施工			38590.57			
1.1	①	环境保护	分部分项定额人工费	1	742.13			
1.2	②	文明施工	分部分项定额人工费	13	9647.64			
1.3	③	安全施工	分部分项定额人工费	19	14100.40			
1.4	④	临时设施	分部分项定额人工费	19	14100.40			
2	011707002001	夜间施工						
3	011707003001	非夜间施工照明						
4	011707004001	二次搬运						
5	011707005001	冬雨季施工						
6	01170700601	地上、地下设施、建筑物的临时保护设施						
7	011707007001	已完工程及设备保护						
		合 计			38590.57	—	—	—

其他项目清单与计价汇总表

工程名称：某学院综合楼【建筑工程】　　　　　　　　　　　　　　　　标段：

序号	项目名称	金额/元	结算金额/元	备注
1	暂列金额	70755.13		
2	暂估价			
2.1	专业工程暂估价			
3	计日工			
4	总承包服务费			
	合　计	70755.13		—

规费、税金项目计价表

工程名称：某学院综合楼【建筑工程】　　　　　　　　　　　　　　　　标段：

序号	项目名称	计算基础	计算基数	计算费率/%	金额/元
1	规费				42066.99
1.1	社会保险费				32882.06
(1)	养老保险费	分部分项定额人工费＋措施项目定额人工费	183698.65	11	20206.85
(2)	失业保险费	分部分项定额人工费＋措施项目定额人工费	183698.65	1.1	2020.69
(3)	医疗保险费	分部分项定额人工费＋措施项目定额人工费	183698.65	4.5	8266.44
(4)	工伤保险费	分部分项定额人工费＋措施项目定额人工费	183698.65	1.3	2388.08
(5)	生育保险费	分部分项定额人工费＋措施项目定额人工费			
1.2	住房公积金	分部分项定额人工费＋措施项目定额人工费	183698.65	5	9184.93
1.3	工程排污费	按工程所在地环境保护部门收取标准，按实计入			
2	税金	分部分项工程费＋措施项目工程费＋其他项目费＋规费－按规定不计税的工程设备金额	1303048.28	3.48	45346.08
			合计		87413.07

承包人提供主要材料和工程设备一览表
（适用造价信息差额调整法）

工程名称：某学院综合楼【建筑工程】　　　　　　　　　　　　　　　　标段：

序号	名称、规格、型号	单位	数量	风险系数/%	基准单价/元	投标单价/元	发承包人确认单价/元	备注
1	柴油（机械）	kg	6888.995			6.00		
2	标准砖	千匹	40.774			440.00		
3	水泥 32.5	kg	13719.072			0.39		
4	细砂	m³	43.694			45.00		
5	水	m³	317.159			2.90		
6	干混地面砂浆	t	0.721			300.00		
7	防水粉（液）	kg	13.23			0.80		
8	商品混凝土 C10	m³	14.626			315.00		
9	其他材料费	元	13373.013			1.00		
10	二等锯材	m³	10.247			1400.00		
11	商品混凝土 C20	m³	103.949			345.00		
12	组合钢模板 包括附件	kg	1330.53			4.50		
13	摊销卡具和支撑钢材	kg	2349.007			5.00		
14	汽油（机械）	kg	596.075			6.00		
15	石灰膏	m³	4.419			130.00		
16	炉渣	m³	1.417			40.00		
17	商品混凝土 C30	m³	415.75			385.00		
18	铁件	kg	7.275			4.50		
19	竹胶板	m²	104.898			15.00		
20	中砂	m³	13.049			92.00		
21	砾石 5~40mm	m³	2.83			30.00		
22	砾石 5~31.5mm	m³	2.81			30.00		
23	圆钢≤φ10	t	33.819			3620.00		
24	水泥 42.5	kg	105.45			0.50		
25	砾石 5~10mm	m³	0.229			82.00		
26	砾石 5~20mm	m³	3.323			80.00		
27	工具式钢模板	kg	2.85			5.50		
28	加气混凝土砌块	m³	20.063			272.00		
29	湿拌地面砂浆	m³	2.513			320.00		

续表

序号	名称、规格、型号	单位	数量	风险系数/%	基准单价/元	投标单价/元	发承包人确认单价/元	备注
30	塑性体（APP）改性沥青防水卷材 聚酯胎Ⅰ型3mm	m²	289.958			18.00		
31	改性沥青嵌缝油膏	kg	27.456			1.30		
32	石油沥青30号	kg	46.906			2.80		
33	汽油	kg	112.853			6.00		
34	棕垫	kg	1.463			5.00		
35	石英砂	kg	9607.104			0.25		
36	圆钢>φ10	t	0.339			3656.00		
37	焊条 综合	kg	272.153			5.00		
38	螺纹钢>φ10	t	33.351			3706.00		
39	石渣空心砖	千匹	220.155			200.00		
40	脚手架钢材	kg	1881.982			5.00		
41	锯材 综合	m³	2.868			1500.00		
42	枕木	m³	1.6			1500.00		
43	镀锌铁丝8号	kg	300			5.50		
44	草袋子	片	200			1.00		
45	螺栓 大型机械安装用	个	560			0.50		

单位工程招标控制价汇总表

工程名称：某学院综合楼【装饰工程】　　　标段：　　　　　　　　　　单位：元

序号	汇总内容	金额	其中：暂估价
1	分部分项工程	508590.53	
0108	门窗工程	62604.26	
0111	墙面、楼地面装饰工程	445986.27	
2	措施项目	25237.40	—
2.1	其中：安全文明施工费	25237.40	—
3	其他项目	50859.05	
3.1	其中：暂列金额	50859.05	—
3.2	其中：专业工程暂估价		—
3.3	其中：计日工		
3.4	其中：总承包服务费		
4	规费	23117.45	
5	税金	21151.59	
招标控制价/投标报价合计＝1＋2＋3＋4＋5		628956.02	

分部分项工程和单价措施项目清单与计价表

工程名称：某学院综合楼【装饰工程】　　　　　　　　　　　　　　　标段：

序号	项目编码	项目名称	项目特征	计量单位	工程量	金额/元 综合单价	合价	其中 暂估价
			0108 门窗工程					
1	010801001001	胶合板门 M-0924	门代号及洞口尺寸：900mm×2400mm	m²	47.52	150.10	7132.75	
2	010801001002	胶合板门 M-1224	1. 门代号及洞口尺寸 2. 镶嵌玻璃品种、厚度	m²	5.76	150.10	864.58	
3	010801001003	胶合板门 M-1227	1. 门代号及洞口尺寸 2. 镶嵌玻璃品种、厚度	m²	6.48	150.10	972.65	
4	010801001004	胶合板门 M-1524	门代号及洞口尺寸：1500mm×2400mm	m²	10.8	159.96	1727.57	
5	010801001005	胶合板门 M-1824	门代号及洞口尺寸：1800mm×2400mm	m²	8.64	159.96	1382.05	
6	010807001006	铝合金窗 SC-0924	1. 窗代号及洞口尺寸：900mm×2400mm 2. 框、扇材质：铝合金 3. 玻璃品种：蓝色玻璃	m²	2.16	201.00	434.16	
7	010807001007	铝合金窗 SC-0924	1. 窗代号及洞口尺寸：900mm×2400mm 2. 框、扇材质：铝合金 3. 玻璃品种：蓝色玻璃	m²	4.05	201.00	814.05	
8	010807001008	铝合金窗 SC-1215	1. 窗代号及洞口尺寸：1200mm×1500mm 2. 框、扇材质：铝合金 3. 玻璃品种：蓝色玻璃	m²	21.6	201.00	4341.60	
9	010807001009	铝合金窗 SC-1224	1. 窗代号及洞口尺寸：1200mm×2400mm 2. 框、扇材质：铝合金 3. 玻璃品种：蓝色玻璃	m²	11.52	202.30	2330.50	
10	010807001010	铝合金窗 SC-1515	1. 窗代号及洞口尺寸：1500mm×1500mm 2. 框、扇材质：铝合金 3. 玻璃品种：蓝色玻璃	m²	45	201.00	9045.00	
11	010807001011	铝合金窗 SC-1524	1. 窗代号及洞口尺寸：1500mm×2400mm 2. 框、扇材质：铝合金 3. 玻璃品种：蓝色玻璃	m²	28.8	201.00	5788.80	

续表

序号	项目编码	项目名称	项目特征	计量单位	工程量	金额/元 综合单价	合价	其中 暂估价
12	010807001012	铝合金窗 SC-1815	1. 窗代号及洞口尺寸：1800mm×1500mm 2. 框、扇材质：铝合金 3. 玻璃品种：蓝色玻璃	m²	21.6	201.00	4341.60	
13	010807001013	铝合金窗 SC-1824	1. 窗代号及洞口尺寸：1800mm×2400mm 2. 框、扇材质：铝合金 3. 玻璃品种：蓝色玻璃	m²	8.64	201.00	1736.64	
14	010807001014	铝合金窗 SC-2115	1. 窗代号及洞口尺寸：2100mm×1500mm 2. 框、扇材质：铝合金 3. 玻璃品种：蓝色玻璃	m²	31.5	201.00	6331.50	
15	010807001015	铝合金窗 SC-2124	1. 窗代号及洞口尺寸：2100mm×2400mm 2. 框、扇材质：铝合金 3. 玻璃品种：蓝色玻璃	m²	40.32	201.00	8104.32	
16	010802001016	铝合金门 M-1833	1. 门代号及洞口尺寸 2. 门框或扇外围尺寸 3. 门框、扇材质 4. 玻璃品种、厚度	m²	5.94	211.39	1255.66	
17	010802001017	铝合金门 M-2433	1. 门代号及洞口尺寸 2400mm×3300mm 2. 框、扇材质：铝合金	m²	7.92	211.39	1674.21	
18	010807001018	飘窗 TC1	1. 窗代号及洞口尺寸：2160mm×2000mm 2. 框、扇材质：铝合金 3. 玻璃品种：蓝色玻璃	m²	8.64	201.00	1736.64	
19	010807001019	飘窗 TC2	1. 窗代号及洞口尺寸：2160mm×1500mm 2. 框、扇材质：铝合金 3. 玻璃品种：蓝色玻璃	m²	12.96	201.00	2604.96	
			分部小计				62604.26	
			0111 楼地面装饰工程					
20	011102003020	块料楼地面（楼梯红色300mm×300mm）	1. 面层材料品种、规格、品牌、颜色：地砖红色300mm×300mm 2. 找平层：1:2.5的水泥砂浆	m²	67	92.54	6200.18	

续表

序号	项目编码	项目名称	项目特征	计量单位	工程量	金额/元 综合单价	金额/元 合价	其中 暂估价
21	011102003021	块料楼地面（米色 500mm×500mm）	1. 找平层厚度、砂浆配合比：25mm厚1:4干硬性水泥砂浆，面上撒素水泥 2. 结合层厚度、砂浆配合比：素水泥结合层一遍 3. 面层材料品种、规格、品牌、颜色：8～10mm厚防滑地砖铺实拍平，米色500mm×500mm 4. 嵌缝材料种类：水泥砂浆	m²	758.68	112.83	85601.86	
22	011102003022	块料楼地面（红色 300mm×300mm）	1. 面层材料品种、规格、品牌、颜色：地砖红色300mm×300mm 2. 找平层：1:2.5的水泥砂浆	m²	66.32	92.54	6137.25	
23	011102003023	块料楼地面（红色 500mm×500mm）	1. 找平层厚度、砂浆配合比：25mm厚1:4干硬性水泥砂浆，面上撒素水泥 2. 结合层厚度、砂浆配合比：素水泥结合层一遍 3. 面层材料品种、规格、品牌、颜色：8～10mm厚防滑地砖铺实拍平，红色500mm×500mm 4. 嵌缝材料种类：水泥砂浆	m²	295.91	112.83	33387.53	
24	011106002024	块料楼梯面层	面层材料品种、规格、品牌、颜色：地砖红色300mm×300mm	m²	36	148.33	5339.88	
25	011105003025	块料踢脚线	1. 踢脚线高度：150mm 2. 找平层：1:2.5的水泥砂浆 3. 面层材料品种、规格、颜色：黑色面砖	m²	71.3	113.86	8118.22	
		0112 墙、柱面装饰与隔断、幕墙工程						
26	011204003026	块料墙面	1. 面层材料品种、规格、颜色：200mm×300mm白色暗花 2.17mm厚1:3的水泥砂浆 3.1:1的水泥砂浆加20%107胶镶贴	m²	360.38	116.90	42128.42	
27	011204003027	块料墙面（卫生间）	面层材料品种、规格、颜色：150mm×200mm	m²	784	99.10	77694.40	
28	011205002028	块料柱面	面层材料品种、规格、颜色：200mm×300mm白色暗花	m²	24	83.36	2000.64	

续表

序号	项目编码	项目名称	项目特征	计量单位	工程量	金额/元 综合单价	金额/元 合价	其中 暂估价
29	011201001029	墙面一般抹灰	1. 底层厚度、砂浆配合比：15mm厚1：3水泥砂浆 2. 面层厚度、砂浆配合比：5mm厚1：2水泥砂浆	m²	1458	36.34	52983.72	
30	011202001030	柱面一般抹灰	1. 底层厚度、砂浆配合比：15mm厚1：3水泥砂浆 2. 面层厚度、砂浆配合比：5mm厚1：2水泥砂浆	m²	16	39.63	634.08	
			0113 天棚工程					
31	011302001031	吊顶天棚	1. 龙骨材料种类、规格、中距：轻钢龙骨，主龙骨中距 900～1000mm，次龙骨中距 500mm 或 605mm，横龙骨中距 605mm 2. 面层材料品种、规格：500mm×500mm 或 600mm×600mm 厚 10～13mm 石膏装饰板	m²	391.6	63.39	24823.52	
32	011301001032	天棚抹灰	1.5mm 厚 1：2 水泥砂浆 2.7mm 厚 1：3 水泥砂浆	m²	823	39.59	32582.57	
			0114 油漆、涂料、裱糊工程					
33	011406001033	抹灰面油漆	油漆品种、刷漆遍数：乳胶漆两遍	m²	2200	31.07	69354.00	
			合 计				508590.53	

总价措施项目清单计价表

工程名称：某学院综合楼【装饰工程】　　　　　　　　　　　　　　　　　　标段：

序号	项目编码	项目名称	计算基础	费率/%	金额/元	调整费率/%	调整后金额/元	备注
1	011707001001	安全文明施工			25237.40			
1.1	①	环境保护	分部分项定额人工费	1	1009.50			
1.2	②	文明施工	分部分项定额人工费	4	4037.98			
1.3	③	安全施工	分部分项定额人工费	7	7066.47			
1.4	④	临时设施	分部分项定额人工费	13	13123.45			
2	011707002001	夜间施工						
3	011707003001	非夜间施工照明						
4	011707004001	二次搬运						

续表

序号	项目编码	项目名称	计算基础	费率/%	金额/元	调整费率/%	调整后金额/元	备注
5	011707005001	冬雨季施工						
6	011707006001	地上、地下设施、建筑物的临时保护设施						
7	011707007001	已完工程及设备保护						
		合 计			25237.40	—	—	—

其他项目清单与计价汇总表

工程名称：某学院综合楼【装饰工程】　　　　　　　　　　　　　　标段：

序号	项目名称	金额/元	结算金额/元	备注
1	暂列金额	50859.05		
2	暂估价			
2.1	材料（工程设备）暂估价	—		
2.2	专业工程暂估价			
3	计日工			
4	总承包服务费			
	合 计	50859.05	—	

规费、税金项目计价表

工程名称：某学院综合楼【装饰工程】　　　　　　　　　　　　　　标段：

序号	项目名称	计算基础	计算基数	计算费率/%	金额/元
1	规费				23117.45
1.1	社会保险费				18069.97
(1)	养老保险费	分部分项定额人工费＋措施项目定额人工费	100949.56	11	11104.45
(2)	失业保险费	分部分项定额人工费＋措施项目定额人工费	100949.56	1.1	1110.45
(3)	医疗保险费	分部分项定额人工费＋措施项目定额人工费	100949.56	4.5	4542.73
(4)	工伤保险费	分部分项定额人工费＋措施项目定额人工费	100949.56	1.3	1312.34
(5)	生育保险费	分部分项定额人工费＋措施项目定额人工费			

续表

序号	项目名称	计算基础	计算基数	计算费率/%	金额/元
1.2	住房公积金	分部分项定额人工费+措施项目定额人工费	100949.56	5	5047.48
1.3	工程排污费	按工程所在地环境保护部门收取标准，按实计入			
2	税金	分部分项工程费+措施项目工程费+其他项目费+规费-按规定不计税的工程设备金额	607804.31	3.48	2115.59
	合计				44269.04

承包人提供主要材料和工程设备一览表
（适用造价信息差额调整法）

工程名称：某学院综合楼【装饰工程】　　　　　　　　　　　　　　　　　标段：

序号	名称、规格、型号	单位	数量	风险系数/%	基准单价/元	投标单价/元	发承包人确认单价/元	备注
1	铝合金平开门	m²	13.167			160.00		
2	其他材料费	元	4914.48			1.00		
3	水泥32.5	kg	62818.619			0.39		
4	中砂	m³	127.948			92.00		
5	水	m³	88.085			2.90		
6	白水泥	kg	299.554			0.60		
7	水泥砂浆（中砂）1:4	m³	26.68			231.52		
8	铝合金推拉窗	m²	224.974			150.00		
9	红色防滑地砖 500mm×500mm	m²	303.308			50.00		
10	米色防滑地砖 500mm×500mm	m²	777.647			50.00		
11	彩釉地砖 300mm×300mm	m²	198.682			33.00		
12	楼梯防滑地砖红色 300mm×300mm	m²	68.675			33.00		
13	面砖≤600mm×mm	m²	1190.155			50.00		
14	801胶水	kg	40.435			1.50		
15	石灰膏	m³	0.041			130.00		
16	细砂	m³	0.185			92.00		
17	面砖 200mm×300mm 白色暗花	m²	22.272			20.00		
18	水泥砂浆（中砂）1:3	m³	5.514			266.72		
19	107胶	kg	167.892			0.95		

续表

序号	名称、规格、型号	单位	数量	风险系数/%	基准单价/元	投标单价/元	发承包人确认单价/元	备注
20	水泥107胶浆 1:0.1:0.2	m³	1.646			642.60		
21	锯材 综合	m³	0.078			1500.00		
22	防水石膏板	m²	411.18			13.00		
23	装配式U型轻钢龙骨	m²	399.432			18.00		
24	加工铁件	kg	298.791			4.50		
25	成口腻子粉 一般型（Y）	kg	3300			1.60		
26	立邦永得丽底漆	kg	298.54			25.00		
27	立邦永得丽面漆	kg	776.6			27.00		
28	一等锯材（干）	m³	3.416			1550.00		
29	木砖	m³	0.308			1100.00		
30	胶合板 3mm	m²	120.476			10.00		
31	乳白胶	kg	4.658			6.00		
32	铰链 70～100mm	付	41.976			1.50		
33	插销 50～100mm	付	41.976			0.50		
34	弓形拉手 150mm	付	41.976			0.70		
35	搭扣	付	21.384			1.00		

能 力 训 练

1. 根据学习单元2.1某学院综合楼的实例图纸及工程量清单计算挖沟槽土方、挖基坑土方、回填方、砖基础、女儿墙、屋面卷材防水（不上人）、综合脚手架、块料踢脚线的综合单价。

条件：

(1) 人工费调整政策：按表6.2的人工费调整系数。

(2) 材料的市场价：标准砖440元/千匹；水泥32.5为390元/t；水泥42.5为500元/t；细砂为45元/m³；石灰膏为130元/kg；中砂为40元/m³，砾石（5～31.5mm）为30元/m³，天然砂为40元/m³，水为2.9元/m³，防水粉（液）为0.8元/kg；C10商品混凝土为310元/m³；C20商品混凝土为345元/m³；C30商品混凝土为385元/m³；二等锯材为1400元/m³；组合钢模板（包括附件）为4.5元/kg；摊销卡具和支撑钢材为5元/kg；石灰膏为130元/m³；炉渣为40元/m³；铁件为4.5元/kg；竹胶板为15元/m²；砾石（5～31.5mm）为30元/m³；圆钢（不大于φ10）为3.620元/kg；砾石（5～10mm）为82元/m³；砾石（5～20mm）为80元/m³；加气混凝土砌块为272元/m³；湿拌地面砂浆为320元/m³；塑性体（APP）改性沥青防水卷材聚酯胎Ⅰ型（3mm）为18元/m²；改性沥青嵌缝油膏为1.3元/kg；石油沥青（30号）为2.31元/kg；汽油为6元/kg；棕垫为5元/kg。

学习情境 7　工程造价软件的应用

学习目标：工程造价工作与计算机辅助系统之间的关系；造价工作的发展趋势；造价软件开发的基本思路；不同行业之间造价软件的区别；造价软件的不足。

学习任务：了解造价工作的发展前景；了解造价软件开发的基本要求、步骤；理解不同造价软件之间的区别。

学习单元 7.1　造价工作发展趋势

7.1.1　工程造价中应用计算机辅助系统的意义

工程造价编制是一项连贯性强、计算工作量大且非常繁琐的工作，涉及技术、经济、政策与法规等多方面。以往手工编制不但速度慢、效率低，而且容易出错。随着计算机的普及和微软操作系统及办公软件的广泛使用，人们渐渐采用微软 Excel 电子表格辅助计算，可以提高工作效率、便于修改，但还是灵活性差、操作不方便。随着我国经济体制改革和工程造价管理改革的深入以及计算机应用的普及，传统的手工编制方法以及运用微软 Excel 电子表格辅助计算已不能满足建设管理部门、设计和施工单位发展的需要。因此，利用计算机辅助系统提高编制效率，使编制结果更加科学、准确、规范和全面十分必要，这不仅是工程的需要，也是时代的要求。

7.1.2　应用计算机编制工程造价文件的优点

（1）计算机处理速度快、精确度高，能够及时、准确编制出工程概预算以及招投标等一系列工程造价文件。工程造价编制是一项重要并且烦琐的工作，任务相当繁重，很多计算具有重复性，人工编制需花费很长的时间和精力。若运用计算机辅助系统进行编制，其储存信息量大，并且能快速方便地调用和运行数据，大大节约了编制时间。

（2）由计算机辅助系统设计出来的造价软件，其操作简便，界面友善，易学易懂。开发的造价软件面向用户的操作一般以概预算编制规定所确定的工作流程进行。用户可以调用软件的造价文件表格，并在表格内填写有关的原始数据和信息，由计算机自动进行组合和计算。所以，只要熟悉工程造价文件的编制步骤和程序，并正确的选择定额和填写数据，就能轻松地完成工程造价文件的编制。

（3）计算成果项目完整，数据齐全。工程造价软件一般都录入了国家编制规定或工程中普遍常采用的表格式样。用户可以根据自身的需要来选择适用的表格式样，这也体现出通过计算机辅助系统所输出的造价文件的多样性。

（4）可以随时方便直观地修改工程造价文件。造价文件编制时会涉及计算人工预算单价、材料预算价格以及施工机械台时费等众多问题。若在人工编制时一旦某项出现错误，其后续工作必受影响，需重新进行计算。而运用计算机辅助系统进行编制时，能及时地进行保存、刷新、修改以及统计，从而避免了重复性工作出现差错的可能性，可以大大提高编制工作效率。

（5）便于数据呈报与远程传送。由于造价工作涉及许多工程参建单位（如建设单位、承建单位、监理、设计单位等）。各个单位之间准确、及时和高效地传递造价文件信息是非常重要的。但是以往的手工编制造价文件的信息传递和反馈速度较慢，并且修改也麻烦，而现在的造价软件普遍都可以与很多软件进行相互转换（可转换成 Excel 或 Word 文档），同时也能进行网络传输，所以此功能优点能实现各个参建单位之间的信息管理一体化。

学习单元 7.2　造价软件的开发应用

7.2.1　软件应满足的主要功能和特点

（1）自动计算功能。因为工程造价计算需要从基础资料开始进行编制，通过基础资料的单价来计算出定额基价，然后再按相应费率计算出清单的综合单价，其计算涉及的层次很多，所以软件在改动后能否自动实时计算是软件方便性的重要标志。

（2）高度集成的人机界面。结合工程造价计算的特点，系统界面应具有友善表现方式，应深入分析各个步骤的逻辑关系，实现了高度的界面集成。用户能在同一界面下操纵清单、定额和定额下面的材料，使用户使用得心应手，同时整体表现切合用户习惯，界面清爽直观。

（3）报表齐全，导出方便。设计的软件应包括造价主管部门颁布的所有表格及大量的标书专用报表和原始数据表。并且报表可灵活设置，能方便地导出为 Excel 表格，满足业主的招标要求。

（4）套用定额方便。套用定额可直接输入定额号，也可用鼠标选择输入；可以借用其他地方定额，使得定额齐全方便可进行各种形式的定额调整，即时查阅调整结果，调整前后工料机消耗对比一目了然。可以将所选的多个定额及其调整信息复制并粘贴到您指定的地方，避免了大量的重复录入工作，提高工作效率，方便快捷。

（5）自动生成工料机分析。工料机分析可以对工程消耗量一目了然，但往往工料分析也是造价编制过程中最为烦琐的一项工作。设计出来的软件应使得在工程费用计算的同时，工料机分析可将工程中所有的人工材料筛选出来，并列出各工料的消耗量，输入材料单价可以批量自动重新计算。

7.2.2　软件程序编制的步骤

使用计算机辅助系统编制工程造价软件应首先要建立定额数据库和编制计算机程序。

7.2.2.1　建立定额数据库

定额是作为工程造价的基础。造价软件之所以能加快工程造价文件的编制速度，其主要表现在计算机本身处理数据速度快，但更为重要的是预先建立完整的数据库储存在计算机中，在编制工程造价时可以随时调用，从而可以减少大量的人工输入工作量，提高编制速度，为工程造价人员提供了方便。因此造价软件的好坏直接依存于定额建立的完整性。

各个行业现行的定额种类很多，按颁布的单位不同主要分为两类：一是国务院相关部门颁布的定额（全国统一定额）；二是地方政府行政机关发布的定额（地区统一定额）。并且不但定额繁多，而且各个定额所包含的数据量也非常巨大，因此所需建立的定额库也很庞大。

要建立好一个完整的数据库，设计好数据库的结构是一个关键问题。既要满足数据的储存直观实用，又要使其所占计算机空间较小。目前，定额库的形式主要有三种形式：

（1）按章储存形式。即按定额中每一章的划分，一个章采用一个库文件，采用一个库结构，其优点是比较直观，库文件也不是很多，但是所占用储存空间较大，数据库结构比较松散。

（2）按节存储形式。即一节定额建立一个数据库文件，使用相同结构，此形式优点是比较直观，数据库结构紧凑，占用空间小，缺点是库文件较多，不便于日常的维护和管理以及数据的调用。

（3）整个定额用多个库结构形式进行描述。将每一个定额子目都分为几个部分，并使其存入到多个不同形式的数据库当中，最后由多个数据库结合，共同描述一个定额。这种形式的库结构比较紧凑，占用空间较小，而且库文件也较小，为以后的管理和数据调用提供方便，缺点是形式不太直观，每一个定额都需要多个数据库进行描述。

无论是采用以上哪一种数据库储存方法，都要以方便调用为前提，在此基础上在进行优化，使其简单明了，减少空间占用量。

7.2.2.2 编制计算机程序

（1）编译语言的选择。应根据工程造价过程中数据处理和数据管理的结构，确定适合软件程序使用的计算机语言。目前常采用的编制语言有：Power-Builder、Visual Basic、Access、Foxpro、Sybase 等。

（2）建立数学模型。对工程造价的编制计算程序进行全面分析，分析出基本的数据之间的传递关系，并在此基础上进行简化、归纳，突出基本特征，建立数学模型。

（3）绘制数据流程图。将整个造价计算的过程进行分解，并按照其功能的不同将其划分为不同的功能块，并对每个不同的功能部分进行单独绘制流程图，以便于今后的程序编制和调试、修改。

（4）编制具体的软件程序。根据建立的数学模型和绘制的功能流程图。用所选定的编制语言进行具体程序编制。

（5）程序的调试。无论什么软件程序编制完成后都要花大量的时间进行调试和试运行。对于我们所编制造价软件同样也必须进行调试。在调试过程中进行检查程序中的错误和缺陷，以便于及时的修改和调整。最好选择一些已经编制完成的有代表性造价文件进行工程实例的测试。

7.2.3 造价软件开发时应注意各个行业的不同要求

7.2.3.1 工程量清单的差别

对于工民建的工程量清单，有统一的标准（即四统一原则：统一编号，统一名称，统一单位，统一计算规则）。而对于其他行业，如水利工程的清单来说，其标准就没有那么严格，总体上是一个严格标准，分为四个部分（建筑工程，机电设备安装，金属结构，施工临时工程），在这四个部分中，如何分层，分几层，就不是那么严格，完全根据工程的需要来确定，因此这一块的程序编制对软件开发人员来说，应该掌握其灵活性，建立好层次并维护其逻辑关系。

7.2.3.2 材料单价的差别

一般的工民建不需要先计算人工、材料、机械等单价,因为一般的工民建的单价比较统一,进价方式简单,直接输入市场价即可。而其他行业就有区别,如水利工程就不能这样,因为一个水利工程往往地处偏远地区,一种材料即便在市场上买到,最后运达施工现场,所产生的运杂费等都需要考虑进去,同时,有些材料可以就地开采,如何确定价格也需要按水利造价的编制规定来处理,因此,确定构成工程定额要素的单价成为水利造价计算编制中比较烦琐和复杂的一块。开发人员要准确、科学的正确编制工程造价,必须了解基础资料准备这一块的原理、方法、具体操作、如何调整等。

7.2.3.3 单价计算程序的差别

在水利工程中对每个工程量清单都需要设置综合单价计算程序,一般的工民建中则统一设定,因为水利中各清单可能有不同的费率。如建筑工程(第一、第四部分)和安装工程(第二、三部分)一般来说,取费方式是不同的。一些费用的费率也有较大的差别,甚至于有可能在一个清单项目下,不同的定额采用不同的计算程序。

学习单元7.3 造价软件的不足

虽然计算机技术在工程造价方面已得到广泛应用,通过借助于计算机技术,提高了工作效率,使工程造价计算更加准确和迅速,加强了竞争优势。但是,计算机毕竟是工具,不可能完全代替造价工程师的工作,特别是工程量自动计算和辅助决策等功能的实现,还需继续努力进行进一步的提高和完善。

能 力 训 练

1. 通过课下资料收集,阐述现今工作中常用的造价软件的类型、品牌。
2. 简述计算机辅助编制造价文件优点。
3. 简述造价软件应满足的功能、特点。

参 考 文 献

[1] 中华人民共和国住房和城乡建设部．(GB 50500—2013) 建设工程工程量清单计价规范．北京：中国计划出版社，2013．

[2] 中华人民共和国住房和城乡建设部．(GB 50854—2013) 房屋建筑与装饰工程工程量计算规范．北京：中国计划出版社，2013．

[3] 邵正荣，陈金良，刘连臣．建筑工程量清单计量与计价．郑州：黄河水利出版社，2010．

[4] 中国建筑标准设计研究院．11G101-1 国家建筑标准设计图集混凝土结构施工图平面整体表示方法制图规则和构造详图：现浇混凝土框架、剪力墙、梁、板．北京：中国计划出版社，2011．

[5] 中国建筑标准设计研究院．11G101-2 国家建筑标准设计图集混凝土结构施工图平面整体表示方法制图规则和构造详图：现浇混凝土板式楼梯．北京：中国计划出版社，2011．

[6] 中国建筑标准设计研究院．11G101-3 国家建筑标准设计图集混凝土结构施工图平面整体表示方法制图规则和构造详图：独立基础、条形基础、筏形基础及桩基承台．北京：中国计划出版社，2011．

[7] 袁建新．建筑工程定额与预算．成都：西南交通大学出版社，2014．